Max Weibel

Stefan Graeser
Walter F. Oberholzer
Hans-Anton Stalder
Walter Gabriel

Die Mineralien der Schweiz

Ein mineralogischer Führer

Fünfte, völlig neu bearbeitete und erweiterte Auflage

Springer Basel AG

Prof. Dr. Max Weibel
Eidgenössische Technische Hochschule, 8092 Zürich

Prof. Dr. Stefan Graeser
Naturhistorisches Museum, 4001 Basel
und Mineralogisches Institut, Universität, 4056 Basel

Prof. Dr. Walter Oberholzer
Eidgenössische Technische Hochschule, 8092 Zürich

Prof. Dr. Hans-Anton Stalder
Naturhistorisches Museum, 3005 Bern

Walter Gabriel
4142 Münchenstein

CIP-Titelaufnahme der Deutschen Bibliothek
Die Mineralien der Schweiz / Ein mineralogischer Führer / Max Weibel . . . –
5., völlig neu bearb. u. erw. Aufl. – Basel; Boston; Berlin: Birkhäuser, 1990

ISBN 978-3-7643-2465-0   ISBN 978-3-0348-7132-7 (eBook)
DOI 10.1007/978-3-0348-7132-7

NE: Weibel, Max [Mitverf.]

Das Werk ist urheberrechtlich geschützt. Die dadurch begründeten Rechte, insbesondere der Übersetzung, des Nachdruckes, der Entnahme von Abbildungen, der Funksendung, der Wiedergabe auf photomechanischem oder ähnlichem Wege und der Speicherung in Datenverarbeitungsanlagen bleiben, auch bei nur auszugsweiser Verwertung, vorbehalten. Die Vergütungsansprüche werden durch die «Verwertungsgesellschaft Wort», München, wahrgenommen.

© 1990 Springer Basel AG
Ursprünglich erschienen bei Birkhäuser Verlag Basel 1990
Softcover reprint of the hardcover 5th edition 1990

Buchgestaltung und Typografie: Albert Gomm swb/asg

Inhalt

Vorwort 6

Einführung 7

Definitionen 8

Allgemeines zu den Mineralvorkommen 9
   Mineralbildende Vorgänge 9
   Gesteine, Zeitalter 11
   Alpine Zerrklüfte 15
   Erzlagerstätten 20
   Meteoriten 25
   Historisches 26

Einzelbeschreibung der Mineralien 31
   Elemente 31
   Sulfide, Arsenide, Sulfosalze 33
   Halogenide 47
   Oxide, Hydroxide 49
   Carbonate 72
   Sulfate, Molybdate, Wolframate 80
   Phosphate, Arsenate, Vanadate 87
   Silikate 95

Regionalübersicht der Fundgebiete 131
   Jura und Mittelland 131
   Nördliche Kalkalpen 133
   Aarmassiv westlich der Reuss 138
   Aarmassiv östlich der Reuss 147
   Gotthardmassiv 152
   Wallis vom Mont Blanc zum Simplon 161
   Binntal 166
   Tessin südlich des Gotthards sowie Misox 172
   Zentral-, Süd- und Ostbünden 179
   Karten 185

Praktische Hinweise 203
   Museen 203
   Schweizerische Sammlerorganisationen 204
   Patentvorschriften, Strahlerverbote, Ehrenkodex 205
   Erklärung von Fachausdrücken 207

Mineralregister (einschließlich überholter Mineralnamen) 211

Fundortregister (mit Hinweisen zur Fundortlokalisierung) 217

Vorwort

«Die Mineralien der Schweiz» erschien zuerst auf Anregung des Verlags John Wiley & Sons Ltd. London als »A Guide to the Minerals of Switzerland« 1966 in englischer Sprache. Im gleichen Jahr gab der Birkhäuser Verlag Basel die deutsche Fassung dieses mineralogischen Führers heraus, die bis 1972 kurz hintereinander vier jeweils geringfügig erweiterte Auflagen erlebte. Die jetzige fünfte Auflage ist vollständig neu geschrieben und auf den aktuellen Stand gebracht worden. Das Bildmaterial ist ganz neu und mehr als verdoppelt.

In den vergangenen achtzehn Jahren hat das Mineraliensammeln nichts von seiner Faszination verloren. Börsen und Vereinigungen schossen überall aus dem Boden. Noch eindrucksvoller sind die enormen Fortschritte der Mineralsystematik und der topographischen Mineralogie. Dies zeigt sich im sprunghaften Ansteigen der aufgeführten Mineralarten von 190 in der vierten Auflage (1972) auf 400 in der fünften (1990). Dieser Zuwachs ist nicht dadurch entstanden, daß als Sammelarten betrachtete Mineralspezies in selbständige Unterarten aufgeteilt wurden, sondern daß in der Zwischenzeit über 200 weitere Mineralarten in unserem Land gefunden wurden, die vorher hier oder gar auf der ganzen Welt nicht bekannt waren.

Dieser Führer durch die Mineralwelt der Schweiz soll wissenschaftlichen Ansprüchen genügen, ist aber in einer auch dem Laien verständlichen Sprache verfaßt. Das Buch enthält zwischen einführenden Bemerkungen und praktischen Hinweisen zwei Hauptteile: eine Mineralsystematik mit allen Mineralien des Landes und eine Regionalbeschreibung mit Kurzcharakterisierungen der wesentlichen Fundgebiete. Bei der Darstellung wird auf die Bedürfnisse des Sammlers Rücksicht genommen. Ein paar Mineralien fehlen, die nur für den Gesteins- oder den Erzmikroskopiker von Belang sind. Bei der Aufzählung neuer Fundstellen läßt sich Vollständigkeit hingegen kaum erreichen.

Um den Rahmen eines Taschenbuches nicht zu sprengen, haben wir auf Quellenangaben und ein Verzeichnis der Originalliteratur verzichtet. Die Menge der Spezialveröffentlichungen nimmt immer größeren Umfang an. Soviel wie möglich ist in das Buch eingeflossen, ebenso wie mancherlei mündliche Information und langjährige eigene Forschungsarbeit. Ein vollständiges Literaturverzeichnis bis 1972 enthält Stalder/de Quervain/Niggli/Graeser, Die Mineralfunde der Schweiz, Basel 1973, Neubearbeitung von R. L. Parker, Die Mineralfunde der Schweizer Alpen.

Es ist gelungen, für das erweiterte Autorenkollektiv die Konservatoren der drei größten Mineraliensammlungen der deutschsprachigen Schweiz sowie einen bedeutenden Mineralphotographen zu gewinnen. Diesen Kollegen sei gedankt, daß sie ihr reiches Wissen spontan zur Verfügung stellten. Herr Zsolt Fejér zeichnete mit viel Können die Fundgebietskarten. Der Birkhäuser Verlag war darum besorgt, das kleine Werk auch äußerlich aufs modernste zu gestalten. Schriftführung und Textbereinigung übernahm der Hauptverfasser.

Frühjahr 1990 *Max Weibel*

Einführung

Es bieten sich verschiedene Wege, mit den Geheimnissen der Mineralien näher vertraut zu werden. Da sind der Besuch von Museen und Mineralienbörsen, Kursen und Exkursionen, aber auch das Selbststudium und die eigene Sammeltätigkeit. Für alle diese Möglichkeiten bietet das vorliegende Kompendium eine hilfreiche Grundlage. Die Mineralien werden hier sowohl systematisch abgehandelt, Art für Art, als auch topographisch, Region für Region. Bei den Minerallisten wird nach Vollständigkeit gestrebt, bei den Fundortgruppen ist dies weniger sinnvoll, bringt doch jedes Jahr neue Überraschungen.

Mineraliensuchen in den Alpen mag dem Uneingeweihten leichter scheinen, als es ist. Man darf das Strahlen nicht mit dem mühelosen Sammeln in Steinbrüchen und Bergwerken vergleichen. Das alpine Mineralsammeln erfordert viel Erfahrung und Ausdauer, daneben auch eine gute Portion Glück. Zahlreiche Fundgebiete sind in vergletscherten Höhen schwer zu begehen. Viel leichter als durch eigenes Suchen erwirbt man gute Mineralstufen im Handel, wo einen auch keine Patentvorschriften behindern. Zahlreichen professionellen Strahlern bringt ihre Tätigkeit einen unentbehrlichen Einkommenszuschuß, und daneben gibt es die viel größere Zahl von amateurmäßigen Kristallsuchern, die ebenfalls Material verkaufen.

Ein eigener Zauber umgibt die Mineralien, dem man nur schwer entgeht und der eine ständig wachsende Zahl von Liebhabern und Sammlern mit seinem Bann umgibt. Was macht diese Faszination aus? Auf der einen Seite ist es die Regelmäßigkeit des Gesetzes, die das Kristallwachstum beherrscht. Auf der anderen enthält doch jeder Fund die für ihn typischen, individuellen Züge, die das Einmalige im Naturgeschehen dokumentieren. So ruht das Verständnis der Mineralien auf den beiden gegensätzlichen Säulen der mathematisch-physikalischen Erklärung und der naturgeschichtlichen Beschreibung.

Zu den Photos
Die meisten Photos sind von W. Gabriel aufgenommen, einige wenige von M. Weibel. Bei anderer Urheberschaft wird der Photograph besonders genannt, sonst nicht. Die Eigentümer der Mineralstufen erscheinen am Schluß der Bildlegenden in Klammern außer beim Wunsch nach Anonymität.

Definitionen

Mineralien sind die natürlichen, homogenen, anorganischen Bestandteile der festen Erdkruste. Sie sind fast ausnahmslos kristallisiert (nicht amorph), auch wenn sie nicht immer eine ebenflächige Begrenzung zeigen. Nur ganz vereinzelte, einfache organische Verbindungen rechnet man noch zu den Mineralien. Es gibt definitionsgemäß keine künstlichen Mineralien.

Gesteine sind geologische Ansammlungen von Mineralien, teils alle derselben Art (bei Kalkstein: Calcit), teils verschiedene gemischt (bei Granit: Quarz, Feldspat, Glimmer). Hohlräume in den Gesteinen können hervorragend kristallisierte Mineralien enthalten.

Kristalle sind Körper (anorganische und organische, natürliche und künstliche) mit regelmäßiger, periodischer Atomanordnung. Der kristalline Zustand ist der übliche in der Natur, der glasartig amorphe ist selten. Bei ungehindertem Wachstum bilden Kristalle ebene Flächen als Begrenzung aus.

Edelsteine sind alle Mineralien und Gesteine, die dem Menschen als Schmuck dienen. Viele, aber lange nicht alle Edelsteine zeichnen sich durch Seltenheit, Schönheit und Beständigkeit aus. Es gibt definitionsgemäß keine künstlichen Edelsteine.

Allgemeines zu den Mineralvorkommen

Mineralbildende Vorgänge

Die Mineralbildungsprozesse lassen sich in drei Gruppen teilen.

Magmatisch: Kristallisation aus Gesteinsschmelzen und davon abstammenden Restlösungen, hierzu viele Pegmatite und hydrothermale Lagerstätten.

Sedimentär: Verwitterung und Ablagerung an der Erdoberfläche mit nachfolgender Verfestigung noch unter 200°.

Metamorph: Umkristallisation bestehender Gesteine bei Temperatur- und Druckerhöhung in Gegenwart fluider Lösungen, charakteristisch für Gebirgsbildung, auch hierzu viele Pegmatite und hydrothermale Bildungen.

Magmatische Gesteine kommen bei uns in größerem Ausmaß nur in den Alpen vor. Im allgemeinen sind diese Gesteine wesentlich älter als die Gebirgsbildung, jedoch hat die spätere, alpine Metamorphose die meisten von ihnen überprägt (beispielsweise Granite der Zentralmassive). Zu den jungen (tertiären bis quartären) magmatischen Gesteinen zählen in der Schweiz: isolierter Aufstoß eines Nephelinits bei Ramsen östlich Schaffhausen SH (Ausläufer der Hegau-Vulkane); miozäne Vulkanaschen im Mittelland; Taveyannaz-Sandstein (andesitische Asche) im eozänen Flysch der nördlichen Alpenketten; Tessiner Pegmatite nördlich der Insubrischen Linie; Bergeller Granodiorit im südlichen Graubünden.

Der größte Flächenanteil entfällt in der Schweiz auf sedimentäre Bildungen: Jura, Mittelland, Kalkalpen, Dolomiten (Unterengadin). Sie bieten dem Sammler weniger Abwechslung als die Kristallingebiete, sind aber wichtige Lieferanten von Zementrohstoffen und Bausteinen. In 5 großen Steinbrüchen (Zeglingen BL, Bex VD, Leissigen BE, Kerns OW und Granges VS) wird ferner Gips gewonnen.

Gips entsteht durch Wasseraufnahme aus triassischen Anhydritablagerungen, die in hinreichender Tiefe meist unverändert anstehen. Gute Kristalle werden in Spalten und Drusen angetroffen, auf die man beim Vortrieb von Sondierstollen gelegentlich stößt. Bei Felsenau AG am Zusammenfluß von Rhein und Aare baute man Gips, der hier von Anhydrit überschichtet ist, unterirdisch ab. Seit 1989 ruht der Betrieb. Bei der Eindunstung von Meerwasser fallen nacheinander Calcit, Anhydrit, Steinsalz und schließlich bei völliger Eintrocknung Kalium- und Magnesiumsalze aus. Letztere sind die wertvollsten, fehlen aber bei uns. Dagegen begleitet Steinsalz manchmal Anhydrit.

Durch besondere Vielfalt, schöne Entwicklung und auffallende Neukristallisation von Gemengteilen zeichnen sich die metamorphen Gesteine oder kristallinen Schiefer aus, die in den Alpen, auch in unserem Land, vielfach Gegenstand klassischer Untersuchungen über die Gesteinsmetamorphose gewesen sind. Manche dieser Gesteine wirken sehr dekorativ und werden an verkehrstechnisch günstigen Lagen kommerziell abgebaut. Unerschöpfliche Vorkommen für den Sammler finden sich weitverbreitet im Gotthardmassiv und in den penninischen Decken des Wallis, Tessins und südwestlichen Graubündens. Der Bergell-Ostrand GR gilt als schönes Beispiel für die Kontaktmetamorphose, die Umkristallisation des Nebengesteins beim Eindringen einer magmatischen Schmelze, hier von granodioritischer Zusammensetzung.

Pegmatite und hydrothermale Mineralbildungen entstehen sowohl im Verlauf der Magmakristallisation wie, für die Alpengeologie wichtiger, der Gesteinsmetamorphose. Fluide Phasen (flüssig, gasförmig, überkritisch) spielen dabei eine große Rolle. Pegmatite stehen erstarrten Schmelzen nahe, Hydrothermallagerstätten sind Abscheidungen wäßriger Lösungen. Ein kleinerer Teil dieser Bildungen in unserem Betrachtungsraum hat alpines Alter, die Mehrheit ist frühmesozoisch, jungpaläozoisch oder noch älter, wurde aber alpinmetamorph mehr oder weniger überprägt.

Pegmatite präsentieren sich als grobkörnige, schlieren- oder gangartige Gesteine aus Quarz, Feldspat und Muskovit. Sie haben Bedeutung als Träger seltener Mineralien wie Beryll. Die Pegmatite der Schweizer Alpen sind vergleichsweise klein und wirtschaftlich uninteressant. Die größte Vielfalt erreichen sie im Tessin nördlich und südlich der Insubrischen Linie (südlich davon paläozoisch), im Misox und im Bergell GR, wo schwarzer Turmalin und Beryll die häufigsten Akzessorien sind. Seltenheiten umfassen: Brannerit (Iragna–Lodrino TI), Niobit (Ponte Brolla TI), Dumortierit (Misox GR), Graftonit (Brissago TI), Ilmenit (Bodio TI), Tapiolit (Cresciano TI), Uraninit (Bergell GR).

Kleine Erzvorkommen hydrothermalen Ursprungs sind zahlreich in den Alpen. Als Beispiel für ein alpingebildetes Vorkommen erwähnen wir die Gold-Quarzgänge von Gondo auf der Simplon-Südseite VS. Heute kann keine dieser Erzansammlungen, die früher zeitweilig abgebaut wurden, wirtschaftlich mehr konkurrieren. Die alpinmetamorphe Umkristallisation hat bei einigen voralpinen Lagerstätten höchst ungewöhnliche Paragenesen hervorgebracht und diesen Lokalitäten Weltruf als Fundstätten seltener Mineralien verschafft (Lengenbach VS, Falotta GR).

Zu den Hydrothermalbildungen im Zusammenhang mit der Gesteinsmetamorphose muß man auch die alpinen Zerrklüfte rechnen, die weitherum schönsten Mineralvorkommen der Schweiz. Den Kluftmineralien mit Quarz an der Spitze verdankt der Alpenraum den Ruf als Mineralfundgebiet ersten Ranges. Zerrklüfte werden als Entspannungs-Hohlräume gedeutet, die sich vor 10–20 Millionen Jahren durch Zug und Dehnung im Anschluß an die letzte Deckenüberschiebung aufgetan haben. Allgegenwärtiges, zirkulierendes Wasser von 200–600° Temperatur und 2–5 Kilobar Druck durchdrang Gesteinsspalten, Fugen und Klüfte, laugte das Nebengestein aus und setzte die gelösten Stoffe als Kristalle wieder ab. Das Kristallwachstum zog sich über lange Zeiträume, stellenweise Hunderttausende oder Millionen von Jahren, hin. Von den vagabundierenden Lösungen legen die fluiden Einschlüsse im Quarz noch Zeugnis ab.

Die gelösten und abgeschiedenen Stoffe bei der Zerrkluftmineralisation sind dem Nebengestein entnommen und kaum von weit her zugeführt. Der Zerrkluftinhalt spiegelt daher weitgehend das Nebengestein wider, und größere Mengen an Erzen sind die seltene Ausnahme auf alpinen Klüften. Die Vielfalt und Vollkommenheit der Kluftmineralien hebt die Alpen recht auffallend von den übrigen Gebirgen der Erde ab. Dafür sind andere geologische Erscheinungen bei uns nur dürftig entwickelt. Dazu gehören die großen Vererzungen, die Intrusionstätigkeit und der junge Vulkanismus.

Gesteine, Zeitalter

Einteilung der Gesteine

Magmatische Gesteine
Plutonite (grobkörnig)
  Granit, Granodiorit (basischer als Granit, saurer als Diorit, mit Quarz)
  Diorit
  Gabbro (viel Amphibol und Pyroxen)
  Peridotit (fast nur Olivin + Pyroxen)
Vulkanite (feinkörnig, auch glasig)
  Rhyolith, Dacit, (Granit und Granodiorit entsprechend)
  Andesit
  Basalt (meist schwarz)

Sedimentäre Gesteine
Mechanische Sedimente (aus Trümmermaterial)
  Konglomerat (grob, Beispiel Nagelfluh)
  Brekzie (eckige Bruchstücke)
  Sandstein (Korngröße 2–0,06 mm, Psammit)
  Siltgestein (Korngröße 0,06–0,002 mm, Pelit)
  Tongestein (Korngröße unter 0,002 mm, Pelit)
Chemische Sedimente (aus Lösung, oft mit Hilfe von Mikroorganismen)
  Kalkstein (fast nur Calcit)
  Dolomit (fast nur Dolomit), Name für Gestein und Mineral
  Mergel (Ton + Kalkstein)
  Salzgestein (Gips, Halit)
Organogene Sedimente
  Torf
  Kohle

Metamorphe Gesteine
Lagige Metamorphite
  Gneis (groblagig, Quarz + Feldspat + Glimmer, auch andere Mineralien)
  Schiefer (feinlagig, viel Glimmer, auch noch andere Mineralien)
  Phyllit (sehr feinlagig und feinkörnig)
  Amphibolit (viel Amphibol)
Massige Metamorphite
  Fels (Beispiel Kalksilikatfels)
  Quarzit (metamorpher Sandstein, fast nur Quarz)
  Marmor (metamorpher Kalkstein/Dolomit, fast nur Calcit/Dolomit)
  Eklogit (Omphacit + Pyrop)

*Gesteinsbildende Mineralien metamorpher Gesteine
mit Fundbeispiel aus den Schweizer Alpen*

Kalkreich (vor allem Kalksilikatfelse)

Aktinolith	grün	Geisspfad VS
Diopsid	grün	Castione TI
Epidot	grün	Bergell-Ostrand GR
Grossular	rotbraun	Val Maighels GR
Laumontit	weiß	Alp Taveyanne VD
Omphacit	grünlich	Alpe Arami TI
Skapolith	weiß	Castione TI
Titanit	gelb	Bellinzona TI
Tremolit	weiß	Campolungo TI
Vesuvian	grün	Piz Lunghin GR
Wollastonit	weiß	Bergell-Ostrand GR
Zoisit	grau	Val Maighels GR

Tonerdereich (vor allem Glimmerschiefer)

Almandin	rotbraun	Val Tremola TI
Andalusit	rosa	Flüelapaß GR
Chloritoid	schwarz	Curaglia GR
Clintonit	rötlich	Bergell-Ostrand GR
Cordierit	blau	Bergell-Westrand GR
Hornblende (Magnesio-)	braunschwarz	Val Tremola TI
Korund	rosa	Val Traversagna GR
Kyanit	blau	Alpe Sponda TI
Lazulith	blau	Zermatt VS
Margarit	grau	Lukmanierpaß GR
Muskovit	gelblich	Tavetsch GR
Staurolith	braun	Alpe Sponda TI
Stilpnomelan	schwarz	Piz Lunghin GR

Magnesiumreich (basische Gesteine, auch Marmore)

Anthophyllit	bräunlich	Val Cama GR
Chlorit	grün	Zermatt VS
Chondrodit	orange	Bergell-Ostrand GR
Enstatit	grün	Loderio TI
Glaukophan	blau	Val de Bagnes VS
Klinohumit (Titan-)	rotbraun	Puschlav GR
Lawsonit	weiß	Zermatt VS
Pargasit	grün	Val Traversagna GR
Phlogopit	braunrot	Val di Peccia TI
Pumpellyit	bläulich	Zermatt VS
Pyrop	rot	Alpe Arami TI
Riebeckit (Magnesio-)	blauschwarz	Glärnisch GL
Serpentin	grün	Zermatt VS
Spinell	blauschwarz	Bergell-Ostrand GR
Talk	lichtgrün	Mompé-Medel GR

Zeitalter der Erdgeschichte

Erdneuzeit, Känozoikum		Beginn vor	
Quartär			2 Millionen Jahren
	Pliozän		
	Miozän		
Tertiär	Oligozän		
	Eozän		
	Paläozän		65

Erdmittelalter, Mesozoikum		
Kreide		140
	Malm	
Jura	Dogger	
	Lias	210
Trias		250

Erdaltertum, Paläozoikum	
Perm	290
Karbon	360
Devon	410
Silur	440
Ordovizium	500
Kambrium	570

Präkambrium	Alter der Erde $4\frac{1}{2}$ Milliarden Jahre

Alpine Zerrkluft im Grimsel-Granodiorit (Fels naß). Paßstraße südlich des Grimsel-Stausees BE. Breite des Lochs 1,5 m. Photo H.A. Stalder.

Alpine Zerrkluft im Bündnerschiefer, mit deutlicher Einschnürung (Boudinage). Val Ruinò südwestlich Airolo TI. Breite des Lochs 0,6 m. Photo P. Amacher.

Sammelparagenesen der alpinen Zerrkluftmineralien

Nebengestein	*Durchläufer*	*spezifische Mineralien*
Granite Gneise (sauer)	Quarz Adular Albit Chlorit Calcit Pyrit	Fluorit Hämatit Apatit Stilbit, Chabasit, Laumontit Ankerit Milarit, Phenakit
Glimmerschiefer Sericitgneise (relativ sauer)	Quarz Adular Albit Chlorit Calcit Pyrit	Anatas, Rutil, Brookit Hämatit Ilmenit Ankerit, Siderit Monazit
Granodiorite Syenite Amphibolite (intermediär)	Quarz Adular Albit Chlorit Calcit Pyrit	Titanit Epidot, Amiant Prehnit Stilbit, Chabasit, Laumontit, Heulandit, Skolecit Apatit Milarit Axinit
Serpentinite (ultrabasisch)	Chlorit (Pennin) Magnetit	Talk Diopsid Dolomit, Magnesit Apatit Ilmenit Perowskit
Kalksilikatgesteine Grünschiefer Gabbro (basisch)	Quarz Albit Chlorit Calcit	Grossular, Andradit (inklusive Melanit) Diopsid Vesuvian Epidot Prehnit Amiant Perowskit
Kalkschiefer Kalksteine Dolomite (carbonatisch)	Quarz Albit Calcit	Dolomit Fluorit

Alpine Zerrklüfte

Kluftkennzeichen

Mineralführende Zerrklüfte sind eine ungemein bezeichnende Erscheinung der zentralen kristallinen Teile der Alpen, können auf kleinem Raum in großer Zahl auftreten und häufen sich generell in den tektonischen Gewölbezonen, die spätalpin gehoben wurden. Auch in den Außenketten trifft man Klüfte, die aber oft die typischen Zerrkluftmerkmale entbehren und mehr den Charakter von Spalten und Drusen annehmen.

Eine Zerrkluft besteht aus einem allseits abgeschlossenen Hohlraum, der durch gebirgsbildende Kräfte im Gestein aufriß. Mittlere Kluftgrößen schwanken zwischen 50 x 30 x 5 cm und 5 x 2 x 1 m. Das größte Kluftsystem der Schweiz, bereits Ende des 17. Jahrhunderts erschlossen, ist die Sandbalm (Göschenertal UR), ein vom Menschen erweitertes Höhlenwerk, das 50 m ins Berginnere reicht und unter Naturschutz steht. Weitere bekannte Riesenklüfte von 20 m befinden sich am Vorderen Zinggenstock (Grimsel BE) und am Piz Starlera (Medels GR).

Typische Klüfte haben eine abgeplattete Form mit der Flachseite quer zur mehr oder weniger ausgeprägten Schieferung des Gesteins. Die größte Länge weist in der Richtung der Schieferung. Im Aar- und Gotthardmassiv, wo Klüfte besonders zahlreich sind, fällt die Schieferung der Gesteine meist steil oder gar senkrecht ein, so daß viele Klüfte horizontal zu liegen kommen. In Gebieten mit horizontaler Gesteinslagerung (Thusis GR) stehen die Klüfte dagegen vorzugsweise senkrecht. Die Quarze an den senkrechten Kluftwänden bilden dann eine Ober- und eine Unterseite aus, womit die Entstehung des Dauphiné-Habitus und die Verwendbarkeit als geologisches Senkblei zusammenhängen.

Viele Klüfte sind mit zähem Chloritsand gefüllt, was den Kristallen guten Schutz gewährt. Als Kluftfüllung findet man auch Lehm, der erst viel später durch Verwitterungsvorgänge eingeschwemmt wurde. Quarz und andere Mineralien können fest mit den Kluftwänden verwachsen sein oder lose im Sand ruhen. Oder es fehlt der Sand, und einzelne Kristalle liegen beschädigt am Boden. Schöne Kristalle findet man eher an der Kluftdecke (horizontaler Klüfte) als am Boden. Manchmal haben nur die Kristalle vom Kluftboden einen grünen Chloritüberzug. Seltene Mineralien (Phenakit) verstecken sich bisweilen in den äußersten Winkeln einer Kluft und entgehen dem flüchtigen Ausbeuter. Nicht alle Klüfte führen Mineralien, und viele nur Quarz.

Oft zeigt das Muttergestein rund um eine Kluft charakteristische Veränderungen, die von außen auf ein verborgenes Vorkommen deuten. So ist das Nebengestein unmittelbar um eine Kluft oft ausgelaugt und gebleicht. Klüfte stehen manchmal, aber nicht immer, mit einer Quarzader (Quarzband) in Verbindung. Um eine Kluft herum scheinen die Gesteinsschichten wie eingeschnürt, was der Geologe als Boudinage bezeichnet. In einer senkrechten Wand kann sich eine darunterliegende Kluft auch durch einen Absatz oder Sims (Satz) verraten. Die Strahler messen diesen Anzeichen bei der Suche nach frischen Mineralvorkommen große Bedeutung zu, aber von Gebiet zu Gebiet wechseln die Kluftanzeichen, und sie zu erkennen braucht viel Erfahrung.

Zunahme der Metamorphose von Nord nach Süd in den zentralen Schweizer Alpen

Ausgeräumte Klüfte erscheinen als kleine Höhlen allenthalben in den mineralführenden und abgesuchten Gebieten unserer Berge. Für das sehr mineralreiche Tavetsch und Medels schätzt man mindestens 10000 bearbeitete Klüfte für die letzten 100 Jahre. Dennoch findet man stets neue Vorkommen, die teils einfach übersehen wurden, teils durch Erosion und Gletscherrückgang frisch ans Tageslicht kamen. Allerdings arbeitet die Natur recht langsam. Stollen- und Straßenbauten waren zeitweilig ergiebiger, bieten aber heute wegen des vollmechanisierten Betriebes auch nicht mehr dieselben Fundmöglichkeiten wie früher.

Etliche der im Hauptteil dieses Buches aufgezählten Fundorte liefern nur noch ausnahmsweise gutes Material. Alpine Mineralklüfte sind selten umfangreich, und die genaue Lage wird manchmal gar nicht bekanntgegeben oder erst, wenn der Finder die Ausbeutung beendet hat. In der weiteren Umgebung besteht jedoch stets die Hoffnung auf überraschende Entdeckungen. Die größte Kunst ist dann das sachgemäße Bergen der Mineralien in wohlproportionierten, unverletzten Stufen und Gruppen, die erst dem Betrachter die eigene Schönheit der vor Urzeiten im Bergesinnern gewachsenen Kristalle offenbaren.

Kluftparagenesen

Die alpinen Zerrkluftmineralien kommen nicht wahllos auf den Klüften vor, sondern einzelne Arten bilden miteinander charakteristische Gesellschaften oder Paragenesen. Diese hängen in ihrer Zusammensetzung vom Nebengestein, von den physikalischen Bedingungen und vom Chemismus (CO_2-Gehalt, pH) der hydrothermalen Lösungen ab, aus denen die Mineralien auskristallisierten. Die Kluftmineralien sind letzten Endes Auslaugungsprodukte des benachbarten Gesteins, wobei einzelne Mineralien weniger deutliche, andere stärker ausgeprägte Beziehungen zur Umgebung zeigen. Durchläufer heißen die paar am weitesten verbreiteten Mineralien, Akzessorien die sehr selten auftretenden. Dazwischen stehen die spezifischen Mineralien (Leitmineralien); sie charakterisieren die einzelnen Paragenesengruppen (Sammelparagenesen).

Eine Grobeinteilung der Kluftparagenesen gründet sich vor allem auf das Nebengestein. Das klassische, sehr detaillierte System von Parker (Stalder/de Quervain/Niggli/Graeser, Die Mineralfunde der Schweiz, Basel 1973, Neubearbeitung von R. L. Parker, Die Mineralfunde der Schweizer Alpen) unterscheidet 28 Mineralgesellschaften und 15 Fundgebiete von Zerrklüften (andere Vorkommen wie metamorphe Gesteine und Pegmatite nicht gezählt). Daraus werden dann 86 verschiedene Fundortgruppen abgeleitet.

Die hier vorgestellten 6 Sammelparagenesen geben die Grundtendenzen der alpinen Kluftassoziationen wieder. In keiner Weise sind die Mineralien auf die zugewiesenen Gesteinskategorien beschränkt. Man wird aber auch nie allen Arten zusammen auf einer einzigen Kluft begegnen. In jedem einzelnen Fall wird man unterschiedliche Teilgesellschaften registrieren, die oft weitere, seltene Mineralien mitführen. Am wichtigsten sind die ersten drei Gesteinskategorien, während die letzten drei in den kluftreichen, zentralalpinen Teilen der Schweizer Alpen eine untergeordnete Rolle spielen.

Die Größe der Mineralien einer Paragenese ist stark von der Art abhängig. Für einen Bergkristall sind 20 cm eine stattliche Größe, 100mal weniger, 2 mm, sind für Monazit und Xenotim schon bemerkenswert. Allgemein verleihen nicht so sehr Größe und Artenvielfalt, sondern Kristallentwicklung und Flächenreichtum den alpinen Kluftmineralien ihren einzigartigen Reiz.

Für den Beginn des Wachstums können zerbrochene Mineralteile der Nebengesteinswand als Kristallkeime wirken. Für Quarz gilt, daß sich nur Quarzkörner mit der kristallographischen Hauptachse quer zur Kluftfläche groß entwickeln. Da der Quarz in den kristallinen Schiefern oft mehr oder weniger quer zur Schieferung und damit parallel zu den Kluftwänden eingeregelt ist, gibt es nur wenig günstig orientierte Keime mit der Hauptachse senkrecht zur Kluftwand. So bilden sich in der Regel nicht dichtstehende Kristallrasen, sondern vielmehr einzelne Großindividuen.

Die Ausscheidungsfolge der Zerrkluftmineralien ist nicht willkürlich. Zur Anfangsphase gehört oft ein randliches Band von derbem Quarz. Für die Spätphasen der Kristallisation sind vor allem Zeolithmineralien und Chlorit bezeichnend, aber auch andere Abfolgen werden beobachtet. Verheilte Bruchflächen zeigen, daß Quarzkristalle über einen weiten Bereich bis in späte Stadien entstehen, weshalb Quarz viele Mineralien, selbst Chlorit, umwächst und einschließt. Amethyst ist stets jünger als Rauchquarz und gewöhnlicher Bergkristall. Bei den Carbonaten folgen Ankerit, Siderit und Calcit hintereinander, doch bilden sich Ankerit und Siderit nur in CO_2-reichen Lösungen, während Calcit als Durchläufer fast überall erscheint.

Beziehungen zum Gebirgsbau
Petrographische Untersuchungen zeigen, daß südwärts vom Gotthardmassiv relativ hohe Metamorphosetemperaturen die Gesteine beeinflußt haben. Dies zeigt sich bei einzelnen Zerrkluftmineralien in einer Reihe von Eigentümlichkeiten, die man mit den hohen Temperaturen in Zusammenhang bringt.

Quarz zeigt nur südlich vom Aarmassiv den Tessiner-Habitus, während diese Form im Aarmassiv selber fehlt.

Adular enthält wechselnde, oft zonar verteilte Natriummengen als Albit gelöst (2,5–17 Mol% Albit). Das Maximum findet man im Tessin, das Minimum im nördlichen Aarmassiv (Oberhasli, Maderanertal).

Adular entwickelt im Gotthardmassiv und oberen Tessin stellenweise einen orthoklasähnlichen Habitus (Fibbia-Habitus). Viel verbreiteter ist im Aar- und auch Gotthardmassiv der normale, pseudorhomboedrische Habitus (Maderaner-Habitus).

Albit kommt als Albit im engeren Sinn (tafelig, durchsichtig) besonders im nördlichen Aarmassiv und in einigen Randgebieten vor. Albit als Periklin (quergestreckt, milchigtrüb) ist im Gotthardmassiv häufig, fehlt aber dem nördlichen Aarmassiv.

Fluide Einschlüsse in Quarz
Der Begriff «fluid» umfaßt die Aggregatzustände flüssig, gasförmig und überkritisch. Mineralien, die sich aus einer Lösung ausgeschieden haben, enthalten fast immer Überreste der Mutterlösung in Form fluider Einschlüsse. Mineralien, die im Laufe der Zeit mechanisch aufbrachen, durch zirkulierende Lösungen aber wieder verheilten, schlossen beim Verheilungsprozeß ebenfalls fluide Phasen ein. Die erste Art von Einschlüssen wird als primär, die zweite als sekundär bezeichnet.

Die Kristallisation eines Wirtminerals und die Einverleibung der fluiden Phasen erfolgten normalerweise bei

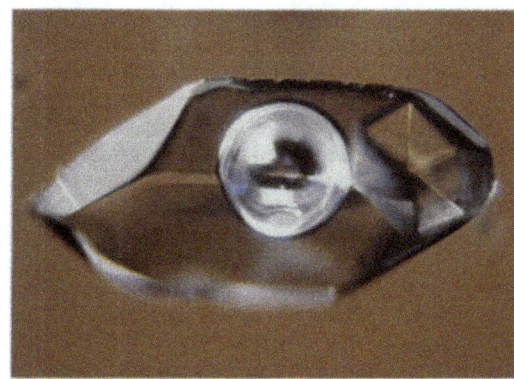

Dreiphasiger Einschluß in Quarz. Salzlösung, NaCl-Kristall und CO_2-Blase in einem 0,7 mm langen Negativkristall. Electra-Massa Stollen, Bitsch nordöstlich Brig VS. Photo P. Vollenweider.

bedeutend höheren Temperaturen und Drücken als denjenigen an der Erdoberfläche. Die fluiden Einschlüsse einer gesammelten Mineralprobe entsprechen daher in ihrer chemischen Zusammensetzung noch den ursprünglichen Lösungen, weisen jetzt aber andere physikalische Eigenschaften auf.

Bei den meisten alpinen Kluftmineralien bestehen die fluiden Einschlüsse weit vorwiegend aus Wasser. Dieses ist aber nie rein, sondern enthält in sehr wechselnden Mengen gelöste Salze: vor allem NaCl (Kochsalz), ferner KCl (Kaliumchlorid), $CaCl_2$ (Calciumchlorid). Im Wasser sind zudem oft Gase gelöst: CO_2 (Kohlendioxid), CH_4 (Methan), N_2 (Stickstoff). Vielfach wurden aber diese Gase neben Wasser als eigene Gasphase im überkritischen Zustand eingeschlossen. In den Nördlichen Kalkalpen kommen auch höhere Kohlenwasserstoffe als Mineraleinschlüsse vor. Häufigkeit, Kristallgröße, Härte und fehlende Spaltbarkeit schaffen beim Quarz besonders gute Voraussetzungen für die reichliche Konservierung von Einschlüssen, weshalb die meisten Untersuchungen an diesem Kluftmineral erfolgten.

Beim Abkühlen verändert sich das Erscheinungsbild einer homogenen, wässerigen Lösung, die als Einschluß in einem Mineral gefangen ist:

Eine Gasphase spaltet sich ab, wenn Temperatur und Druck auf die Bedingungen der Dampfdruckkurve erniedrigt werden.

Bei hohem CO_2-Anteil der überkritischen Gasblase kommt es unterhalb der kritischen Temperatur von CO_2 (31,3°) zu einer Trennung von flüssigem und gasförmigem CO_2.

Bei hohem Salzgehalt wird ein Salzkristall, meist NaCl (Halit), ausgeschieden.

Damit sind nur die wichtigsten der möglichen Phasenänderungen aufgezählt. Diese sind schuld, daß bei Normaltemperatur in einem fluiden Einschluß nicht nur eine, sondern zwei, drei oder noch mehr Phasen vorhanden sind, auch wenn ursprünglich eine homogene Phase eingeschlossen wurde.

Das Studium der fluiden Einschlüsse alpiner Kluftquarze hat sowohl kluftspezifische als auch regionalspezifische Ergebnisse gebracht:

In allen Mineralklüften kann nachgewiesen werden, daß die einstige hydrothermale Lösung sich im Laufe der Mineralausscheidung verändert hat. Bei der langsamen Abkühlung nahmen Salzgehalt und Gasgehalt ab. Bei einer plötzlichen Druckabnahme nach lokalen tektonischen Bewegungen kam es oft zur Entmischung und zur Abspaltung einer gasförmig-überkritischen Phase. Viele Zepter- und Fensterquarze haben sich in der Folge eines solchen Ereignisses gebildet.

Je nach dem Grad der alpinen Metamorphose entstanden in den verschiedenen Regionen der Schweizer Alpen unterschiedliche Kluftlösungen. Der Sammler merke sich, daß CH_4- und CO_2-Einschlüsse einen hohen Innendruck aufweisen. Weitaus die meisten Quarzkristalle aus dem Binntal und oberen Tessin enthalten flüssiges CO_2. Bei 31,3°, der kritischen Temperatur, herrscht in solchen Einschlüssen ein Innendruck von 74 Atmosphären, der sich bei leichtem Erwärmen des Wirtminerals rasch erhöht. Bei Bestrahlung durch die Sonne oder Waschen in heißem Wasser können solche Kristalle plötzlich zersplittern, weil die Einschlüsse dekrepitieren.

Erzlagerstätten

In den Alpen, viel weniger im Jura, gibt es zahlreiche kleine Erzfunde in Form von Imprägnationen, Adern, Gängen, Linsen und Schichten. Wirtschaftlich unbedeutend sind sie alle mehr oder weniger, sei es wegen geringer Ausdehnung, mäßiger Gehalte oder schwieriger Verkehrslage. Als Folge der alpinen Gebirgsbildung sind viele Lagerstätten stark zerschert, die Metallgehalte im Gestein zersprengt und die Erzmineralien innig miteinander verwachsen. Außergewöhnliche Proben seltener Mineralien findet man besonders am Lengenbach (Binntal VS) sowie auf Falotta und Parsettens (Oberhalbstein GR).

In den vergangenen Jahrhunderten herrschte manchenorts ein zeitweilig reger Bergbau, wovon noch da und dort zerfallene Anlagen, überwachsene Halden und alte Stollen Zeugnis ablegen. Als letzte in der Schweiz schlossen Gonzen SG (Eisen, Mangan) 1966 und Herznach AG (Eisen) 1968 ihre Pforten. Im Gonzen ist heute ein Schaubergwerk eingerichtet. Seit 1958 wird den Sommer über wieder am Lengenbach VS (Arsen, Blei, Silber) im Tagbau gearbeitet, aber nicht zur Metallgewinnung, sondern zur wissenschaftlichen Erforschung dieses einzigartigen Vorkommens.

Erzlagerstätten der Schweizer Alpen und des Schweizer Jura

Blei, Zink

Hondrich-Eisenbahntunnel (südlich Spiez BE)
 Fe, Zn, Pb
 Pyrit-Erzlager in der Trias
 Pyrit, Sphalerit, Galenit, Coelestin.

Les Trappistes – Le Catogne (zwischen Martigny und Orsières VS)
Pb, Zn, F
mehrere große Gänge im nordöstlichen Mont-Blanc-Massiv
Galenit, Sphalerit, Fluorit.
Goppenstein – Unteres Lötschental Südostseite (VS)
Pb, Zn
Lagergang und Imprägnationen im Altkristallin des Aarmassivs
Galenit, Sphalerit (zusammen mit Gangart innig verwachsen).
Trachsellauenen (hinteres Lauterbrunnental BE)
Pb, Zn, Ba
Adern in Gneis
Galenit, Sphalerit, Chalkopyrit, Baryt.
Alp Nadels (südlich Trun, Vorderrheintal GR)
Zn, Pb
Adern in Muskovitgneis des Tavetscher Zwischenmassivs
Sphalerit, Galenit.
Pra Jean (Val d'Hérens VS)
Zn, Pb, Ag
linsenförmige Lagergänge im Kristallin der Bernhard-Decke
Sphalerit, Galenit (silberhaltig).
Lengenbach (Binntal VS)
As, Zn, Pb, Ag
Imprägnation in metamorphem Triasdolomit
Realgar, Pyrit, Sphalerit, daneben zahlreiche Sulfosalze.
Monstein (südwestlich Davos, Landwassertal GR)
Zn, Pb
schichtförmige Verdrängung im Anis (Trias)
Sphalerit, wenig Galenit.
Scharl (südlich Scuol, Unterengadin GR)
Pb, Zn, Ag
Adern in der Trias
Galenit (silberhaltig), Sphalerit, Baryt.

Chrom

Centovalli – Val di Capolo (südlich Palagnedra TI)
Cr
magmatischer Gesteinsgemengteil in dunkelgrünem Peridotit
Chromit (Chromspinell).

Eisen, Mangan

Bohnerz-Formation im Jura (BE/JU/SO/SH)
Fe
eozäne Verwitterungsbildung, meist im Malmkalk unter Molasse (hauptsächliches Eisen-Erz im 19. Jahrhundert)
Goethit (Limonit).

Herznach (südöstlich Frick AG)
Fe
Eisenoolith des oberen Doggers (Callovien)
Goethit.

Chamoson – Haut de Cry Südseite (westlich Sion VS)
Fe
Eisenoolith an der Grenze Dogger/Malm
Chamosit.

Planplatte – Balmeregghorn – Erzegg (zwischen Innertkirchen BE und Melchtal OW)
Fe
Eisenoolith an der Grenze Dogger/Malm
Chamosit.

Windgällen (Maderanertal Nordseite UR)
Fe
Eisenoolith des oberen Doggers (Blegi-Oolith, Callovien)
Chamosit.

Gonzen (nördlich Sargans SG)
Fe, Mn
Lager innerhalb des Malmkalkes
Hämatit, Magnetit, Hausmannit, Rhodochrosit.

Mont Chemin (südöstlich Martigny VS)
Fe
Magnetitlinsen, Marmorzüge begleitend, innerhalb des Mont-Blanc-Kristallins
Magnetit, Stilpnomelan.

Rosswald (östlich Brig VS)
Fe
Imprägnation in Triasdolomit
Magnetit, Hämatit, Magnesioriebeckit.

Monte Ceneri (TI)
Fe
Linsen in Gneis
Pyrrhotin, Chalkopyrit.

Val Ferrera Ostseite (Hinterrhein GR)
Fe, Mn
Linsen in Gneis und Triasdolomit (miteinander verfaltet)
Siderit, Hämatit, Braunit, Ägirin.

Falotta – Parsettens (mittleres Oberhalbstein Ostseite GR)
Mn
Linsen in oberjurassischen Radiolariten
Braunit, zahlreiche seltene Mineralien auf Adern.

Val Tisch (südöstlich Bergün GR)
Fe
Adern in Triasdolomit
Hämatit.

Ofenpaß–Buffalora (GR)
Fe
Imprägnation in der Trias
Goethit,

Gold

Taminser Calanda–Felsberg (westlich Chur GR)
Au, W
Quarz-Calcitgänge in dunklen Aalénienschiefern (Dogger)
Gold, Scheelit.
Salanfe (westlich Vernayaz, Unterwallis VS)
Au, W
Imprägnation in Marmorlinsen innerhalb des Aiguilles-Rouges-Kristallins
Arsenopyrit, Löllingit, Scheelit, Gold.
Gondo–Zwischbergental (Simplon Südseite VS)
Au
Quarzgänge in Gneis
Pyrit, Matildit, Gold.
Astano (Malcantone, Südtessin TI)
Au
Quarzgänge im südalpinen Kristallin
Arsenopyrit, Pyrit, Galenit, Sphalerit, Gold.

Kupfer

Sackgraben (nördlich Adelboden BE)
Fe, Cu, Zn
Adern in sandiger Trias im Kontakt der Niesen-Überschiebung
Pyrit, Chalkopyrit, Sphalerit.
Bristen (Berg, nicht gleichnamiger Ort, Reusstal UR)
Cu, Pb, Zn
linsen- und gangförmige Einlagerungen in Sericit-Chloritgneis
Chalkopyrit, Pyrit, Galenit, Sphalerit, Alabandin.
Obersaxen–Affeier–Viver (westlich Ilanz, Vorderrheintal GR)
Cu, U
Adern im permischen Verrucano
Tetraedrit, Chalkopyrit, Uraninit (im Nebengestein, ohne Zusammenhang mit der Kupfer-Vererzung).
Andiast (westlich Ilanz, Vorderrheintal GR)
Cu, Pb
Linsen im permischen Verrucano
Chalkopyrit, Galenit.
Mürtschenalp (südlich Kerenzerberg, Walensee GL)
Cu, U
Gänge und Imprägnation im permischen Verrucano
Chalkopyrit, Bornit, Uraninit.

Val d'Anniviers–St. Luc–Grimentz–Val de Moiry–Val de Zinal (VS)
Cu, Bi
linsenförmige Lager im Kristallin der Bernhard-Decke
Pyrit, Chalkopyrit, Tetraedrit, Bismuthinit.

Aranno–Miglieglia (Malcantone, Südtessin TI)
Sb, Cu, Zn
Gänge im südalpinen Kristallin
Tetraedrit, Antimonit, Sphalerit, Pyrit, Jamesonit.

Alp Nursera (westlich Außerferrera, Hinterrhein GR)
Cu, Pb, Ag
Imprägnation in Triasquarzit innerhalb des Rofna-Gneises
Tetraedrit (silberhaltig), Chalkopyrit, Galenit, Antimonit.

Alp Taspegn (Schams Ostseite, Hinterrhein GR)
Cu, U
Linsen mit schwacher Uran-Anreicherung in Augengneis
Chalkopyrit, Tetraedrit, Galenit, Sphalerit, Baryt.

Parpaner Rothorn (östlich Lenzerheide GR)
Cu
Quarzgänge in Amphibolit
Chalkopyrit, Tetraedrit.

Molybdän, Wolfram

Baltschiedertal (nördlich Visp VS)
Mo, W
Quarzadern in Granit
Molybdänit, Scheelit.

Val Colla (nördlich Lugano TI)
W
vererzte Kalksilikatlinsen in Biotitgneisen
Scheelit.

Nickel, Kobalt

Ayer (Val d'Anniviers VS)
Ni, Co, As, Cu
Ankeritgänge im Kristallin der Bernhard-Decke
Skutterudit/Nickelskutterudit, Arsenopyrit.

Kaltenberg (Westflanke des hinteren Turtmanntals VS)
Co, Ni, As
linsenförmige Lagergänge im Kristallin der Bernhard-Decke
Skutterudit/Nickelskutterudit, Cobaltit/Gersdorffit.

Centovalli–Val del Boschetto (südlich Palagnedra TI)
Ni
magmatischer Gesteinsgemengteil in schwarzem Peridotit (serpentinisiert)
Pentlandit.

Uran

Val du Trient (westlich Martigny VS)
  U
  Linsen teils im Vallorcine-Granit, teils im älteren Gneis
  Uraninit, zahlreiche Sekundärmineralien.
Trun Südseite–Tiraun (Vorderrheintal GR)
  U
  Anreicherung in Muskovitgneis des Tavetscher Zwischenmassivs
  Uraninit, Pyrit.
Isérables–Sarreyer (Rhonetal Südseite–Val de Bagnes VS)
  U, Cu
  Imprägnation im Kristallin der Bernhard-Decke
  Uraninit, Pyrit, Tetraedrit.
Embd (unteres Mattertal, südlich Visp VS)
  U
  dünne Lagen in Sericitquarzit
  Uraninit, Pyrit.

Meteoriten

Hier beschränken wir uns auf eine Liste der 6 in unserem Land nachgewiesenen Vorkommen dieser Himmelsboten. Die Wahrscheinlichkeit, einen Meteoriten zu finden, ist außerordentlich gering, und immer wieder müssen voreilige Sammler enttäuscht werden, die irrtümlich eine Bohnerz-Knolle oder eine künstliche Schlacke für einen Meteoriten halten.

Rafrüti BE – aufgefunden 1886
  Ataxit (IRANOM), 18,2 kg, Museum Bern
Chervettaz VD – gefallen am 30.11.1901
  Chondrit (L5), 750 g, Museum Lausanne
Ulmiz FR – gefallen am 25.12.1926
  Chondrit (L), 76,5 g, Museen Bern und Fribourg
Utzenstorf BE – gefallen am 16.8.1928
  Chondrit (H5), 3,42 kg, Museum Bern
Langwies GR – aufgefunden 1965
  Chondrit (H6), 16,5 g, Privatbesitz
Twannberg BE – aufgefunden 1984
  Hexaedrit (IRANOM), 15,9 kg, Museen Schönenwerd SO und Bern

Historisches

Vorgeschichtliche Zeit
Splitter von Bergkristallen dienten den Steinzeitmenschen als Werkzeug (Châble Croix bei Vionnaz, Unterwallis VS; 6500 v. Chr.). Waren die ersten genutzten Quarze aufgelesene Gerölle, so suchte man gegen Ende des Neolithikums auch Primärvorkommen in den Bergen ab (Binntal VS; 2000 v. Chr.). Ein nicht geklärtes Problem betrifft den Jade der Steinzeit und die hervorragend polierten Beilklingen. Die meisten Werkzeuge jener Zeit bestehen aus weitverbreitetem Serpentinit und Nephritjade, nur sehr wenige hingegen aus seltenem Jadeitjade, der anstehend in der Schweiz nicht vorkommt.

Altertum und Mittelalter
Durch das Altertum und Mittelalter bis ins 18. Jahrhundert wird die Meinung des Hippokrates (400 v. Chr.) vertreten, Bergkristall entstehe durch Kälte und Frost aus Eis. Plinius der Ältere (78 n. Chr.) erwähnt das Kristallsuchen in unzugänglichen Schluchten der Alpen mit Hilfe von Seilen. Augustin (400 n. Chr.) deutet Bergkristall als himmlisches Wasser, das sehr wenig Erdiges in sich hat und durch die Hartnäckigkeit eines längeren Frostes zu Stein geworden ist. Dieser «leichtsinnigen Lehre ohne viel Verstand» tritt erst in der Neuzeit der Zürcher Johann Heinrich Hottinger entgegen (1698).

Beginn der Moderne
Am Übergang vom 17. zum 18. Jahrhundert leiten drei Personen die moderne Erforschung der Alpenmineralien ein, trennen sich aber immer noch nicht alle von der Vorstellung, Bergkristall sei hartgefrorenes Wasser. Der Zürcher
Johann Heinrich Hottinger
(1680–1756)
stellt in seiner «Krystallologia» (1698) die Ansichten über die Entstehung der Bergkristalle zusammen. Ebenfalls ein Zürcher ist
Johann Jacob Scheuchzer
(1672–1733),
der in der «Beschreibung der Naturgeschichten des Schweizerlandes» Band 3 (1708) erstmals die verschiedenen Kluftanzeichen anschaulich darstellt. Granit heißt damals Geissberger Stein. Der Dritte im Bund,
Moritz Anton Cappeler
(1685–1769)
von Luzern, veröffentlicht als Teil eines größeren, in Luzern archivierten Manuskripts seinen «Prodromus Crystallographiae» (1723) mit unübertroffenen Schilderungen alpiner Klüfte. Er beschreibt auch die von ihm selbst besuchte große Kluft am Vorderen Zinggenstock über dem heutigen Grimsel-Stausee BE (in Altmann J. G., Beschreibung der helvetischen Eisberge, Zürich 1751).

Anfänge des systematischen Sammelns
Eine Urkunde im Gemeindearchiv Binn VS verbietet schon 1609, in den Kuhweiden nach Strahlen zu graben. Am Übergang vom 18. zum 19. Jahrhundert kommen die Mineralienkabinette (Sammlungen im heutigen Sinn von Gesteinen, Mineralien, Fossilien) in Mode. Der Berner
Gottlieb Siegmund Gruner
(1717–1778)
stellt ein Verzeichnis der Mineralien der Schweiz zusammen. In Disentis GR betreibt das Benediktiner-Kloster einen regen Mineralienhandel, wobei sich ein Mitglied des Klosterkapitels,

Pater Placidus a Spescha (1752–1833), als einer der prominentesten Strahler und Mineralienkenner jener Zeit hervortut. Wir verdanken ihm ausführliche Handschriften und eine mineralogisch-petrographische Karte des Gotthardmassivs. A Spescha unterscheidet in der weiteren Gotthardregion etwa 50 Mineralien und Mineralvarietäten. Seine erste große Kristallsammlung haben um 1800 die Franzosen mitlaufen lassen.

Naturinteressierte Reisende dieser Epoche (die berühmtesten: Gruner, de Saussure, Goethe) haben uns ein umfangreiches Schrifttum auch mineralogischen Inhalts hinterlassen. Vieles beruht aber nur auf Hörensagen und ist heute ebenso mit Vorbehalt aufzunehmen wie manche alte Museumsetikette. Ein amüsantes Beispiel liefert der Berg «Silebozen» im Val Val GR. Die romanische Ortsangabe ist völlig mißverstanden und lautet richtig «silla Puoza», oben bei Puoza (Flurname; in Gruner G. S., Reisen durch die merkwürdigsten Gegenden Helvetiens, Bern 1778).

19. und 20. Jahrhundert
Hier nennen wir die Namen der wichtigsten Gelehrten, die zur Grundlegung unserer heutigen Kenntnisse beigetragen haben.

Frederick Noel Ashcroft (1878–1949)
Privatgelehrter. Zwischen den beiden Weltkriegen engagierter Sammler schweizerischer Kluftmineralien. Große Sammlung im Britischen Museum London (Natural History).
Heinrich Baumhauer (1848–1926)
Professor in Fribourg. Mineralogie des Binntals.
Edmund von Fellenberg (1838–1902)
Konservator am Naturhistorischen Museum Bern. Bedeutendster Berner Sammler. Große Privatkollektion vom Museum übernommen.
Gustav Adolf Kenngott (1818–1897)
Professor in Zürich. «Die Minerale der Schweiz nach ihren Eigenschaften und Fundorten ausführlich beschrieben», Leipzig 1866.
Johann Georg Koenigsberger (1874–1946)
Professor in Freiburg i. Br. Eifriger Besucher der Schweizer Alpen. Niggli P., Koenigsberger J. G. und Parker R. L., «Die Mineralien der Schweizer Alpen», 2 Bände, Basel 1940.
Charles Lardy (1780–1858)
Oberforstinspektor und Honorarprofessor für Geologie/Mineralogie in Lausanne. Mineralien des Gotthardgebietes.
Luigi Lavizzari (1814–1875)
Direktor des Gymnasiums Lugano. Mineralogie des Tessins.
Paul Niggli (1888–1953)
Professor in Zürich. Universalster Mineraloge und Petrograph dieses Jahrhunderts.
Robert Lüling Parker (1893–1973)
Professor in Zürich. Bedeutender Mineraloge. «Die Mineralfunde der Schweizer Alpen», Basel 1954 (siehe auch unter Johann Georg Koenigsberger).

Gerhard vom Rath (1830–1888)
: Professor in Bonn. Mineralogie des Binntals.

Gustav Seligmann (1849–1920)
: Deutscher Bankier. Mineralogie des Binntals. Große Sammlung in der Smithsonian Institution in Washington.

Richard Harrison Solly (1851–1925)
: Privatgelehrter, vorübergehend Lektor an der Universität Cambridge (England). Mineralogie des Binntals. Sammlung im Britischen Museum.

Carlo Taddei (1879–1969)
: Bahnangestellter. Sammlungen in Lugano und Zürich. «Dalle Alpi Lepontine al Ceneri», Bellinzona 1937.

David Friedrich Wiser (1802–1878)
: Geschäftsmann. Bedeutendster Zürcher Sammler. Großes Legat als Grundstock der ETH-Sammlung.

Mineralien erstmals auf Schweizer Boden entdeckt

Angegeben sind Jahr der Beschreibung, Mineral, Herleitung des Namens, Typlokalität und Autorenschaft.

Jahr	Mineral	Herleitung / Typlokalität / Autor
1783	Adular	Mons Adula, antiker Name für Gotthard–Adula. Gotthardgebiet. Pater E. Pini, Mailand.
1789	Chlorit	chloros = grün. Gotthard und andere Fundorte. A. G. Werner, Freiberg.
1796	Tremolit	Val Tremola TI. Campolungo TI, nicht Val Tremola. H. B. de Saussure, Genf.
1820	Chamosit	Chamoson VS. Chamoson VS. P. Berthier, Paris.
1840	Pennin	Penninische Alpen. Zermatt VS. J. Fröbel und M. E. Schweizer, Zürich.
1840	Antigorit	Valle Antigorio I. Wahrscheinlich Geisspfad VS. M. E. Schweizer, Zürich.
1845	Wiserit	D. F. Wiser, Zürich (1802–1878). Gonzen SG. W. Haidinger, Wien.
1845	Dufrénoysit	P. A. Dufrénoy, Paris (1792–1857). Lengenbach VS. A. Damour, Paris.
1855	Hyalophan	hyalos = durchsichtig, phanos = scheinend. Lengenbach VS. Freiherr W. Sartorius von Waltershausen, Göttingen.
1864	Jordanit	H. Jordan, Saarbrücken (1808–1887). Lengenbach VS. G. vom Rath, Bonn.
1864	Sartorit	Freiherr W. Sartorius von Waltershausen, Göttingen (1809–1876). Lengenbach VS. G. vom Rath, Bonn.
1865	Kalicinit	Chemische Zusammensetzung. Chippis VS. F. Pisani, Paris.
1870	Milarit	Val Milà GR. Val Giuv GR. G. A. Kenngott, Zürich.
1879	Titan-Klinohumit	Chemische Zusammensetzung. Findelengletscher VS. A. A. Damour, Paris.
1896	Rathit	G. vom Rath, Bonn (1830–1888). Lengenbach VS. H. Baumhauer, Straßburg und Fribourg.

1901	Seligmannit	G. Seligmann, Koblenz D (1849–1920). Lengenbach VS. H. Baumhauer, Fribourg.
1901	Liveingit	G. D. Liveing, Cambridge GB (1827–1924). Lengenbach VS. R. H. Solly und H. Jackson, London.
1902	Baumhauerit	H. Baumhauer, Fribourg (1848–1926). Lengenbach VS. R. H. Solly, London.
1904	Lengenbachit	Lengenbach VS. Lengenbach VS. R. H. Solly, London.
1904	Hutchinsonit	A. Hutchinson, Cambridge GB (1866–1937). Lengenbach VS. R. H. Solly, London.
1905	Smithit	G. F. H. Smith, London (1872–1953). Lengenbach VS. R. H. Solly, London.
1905	Marrit	J. E. Marr, Cambridge GB (1857–1933). Lengenbach VS. R. H. Solly, London.
1907	Trechmannit	C. O. Trechmann, Durham GB (1851–1917). Lengenbach VS. R. H. Solly, London.
1912	Hatchit	F. H. Hatch, England (1864–1932). Lengenbach VS. R. H. Solly und G. F. H. Smith, London.
1923	Parsettensit	Parsettens GR. Parsettens GR. J. Jakob, Zürich.
1923	Tinzenit	Tinzen GR. Falotta GR. J. Jakob, Zürich.
1926	Sursassit	Sursass = Oberhalbstein. Falotta GR. J. Jakob, Zürich.
1935	Hydroxylapatit	Chemische Zusammensetzung. Kemmleten UR. C. Burri, J. Jakob, R. L. Parker und H. Strunz, Zürich (der Apatit erwies sich später als hydroxylhaltiger Fluorapatit).
1963	Giessenit	Giessen bei Binn VS. Turtschi bei Binn VS. S. Graeser, Bern und Basel.
1964	Sinnerit	R. von Sinner, Bern (1890–1960). Lengenbach VS. F. Marumo und W. Nowacki, Bern.
1965	Wallisit	Kanton Wallis. Lengenbach VS. W. Nowacki, Bern.
1965	Nowackiit	W. Nowacki, Bern (1909–1988). Lengenbach VS. F. Marumo und G. Burri, Bern.
1965	Imhofit	J. Imhof, Binn VS (1902–1969). Lengenbach VS. G. Burri, S. Graeser, F. Marumo und W. Nowacki, Bern.
1966	Asbecasit	Chemische Zusammensetzung (As–Be–Ca). Scherbadung VS. S. Graeser, Bern und Basel.
1966	Cafarsit	Chemische Zusammensetzung (Ca–Fe–As). Scherbadung VS. S. Graeser, Bern und Basel.
1972	Grimselit	Grimselpaß BE. Kabelstollen Gerstenegg–Grimsel BE. K. Walenta, Stuttgart.
1976	Baylissit	N. S. Bayliss, West-Australien. Kabelstollen Gerstenegg–Grimsel BE. K. Walenta, Stuttgart.
1980	Preiswerkit	H. Preiswerk, Basel (1876–1940). Geisspfad VS. H. R. Keusen und T. Peters, Bern.
1984	Grischunit	Grischun = Graubünden. Falotta GR. S. Graeser, H. Schwander und B. Suhner, Basel.

1988	Cervandonit	Pizzo Cervandone (Scherbadung) VS. Scherbadung VS und Alpe Devero I. T. Armbruster, C. Bühler, S. Graeser, H. A. Stalder und G. Amthauer, Bern, Basel und Salzburg.
1988	Erniggliit	E. Niggli, Bern. Lengenbach VS. S. Graeser, Basel.
1988	Edenharterit	A. Edenharter, Bern und Göttingen. Lengenbach VS. S. Graeser, Basel.
1988	Stalderit	H. A. Stalder, Bern. Lengenbach VS. S. Graeser, Basel.
1989	Geigerit	T. Geiger, Winterthur (1921–1990). Falotta GR. S. Graeser, Basel.
1990	Bearthit	P. Bearth, Basel (1902–1989). Stockhorn bei Zermatt VS. C. Chopin, Paris.
1990	Baumhauerit-2a	Kristallstruktur. Lengenbach VS. A. Pring, W. D. Birch und D. Sewell, Australien; S. Graeser, Basel; A. Edenharter, Göttingen; A. Criddle, London.

Einzelbeschreibung der Mineralien

Dieses Kapitel enthält alle Mineralien, die man in makroskopischen Dimensionen bisher in der Schweiz gefunden und beschrieben hat. Besondere Beachtung wird fundortspezifischen Merkmalen der Ausbildung, Paragenese und Verbreitung geschenkt, dagegen erhalten unauffällige Gesteinsgemengteile nur kurze Hinweise. In den Mineralbeschreibungen findet man die chemische Formel (meist nach Fleischer, Glossary of Mineral Species, 5. Auflage, Tucson 1987), das Kristallsystem, die Farbe, die lokaltypische Ausbildung und die Maximalgröße schweizerischer Funde.

Die Einteilung der Mineralien folgt der chemischen Zusammensetzung und der strukturellen Verwandtschaft (sofern nicht neue Strukturbestimmungen vorliegen, hauptsächlich in Anlehnung an Ramdohr/Strunz, Klockmanns Lehrbuch der Mineralogie, 16. Auflage, Stuttgart 1978; Kostov/Minčeva-Stefanova, Sulphide Minerals, Stuttgart 1982; Klein/Hurlbut, Manual of Mineralogy after Dana, 20th edition, New York 1985).

Die Aufzählung der Fundorte beginnt jeweils beim Jura und schreitet über Mittelland, Nördliche Kalkalpen, Zentralmassive, Penninikum weiter zum Süd- und Ostalpin. Innerhalb dieser Großbereiche sind die Lokalitäten von West nach Ost geordnet.

Elemente

Kupfer
Cu
Kubisch. Metallisch-rot. Kleine Dendriten. 1 mm. In Grüngesteinen.
Felskinn (im östlichen Feegletscher, südlich Saas Fee VS). – Geißpfad (südöstliches Binntal VS).

Silber
Ag
Kubisch. Silbrige Locken. Bis 1 cm.
Außerbinn (Binntal VS): neben Bornit, Tennantit und kleinen Beryllsäulchen. – Lengenbach (Binntal VS): 2 mm. – Cavradischlucht (unteres Val Curnera, Tavetsch GR): neben Djurleit.

Gold
Au
Kubisch. Metallisch-gelb. Dendritische Aggregate bis 3 cm, Einzelkristalle bis 3 mm.
Lagerstätten. In der Arve (GE) und in der Aare (BE): unbedeutend, auch in vielen anderen Flüssen nachweisbar. – Napf (BE/LU): sekundär, nur unbedeutend, in der Oberen Süßwassermolasse, aber nochmals umgelagert und angereichert in den Napfflüssen, hier lokal ausnahmsweise bis 5 g Gold pro Kubikmeter Kies, Silbergehalt des Napf-Goldes 1–8%. – Taminser Calanda (westlich Chur GR): in Quarz-Calcitadern in Kalkschiefer des Doggers. – Salanfe (nordwestlich Martigny VS), Gondo (südöstlich Simplonpaß VS) und Astano (Südtessin TI): vereinzelt bis 2 mm neben Pyrit, Arsenopyrit, Löllingit.
Lokalfunde. Massaschlucht (nordöstlich Naters, Brig VS): neben Tetra-

Gold in Calcit. Taminser Calanda GR. Ausschnitt 3,5 cm. Anschliff. (ETH-Sammlung Zürich).

Gold-Kristall mit rhombendodekaedrischem Habitus. Kombination von Würfel und Tetrakishexaeder (210). Lukmanierschlucht, Medels GR. 2 mm.

edrit und Bornit in permokarbonischem Konglomeratgneis. – Nordöstlich Mompé-Tujetsch (südwestlich Disentis GR). – Gotthard-Eisenbahntunnel (TI): dünne Bleche mit 50 % Silber in einer Calcitader, 500 m ab Südportal, keine Funde im Gotthard-Straßentunnel. – Unteres Val Nalps (Tavetsch GR). – Lukmanierschlucht (unteres Medels GR): Einzelkristalle, 2 mm, im Medelserrhein auch Nuggets bis 1 cm. – Gischihorn (Kriegalptal, südliches Binntal VS). – Albignagebiet (Bergell GR).

Awaruit

$Ni_{2-3}Fe$

Kubisch. Grau. Körner bis 1 mm.

Selva (südlich Poschiavo GR): in Serpentinit.

Arsen

As

Trigonal. Grauschwarz. Kugelige Aggregate bis 1 mm.

Lengenbach (Binntal VS).

Arsenolamprit

As

Orthorhombisch. Mikroskopisch.

Lengenbach (Binntal VS).

Antimon

Sb

Trigonal. Zinnweiße Aggregate. 1 cm.

Aranno–Miglieglia (Südtessin TI).

Wismut

Bi

Trigonal. Metallisch-grau, anlaufend. Derb. 3 mm.

Nördlich St. Luc (Val d'Anniviers VS). – Kaltenberg (Turtmanntal VS).

Graphit

C

Hexagonal und trigonal. Schwarz, abfärbend. Blättrig. Ansammlungen bis 10 cm. Metamorph und pegmatitisch.

Gauli–Trift (Gadmental BE): im Karbonzug zwischen Innertkirchner-Granit und nördlichen Gneisen des

Aarmassivs. – Brissago (TI): in Pegmatiten. – Val Traversagna (Misox GR): Gemengteil in Gneis, bis 9% Graphit. – Piz Lunghin Südseite (nordwestlich Maloja GR).

Schwefel
S
Orthorhombisch. Gelb, braunschwarz durch Bitumen. In Krusten, pulverig. 1 cm. Sekundärbildung.

Bex (unteres Rhonetal VD): in Gipslagern. – Leissigen (Thunersee BE): Kluft in Gipslagern, Einzelkristall von 4 mm neben Baryt, Anhydrit, Dolomit. – Les Valettes (zwischen Martigny und Sembrancher VS): feiner, weißer Überzug auf Sphalerit. – Granges (zwischen Sion und Sierre VS): in Gipslagern. – Westlich Vicosoprano (Bergell GR): Spuren in Bergsturzmaterial.

Sulfide, Arsenide, Sulfosalze

Sulfide, Arsenide

Sperrylith
$PtAs_2$
Kubisch. Zinnweiß. Mikroskopisch.
Turtmanntal (VS): in Goldwaschkonzentrat nachgewiesen.

Millerit
NiS
Trigonal. Messinggelb. Haarförmig, nadelig. Bis 2,5 cm.
Enney (südlich Gruyères FR): mikroskopisch, in Steinbruch. – Westlich Vrin (Lugnez, südlich Ilanz GR): 2,5 cm, neben Calcit, Pyrit und Chalkopyrit. – Südlich Scharans (Domleschg GR): neben Quarz und Markasit, in Stollen.

Smythit
Fe_9S_{11}
Trigonal. Bronzefarben. 2 mm. Tieftemperaturbildung.
Jura (SO/BL). – Lengenbach (Binntal VS): Klüfte im angrenzenden Bündnerschiefer.

Heazlewoodit
Ni_3S_2
Trigonal. Bronzefarben. Körner bis 1 mm.

Selva (südlich Poschiavo GR): in Serpentinit.

Pentlandit
$(Fe,Ni)_9S_8$
Kubisch. Metallisch-braun. Körner bis 1 mm. Stets mit Pyrrhotin zusammen, diesem sehr ähnlich. Mikroskopisch in ultrabasischen Gesteinen verbreitet.
Geißpfad (südöstliches Binntal VS): in Serpentinit. – Südlich Palagnedra (Centovalli TI). – Selva (südlich Poschiavo GR): in Serpentinit.

Nickelin
NiAs
Hexagonal. Kupferrosa, dunkel anlaufend. Derb. 1 cm.
Südöstlich Ayer (Val d'Anniviers VS). – Kaltenberg (Turtmanntal VS).

Pyrrhotin
$Fe_{(1-x)}S$, $x = 0-0,17$
auch Magnetkies genannt
Monoklin und hexagonal. Bräunlich bronzefarben. Dicktafelig. Bis 12 cm. Verwittert leicht, oft in Goethit umgewandelt, viele gute Funde aus Stollen. Derb weitverbreitet.
Lötschental (VS): auch mit Amiant. – Mittal–Hohtenn Straßentunnel (eingangs Lötschental VS). – Amsteg Au-

*Pyrrhotin.
Eisenbahntunnel bei
Mittal, Lötschental VS.
2 mm. (A. Bachmann,
Füllinsdorf BL).*

tobahntunnel (Reusstal UR): neben Calcit, Quarz, Albit, Chlorit, Apatit, Pyrit, Rutil, Ilmenit, Galenit, Chalkopyrit, auch als schwarze Rutschharnische mit Graphit zusammen. – Amsteg Kraftwerkstollen (Reusstal UR): in Erzlinsen und Klüften. – Obergesteln Gasleitungsstollen (Goms VS). – Gotthard-Bahn- und Straßentunnel (UR/TI). – Nalps Stollen (südlich Sedrun GR).

Linneit
Co_3S_4
Kubisch. Silberglänzend. Derb. 1 cm.
Claro (Riviera TI): in Magnetitlinse.

Violarit
$Fe^{+2}Ni_2^{+3}S_4$
Kubisch. Metallisch-grau, anlaufend. 1 mm.
Mittal–Hohtenn Straßentunnel (eingangs Lötschental VS): unscheinbare, grünbraune Pseudomorphosen nach Pyrrhotin. – Geißpfad (südöstliches Binntal VS): mikroskopisch in Ganggestein des Serpentinitkomplexes.

Greigit
$Fe^{+2}Fe_2^{+3}S_4$
Kubisch. Schwarz. 1 mm.

Lengenbach (Binntal VS): aus Arsenopyrit entstanden, mit Realgar durchwachsen.

Safflorit
$CoAs_2$
Orthorhombisch. Silberglänzend. Mikroskopisch.
Kaltenberg (Turtmanntal VS): Erzgänge.

Rammelsbergit
$NiAs_2$
Orthorhombisch. Silberglänzend. Mikroskopisch.
Kaltenberg (Turtmanntal VS): Erzgänge.

Löllingit
$FeAs_2$
Orthorhombisch. Silberglänzend. Derb. 5 mm.
Salanfe (nordwestlich Martigny VS): Hauptbestandteil des Gold-Erzes.

Pyrit
FeS_2
Kubisch. Hell messinggelb, oft dunkler angelaufen, dunkelbraun bei beginnender Verwitterung. Würfelig, auch dünnstenglig, skelettartig und bei Sammlern als «Stengelpyrit» ge-

Pyrit, limonitisiert. Fellital UR. Kantenlänge des großen Würfels 15 mm. (X. Gnos, Amsteg UR).

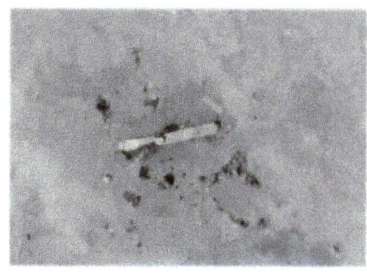

Pyrit, stenglig. Mittal–Hohtenn Straßentunnel, Lötschental VS. 5 mm.

läufig. Bis 10 cm. Derb oder in eingesprengten Kristallen fast überall. Freigewachsen auf alpinen Klüften, hier besonders schön in Stollenfunden neben Bergkristall und Ankerit.

Jura (JU/SO/BL): hier auch dünne Nadeln, rechte Winkel bildend, 3 mm, neben Calcit. – Mittal–Hohtenn Straßentunnel (eingangs Lötschental VS). – Furka-Basistunnel (VS/UR): 5 cm, eingewachsen in Chloritschiefer. – Gotthardpaß (TI): große, braune Würfel, auch Oktaeder. – Nalps Stollen (südlich Sedrun GR). – Lukmanierschlucht (unteres

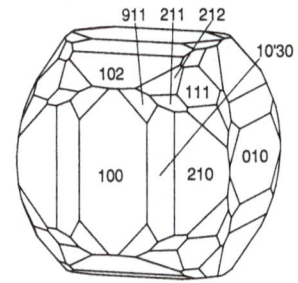

Pyrit Lengenbach (Binntal VS)

Medels GR). – Lengenbach (Binntal VS): vielflächig, eher klein, ausnahmsweise 4 cm, häufigstes Erz am Lengenbach, auch sonst im zuckerkörnigen Triasdolomit des Binntals. – Bedrettotal Südseite (TI). – Monte Piottino Stollen (Leventina TI).

Markasit
FeS_2

Orthorhombisch. Messinggelb, meist angelaufen. 5 cm. Oft pseudomorph in Pyrit umgewandelt.

Thayngen (SH): auf Spalten der Karsttaschen im Portlandkalk (oberer Malm), vor allem Steinbruch Wippel. – Enney (südlich Gruyères FR): hier besonders schön. – Gotthard-Eisenbahntunnel (UR/TI).

Pyrit, kugelig aggregiert. Mittal–Hohtenn Straßentunnel, Lötschental VS. 5 mm.

Ullmannit
NiSbS

Triklin (pseudokubisch). Metallisch-grau. 1 mm.

Furka-Basistunnel (VS/UR): mikroskopisch neben Pyrit, auf Bergkristall. – Gotthard-Straßentunnel (UR/TI): aus einer Ankeritkluft.

Cobaltit
CoAsS
Gersdorffit
NiAsS

Mischkristalle

Kubisch oder pseudokubisch. Silberglänzend, rötlichgrau angelaufen. 2 mm.

Furka-Basistunnel (VS/UR). – Gotthard-Straßentunnel (UR/TI). – Camperio (westlich Olivone, Bleniotal TI): als Kluftmineral in Quarz eingeschlossen. – Kaltenberg (Turtmanntal VS): Erzgänge.

Gudmundit
FeSbS

Monoklin. Silberglänzend. Mikroskopisch.

Südlich Curio (Malcantone, Südtessin TI): neben Antimonit.

Arsenopyrit
FeAsS

Monoklin (pseudoorthorhombisch). Silberglänzend. Bis 7 cm.

Felsberger Calanda (westlich Chur GR). – Gotthard-Straßentunnel (UR/TI): große Kristallgruppen, 7 cm, aus Klüften in permokarbonischen Chloritgneisen am Gotthardmassiv-Nordrand. – Nalps Stollen (südlich Sedrun GR). – Drual (südwestlich Platta, Medels GR): eingesprengt in Sericitschiefer, auch als Drillinge. – Lengenbach (Binntal VS). – Bergell nördlicher Talhang (GR): 1 cm, aus Kraftwerkstollen.

Skutterudit
$CoAs_{2-3}$
Nickelskutterudit
$NiAs_{2-3}$

Mischkristalle

Kubisch. Silberglänzend. Derb. 1 cm.

Südlich Alp Kaltenberg (Westflanke des hinteren Turtmanntales VS): Haupterz der Kobalt-Nickellagerstätte, Ende letzten Jahrhunderts abgebaut.

Alabandin
MnS

Kubisch. Braunschwarz. Dicht.

Amsteg Kraftwerkstollen (Reusstal UR): neben Pyrrhotin, Rhodonit, Spessartin, Mangan-Aktinolith, Manganocalcit, 2,2 km nordöstlich Pfaffensprung.

Molybdänit
MoS_2

Hexagonal (Molybdänit-2H) und trigonal (Molybdänit-3R). Bleigrau, Strichfarbe grünlich, abfärbend. Blättrig, schuppig. 3 cm. Stellenweise angereichert im südlichen Aarmassiv zwischen unterem Lötschental und Grimsel. Molybdänit-2H pegmatitisch, Molybdänit-3R tiefthermal, selten, im Binntal-Dolomit.

Alpjahorn Nordflanke (Baltschiedertal, nördlich Visp VS): eingesprengt in Quarzadern des kataklastischen Baltschieder-Granodiorits, neben spärlichem Scheelit, nicht abbauwürdig (0,03% Mo im Erz). – Furka-Basistunnel (VS/UR). – Gotthard-Eisenbahntunnel (UR/TI). – Turtschi (zwischen Binn und Giessen) und Lengenbach (Binntal VS): in Triasdolomit, stets Molybdänit-3R. – Iragna–Lodrino (Riviera TI): neben Scheelit. – Arvigo (Calancatal GR): formlose Bleche bis 1 cm, selten dicktafelige Kristalle von 5 mm in Klufthohlräumen. – Carona (südlich

Lugano TI): in Drusen im Granophyr. – Fornogebiet (Bergell GR).

Chalkosin
Cu_2S
Monoklin. Grauschwarz. 2 mm.
Mürtschenalp (GL): Erzadern.

Djurleit
$Cu_{31}S_{16}$
Monoklin. Metallisch-grau. Leicht in Chalkosin übergehend.
Cavradischlucht (unteres Val Curnera, Tavetsch GR). – Geißpfad (südöstliches Binntal VS).

Digenit
Cu_9S_5
Kubisch. Metallisch-grau, angewittert. 1 cm.
Cavradischlucht (unteres Val Curnera, Tavetsch GR): als Seltenheit außergewöhnlich schöne, oktaedrische Einzelkristalle. – Aranno–Miglieglia (Südtessin TI).

Bornit
Cu_5FeS_4
Tetragonal. Schwarzblau. 1 cm. Mürtschenalp (GL). – Zermatt (VS): als Kluftmineral erwähnt. – Ausserbinn (Binntal VS): angewitterte Kristalle in vererzter Zone.

Chalkopyrit
$CuFeS_2$
auch Kupferkies genannt
Tetragonal. Intensiv messinggelb. Disphenoidisch, oft verzerrt. Bis 5 cm. Derb und eingesprengt weitverbreitet, vielfach in Erzgängen, selten auf Klüften.
Arisdorf (nordöstlich Liestal BL): 4 mm, in Muscheln und Ammonitenhohlräumen des unteren Lias. – Val Giuv (Tavetsch GR). – Lukmanierschlucht (unteres Medels GR): Einzelkristalle, angelaufen, 5 cm. – Versamer Tobel (östlich Versam, Vorderrheintal GR): 7 mm, Klüfte in Bündnerschiefer. – Piz Beverin (südwestlich Thusis GR): 5 cm, Klüfte in Bündnerschiefer.

Stannit
Cu_2FeSnS_4
Tetragonal. Metallisch-grau. Mikro-

Digenit. Cavradischlucht, Tavetsch GR. 1 cm. (ETH-Sammlung Zürich).

Chalkopyrit. Mittal–Hohtenn Straßentunnel, Lötschental VS. 6 mm.

skopisch. Mit Sphalerit verwachsen. Bristen Nordwestseite (Reusstal UR): Erzlinsen. – Alp Taspegn (Schams Ostseite, Hinterrhein GR).

Tetraedrit
$Cu_{12}Sb_4S_{13}$
Kubisch. Grauschwarz. Tetraedrisch. 5 mm. Als derbes Erz verbreitet.

Binntal Triasdolomit (VS): in Drusen, so auch am Lengenbach. – Aranno–Miglieglia (Südtessin TI): derb. – Alp Nursera (westlich Ausserferrera, Hinterrhein GR): derb.

Tennantit
$Cu_{12}As_4S_{13}$
lokal Binnit genannt
Kubisch. Schwarz, selten rot. Flächenreiche, kugelige Kristalle. Bis 2 cm. Bis 7% Zn.

Lengenbach (Binntal VS): häufig auf Drusen im Dolomit. – Scherbadung (südliches Binntal VS).

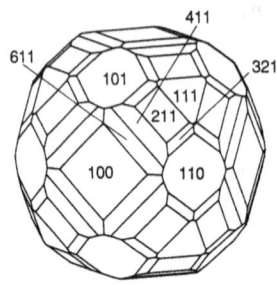

Binnit (Tennantit)
Lengenbach (Binntal VS)

Nowackiit
$Cu_6Zn_3As_4S_{12}$
Trigonal. Grauschwarz. Unter 1 mm. Auf Sphalerit.

Lengenbach (Binntal VS): äußerst selten, nur von hier bekannt.

Enargit
Cu_3AsS_4
Orthorhombisch. Grauschwarz. Kristalle gestreckt. 5 mm.

Tobelwald (Murgtal, südlich Walensee SG): derb. – Lengenbach und Ofenhorn (Binntal VS): als Seltenheit im Dolomit.

Sphalerit
ZnS
auch Zinkblende genannt
Kubisch. Gelb, braun, schwarz (Eisengehalt). Tetraedrisch (negatives Tetraeder dominierend), pseudooktaedrisch (durch Kombination von negativem und positivem Tetraeder), auch fast kugelig (Lengenbach VS). Bis 6 cm. Derb in vielen Erzgängen neben Galenit, schön kristallisiert auf alpinen Klüften. Eisenhaltig.

Kluftvorkommen. Jura (SO/BL): schwarz, 1 cm, verbreitete Tieftemperaturbildung in Hohlräumen von Fossilien, besonders Korallen des unteren Hauptrogensteins (Bajocien, mittlerer Dogger), Zink biogen angereichert. – Mittal–Hohtenn Straßentunnel (eingangs Lötschental VS): schwarz, 5 mm. – Oberaar Kraftwerkstollen (Grimsel BE): hell- bis dunkelbraun, manchmal chloritüberzogen, oft pseudooktaedrisch, 2 cm, reichlich in Kluftsystem neben viel Ankerit, Muskovit, Quarz, Chlorit. – Gotthard-Straßentunnel (UR/TI). – Unteres Val Nalps und Nalps Stollen (südlich Sedrun GR): schwarz, matt, 5 cm, mit 9% Eisen. – Lukmanierschlucht (unteres Medels GR): neben Quarz, Rutil, Ankerit, Siderit. – Saflisch Wasserstollen (südliches Binntal VS): schwarz, 5 mm. – Lengenbach (Binntal VS): gelb bis schwarz (hier vom geringen Mangangehalt bis 0,03% Mn abhängig), hervorragend kristallisiert, 3 cm, auf Drusen sowie eingewachsen neben Pyrit, Realgar und Sulfosalzen, auch sonst im Dolo-

Sphalerit auf Ankerit. Ein Teil der Flächen chloritig. Oberaar Kraftwerkstollen, Grimsel BE. Großer Kristall 3 cm. (O. Lucek, Meiringen BE).

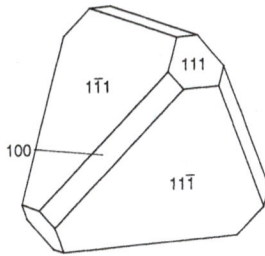

*Sphalerit
Lengenbach (Binntal VS)*

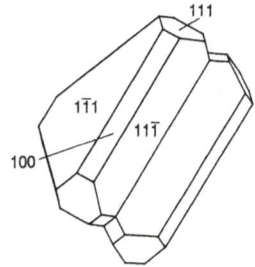

*Sphalerit-Zwilling
Lengenbach (Binntal VS)*

mit des Binntals verbreitet. – Rongellen (Viamala, südlich Thusis GR): neben Quarz und Brookit in Bündnerschiefer. – Schinschlucht (östlich Thusis GR).

Erzlager. Hondrich-Eisenbahntunnel (eingangs Frutigtal, Spiez BE): in massigem Pyrit-Erzlager der Trias. – Les Trappistes (westlich Sembrancher VS): in Fluoritgang. – Goppenstein (Lötschental VS). – Bristen (Reusstal UR). – Alp Nadels (südlich Trun, Vorderrheintal GR). – Pra Jean (Val d'Hérens VS): in den Casannaschiefern. – Aranno–Miglieglia (Südtessin TI). – Schmitten (Landwassertal GR): in 2600 m Höhe in der Trias. – Monstein (Landwassertal GR): in der Trias.

Wurtzit
ZnS

Hexagonal. Wurtzit-2H rotbraune Blättchen von 1 mm. Wurtzit-8H gelbbraune Dipyramiden von 1 mm.

Lengenbach (Binntal VS): hier beide Strukturvarianten.

Hawleyit
CdS

Kubisch. Gelber, pulvriger Anflug neben Sphalerit.

Les Valettes (zwischen Martigny und Sembrancher VS).

Greenockit
CdS

Hexagonal. Gelber Beschlag auf Sphalerit.

Les Trappistes (westlich Sembrancher VS).

Galenit
PbS
auch Bleiglanz genannt

Kubisch. Blei-grau. Würfelig, freie Kristalle angeätzt, auch gekrümmt und drahtförmig. Bis 6 cm. Derb in vielen Erzgängen neben Sphalerit, gelegentlich auf alpinen Klüften von Graniten und Glimmerschiefern, besonders im Aarmassiv. Oft mit kleinen Ausblühungen von Cerussit, Anglesit, Wulfenit. Bis 0,5 % Ag und 1 % Bi in Kluftgalenit.

Kluftvorkommen. Gerstenhörner (nordöstlich Grimselpaß BE): 6 cm. – Tiefengletscher (westlich Urseren UR): in der großen Rauchquarzkluft von 1868, 40 kg Galenit geborgen. – Maderanertal Südseite (UR): stets angewittert, 2 cm. – Tavetsch (GR): im aar- und im gotthardmassivischen Teil. – Platta (Medels GR). – Val Casatscha (Val Cristallina, Medels GR): aus Stollen. – Lengenbach (Binntal VS): 8 mm.

Erzlager. Les Trappistes (westlich Sembrancher VS): in Fluoritgang. – Goppenstein (Lötschental VS): innig mit Sphalerit, Quarz und Calcit verwachsen, in mineralisierter, schieferungsparalleler Störungszone von Goppenstein bis Tennera südöstlich Wiler. – Bristen (Reusstal UR). – Le Vacheret (östlich Verbier, Val de Bagnes VS): silberreich, in den Casannaschiefern. – Pra Jean (Val d'Hérens VS): ziemlich silberreich, aber gegenüber Sphalerit zurücktretend, in schieferungsparallelen Gängen und Linsen. – Astano (Südtessin TI). – Monstein (Landwassertal GR): unbedeutender Silbergehalt, in senkrecht abtauchender Erzschicht in der Trias, auf fast 300 m Tiefe erschlossen, alte Stollen und Gebäude als Bergbau-Museum eingerichtet.

Zinnober
HgS

Trigonal. Roter Anflug.

Mont Chemin (südöstlich Martigny VS). – Egginer (südlich Saas Fee VS): Anflug auf Pennin. – Runal (südlich Piz Beverin, südwestlich Thusis GR): in Quarz eingewachsen neben Tetraedrit, Galenit und Boulangerit.

Argentopyrit
$AgFe_2S_3$

Orthorhombisch. Stahlgrau. Mikroskopisch.

Lötschental (VS): auf Galenit.

Akanthit
Ag_2S

Monoklin. Schwarz angelaufen. 2 mm.

Lengenbach (Binntal VS). – Aranno–Miglieglia (Südtessin TI). – Alp Taspegn (Schams Ostseite, Hinterrhein GR).

Sulfosalze

Emplektit
$CuBiS_2$

Orthorhombisch. Metallisch-grau. Nadelig. 2 cm.

Piz Grisch (Val Ferrera, Hinterrhein GR): neben Siderit in Quarzband.

Aikinit
$PbCuBiS_3$

Orthorhombisch. Messinggelb. 3 mm.

Simplontunnel (VS): neben Muskovit und Titanit. – Turtschi (zwischen Binn und Giessen, Binntal VS): in Triasdolomit.

Heyrovskyit
$Pb_{10}AgBi_5S_{18}$

Orthorhombisch. Silberglänzend. Leistenförmig, bandartig, gerieft. Bis 3 cm.

Mittal–Hohtenn Straßentunnel (eingangs Lötschental VS). – Furka Belvédère (VS): in Quarz eingewachsen neben Adular.

Cosalit
$Pb_2Bi_2S_5$

Orthorhombisch. Bleigraue Prismen. 2 cm. Vor allem in Stollenfunden.

Mittal–Hohtenn Straßentunnel (eingangs Lötschental VS): verfilzt, mikroskopisch. – Gotthard-Straßentunnel (UR/TI). – Simplontunnel (VS). – Zervreilasee-Becken (Valsertal GR): in Quarz eingewachsen. – Forno und Albigna (Bergell GR).

Giessenit
$Pb_{26}(Fe,Cu,Ag)_2(Bi,Sb)_{20}S_{57}$
Izoklakeit
$Pb_{26}(Fe,Cu,Ag)_2(Sb,Bi)_{20}S_{57}$
Mischkristalle

Orthorhombisch. Schwarze Fasern und Nadeln. 1 cm.

Turtschi (zwischen Binn und Giessen, Binntal VS): 1 mm, mit Galenit, in Triasdolomit – Zervreilasee-Becken (Valsertal GR): 1 cm, in Quarz eingewachsen, Kluft in Gneis.

Cannizzarit
$Pb_4Bi_6S_{13}$

Monoklin. Silberglänzend. Band- bis haarförmig, elastisch, verbogen. 1 cm. Mit Galenit verwachsen.

Mittal–Hohtenn Straßentunnel (eingangs Lötschental VS). – Riental (östlich Göschenen UR). – Furka-Basistunnel (VS/UR). – Stgegia (Medels GR): aus Kraftwerkstollen.

Galenobismutit
$PbBi_2S_4$

Orthorhombisch. Metallisch-grau. Nadeln ohne Endbegrenzung. 2 cm.

Saflisch Wasserstollen (südliches Binntal VS): neben Siderit. – Vazzedagebiet (Fornogletscher, Bergell GR): angewittert neben Scheelit in Diopsid-Calcitfels.

Berthierit
$FeSb_2S_4$

Orthorhombisch. Grauschwarze Nädelchen. 1 mm.

Cannizzarit (lange Haare) und Heyrovskyit (Stengel) auf Galenit (Würfel). Mittal–Hohtenn Straßentunnel, Lötschental VS. Langes Haar 5 mm.

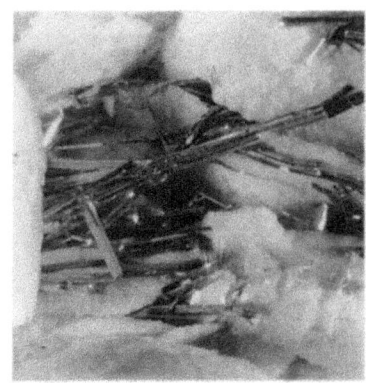

Galenobismutit auf Siderit. Saflisch Wasserstollen, Binntal VS. Nadeln bis 6 mm.

Aranno–Miglieglia (Südtessin TI): selten.

Meneghinit
$Pb_{13}CuSb_7S_{24}$
Orthorhombisch. Grauschwarz. Nadelig. 3 mm.
Lugnez (südlich Ilanz GR): neben Topas in Quarz eingewachsen.

Lengenbachit
$Pb_{37}Ag_7Cu_6As_{23}S_{78}$
Triklin. Grauschwarz, oft angelaufen. Blechartig, biegsam, gerollt, auch strahlig aggregiert. Bis 4 cm.
Lengenbach (Binntal VS): auch sonst noch vereinzelt im Dolomit des Binntals, von anderswo nicht bekannt.

Boulangerit
$Pb_5Sb_4S_{11}$
Monoklin. Grauschwarze Nadeln. Bis 5 cm.
Obergesteln Gasleitungsstollen (Goms VS): haarförmig, 5 mm. – Nordöstlich Mompé-Tujetsch (südwestlich Disentis GR): Nadeln gehäuft, auch in Quarz eingewachsen. – Lukmanierschlucht (unteres Medels GR). – Turtschi (zwischen Binn und Giessen) und nordöstlich Lengenbach (Binntal VS): in Triasdolomit. – Aranno–Miglieglia (Südtessin TI). – Schams Westseite (Hinterrhein GR).

Zinckenit
$Pb_9Sb_{22}S_{42}$
Hexagonal. Grauschwarze Nadeln. 1 cm. Pseudomorphosen von Stibiconit nach Zinckenit.
Felsberger Calanda (westlich Chur GR): in Quarz eingewachsen.

Jamesonit
$Pb_4FeSb_6S_{14}$
Monoklin. Blaugraue Nadeln. Bis 3 cm.
Unteres Val Nalps (Tavetsch GR): in Quarz eingewachsen. – Lukmanierschlucht (unteres Medels GR): faserig. – Aranno–Miglieglia (Südtessin TI): 5 mm. – Albignagebiet (Bergell GR): Nadeln, 3 cm, neben Scheelit, in rauchigem Gangquarz.

Geokronit
$Pb_{14}(Sb,As)_6S_{23}$
Monoklin. Bleigrau. 1 cm.
Turtschi (zwischen Binn und Giessen) und nordöstlich Lengenbach (Binntal VS): in Triasdolomit.

Jordanit
$Pb_{14}(As,Sb)_6S_{23}$
Monoklin. Bleigrau, oft angelaufen. Abgeflacht, pseudohexagonal, zwillingslamelliert. Bis 7 cm.
Lengenbach (Binntal VS): recht häufig im zuckerkörnigen Dolomit eingewachsen und auf Drusen.

Dufrénoysit
$Pb_2As_2S_5$
Monoklin. Bleigrau. Bis 6 cm.
Reckibach (Binn) und Lengenbach (Binntal VS).

Zinckenit phantomartig in Quarz eingewachsen und dadurch vor Umwandlung bewahrt. Felsberger Calanda GR. Höhe des Quarzes 22 mm.

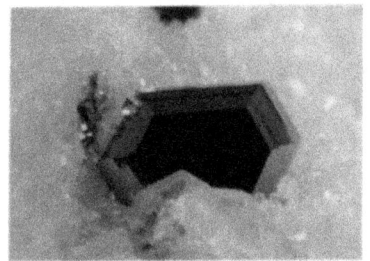

Jordanit. Lengenbach, Binntal VS. 3 mm.

Liveingit. Lengenbach, Binntal VS. 5 mm.

Baumhauerit
$Pb_3As_4S_9$
 Triklin. Bleigrau. Kanten gerundet, meist jedoch derb. Bis 6 cm.
 Lengenbach (Binntal VS): häufiges Sulfosalz im zuckerkörnigen Dolomit.

Baumhauerit-2a
$Pb_{11}Ag_{0,7}As_{17,2}Sb_{0,4}S_{36}$
 Triklin. Bleigrau. 1 cm. Mit 1,5 % Ag. Name nach einer der Gitterkonstanten, die verdoppelt ist.
 Lengenbach (Binntal VS): nur von hier bekannt.

Rathit
$(Pb,Tl)_3As_5S_{10}$
 Monoklin. Silbergrau. Fein gerieft. Bis 3 cm. Eng mit Realgar zusammen.
 Lengenbach (Binntal VS): nur von hier bekannt.

Liveingit
$Pb_{19,2}As_{25}S_{56}$
 Monoklin. Grauschwarz. Stark gerieft. Bis 5 cm.
 Lengenbach (Binntal VS): nur von hier bekannt.

Sartorit
$PbAs_2S_4$
auch Skleroklas genannt
 Monoklin. Grauschwarz, selten rot. Längsgerieft. Bis 10 cm.
 Lengenbach (Binntal VS): häufiges Sulfosalz im zuckerkörnigen Dolomit, dennoch nur von hier bekannt.

Sinnerit
$Cu_6As_4S_9$
 Triklin. Metallisch-grau. Angeätzt, zerbrechlich. 1 cm.
 Lengenbach (Binntal VS): selten, nur von hier bekannt.

Bournonit
$PbCuSbS_3$
 Orthorhombisch. Grauschwarz. 5 mm.
 Turtschi (zwischen Binn und Giessen, Binntal VS): neben Geokronit. –

Sartorit. Lengenbach, Binntal VS. 2 mm.

Aranno–Miglieglia (Südtessin TI): mikroskopisch.

Seligmannit
$PbCuAsS_3$
Orthorhombisch. Grauschwarz. 2 cm.
Lengenbach (Binntal VS).

Stalderit
$(Tl,Cu)(Zn,Fe,Hg)AsS_3$
Tetragonal. Blaugrau angelaufen. Weniger als 1 mm.
Lengenbach (Binntal VS): selten, nur von hier bekannt.

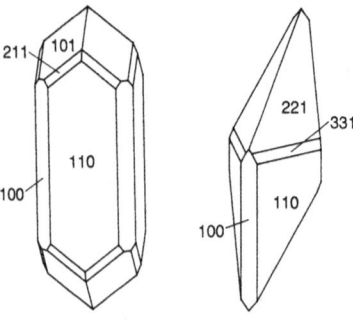

Links: Stalderit (Aufstellung um 45/ gedreht)
Rechts: Lorandit
Lengenbach (Binntal VS)

Erniggliit
$Tl_2SnAs_2S_6$
Hexagonal. Grauschwarz. 1 mm.
Lengenbach (Binntal VS): selten, nur von hier bekannt.

Edenharterit
$TlPbAs_3S_6$
Orthorhombisch. Grauschwarz. 2 mm.
Lengenbach (Binntal VS): selten, nur von hier bekannt.

Hutchinsonit
$(Pb,Tl)_2As_5S_9$
Orthorhombisch. Dunkelweinrot. Nadelig. Bis 4 mm.
Lengenbach (Binntal VS).

Xanthokon
Ag_3AsS_3
Monoklin. Gelborange. 2 mm.
Lengenbach (Binntal VS): selten.

Smithit
$AgAsS_2$
Monoklin. Rot. Glimmerartig spaltend. 5 mm. Zerfällt am Licht.
Lengenbach (Binntal VS).

Lorandit
$TlAsS_2$
Monoklin. Dunkelrot. Zugespitzt. 2 mm. Zerfällt am Licht.
Lengenbach (Binntal VS): selten.

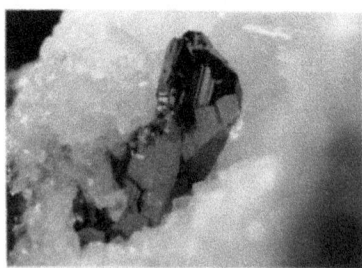

Edenharterit. Lengenbach, Binntal VS. 2 mm. (H. Geuer, Königswinter D).

Smithit. Lengenbach, Binntal VS. 0,5 mm. (Naturhistor. Museum Basel).

Trechmannit. Lengenbach, Binntal VS. 5 mm. (Naturhistor. Museum Basel).

Wallisit, auf einem anderen Sulfosalz aufgewachsen. Lengenbach, Binntal VS. 5 mm. (Naturhistor. Museum Basel).

Imhofit
$Tl_{5,6}As_{15}S_{25,3}$
Monoklin. Kupferrot. Kleine Blättchen. 2 mm.
Lengenbach (Binntal VS): nur von hier bekannt.

Matildit
$AgBiS_2$
Hexagonal. Metallisch-schwarz. Mikroskopisch.
Gondo (südöstlich Simplonpaß VS): in Gold-Quarzgängen. – Cresciano (Riviera TI): Entmischung in Galenit.

Miargyrit
$AgSbS_2$
Monoklin. Grauschwarz. 1 mm.
Aranno–Miglieglia (Südtessin TI).

Trechmannit
$AgAsS_2$
Trigonal. Dunkelrot. Isometrisch. 3 mm. Eng mit Tennantit zusammen.
Lengenbach (Binntal VS): selten, nur von hier bekannt.

Marrit
$PbAgAsS_3$
Monoklin. Schwarz. Isometrisch. Bis 6 mm. Äußerlich mit Tennantit zu verwechseln.
Lengenbach (Binntal VS): selten, nur von hier bekannt.

Hatchit
$PbTlAgAs_2S_5$
Wallisit
$PbTlCuAs_2S_5$
Mischkristalle
Triklin. Schwarz, in dünner Schicht rot durchscheinend. Tafelig. 4 mm.
Lengenbach (Binntal VS): selten, nur von hier bekannt.

Stephanit
Ag_5SbS_4
Orthorhombisch. Schwarz. 4 mm.
Lötschental (VS): mikroskopisch, auf Galenit aufgewachsen. – Lengenbach (Binntal VS): 4 mm, selten.

Pyrargyrit
Ag_3SbS_3
Trigonal. Grauschwarz, rot durchscheinend. 3 mm.

Auripigment. Lengenbach, Binntal VS. 5 mm. (W. Dupuis, Karlsruhe D).

Realgar. Lengenbach, Binntal VS. Bis 2 mm. (W. Dupuis, Karlsruhe D).

Lötschental (VS): perfekte Kristalle neben Galenit. – Lengenbach (Binntal VS): selten. – Aranno–Miglieglia (Südtessin TI).

Proustit
Ag_3AsS_3
Trigonal. Tiefrot. 2 mm. Zerfällt am Licht.
Lengenbach (Binntal VS).

Bismuthinit
Bi_2S_3
Orthorhombisch. Silberglänzend. Manchmal gebogen. 2 cm.
Grimentz (Val d'Anniviers VS): in Kupfer-Erzen. – Mättital (Lengtal) und Gischihorn (Kriegalptal, südliches Binntal VS): 8 mm lange Nadeln. – Albigna- und Bondascagebiet (Bergell GR): in Pegmatiten.

Antimonit
Sb_2S_3
Orthorhombisch. Metallisch-grauschwarz. Langgestreckt. Bis 5 cm.
Mont Chemin (südöstlich Martigny VS). – Simplontunnel (VS): 5 cm, freistehende Kristalle neben Quarz. –Aranno–Miglieglia (Südtessin TI): nadelig. – Alp Nursera (westlich Ausserferrera, Hinterrhein GR): neben Tetraedrit, Erzimprägnation in Triasquarzit.

Metastibnit
Sb_2S_3
Amorph. Rote Krusten.
Aranno–Miglieglia (Südtessin TI).

Auripigment
As_2S_3
Monoklin. Zitronengelb. 3 cm.
Lengenbach (Binntal VS): hier seltener als Realgar.

Realgar
AsS
Monoklin. Rot. Flächenreich, leicht gestreckt, oft angeätzt. Bis 6 cm. Zerfällt am Licht und an der Luft zu gelbem, pulvrigem Pararealgar.
Netstal (GL) und Lochezen (Walensee SG): Rutschharnische in Kalkmergel. – Lengenbach (Binntal VS): schön kristallisiert und reichlich neben Pyrit, Sphalerit und Sulfosalzen im zuckerkörnigen Dolomit.

Pararealgar
AsS
 Monoklin. Gelbes, pulvriges Zerfallsprodukt von Realgar.
 Lengenbach (Binntal VS).

Kermesit
Sb_2S_2O
 Triklin. Kirschrote Leisten. 3 mm. Aranno–Miglieglia (Südtessin TI).

Halogenide

Halit
NaCl
auch Steinsalz genannt
 Kubisch. Farblos. Würfelig. 5 cm. In der Triasformation gesteinsbildend. Zwei Vorkommen von praktischer Bedeutung in der Schweiz: Rheinfelden–Zurzach (AG) und Bex (VD). Ausbeutung durch unterirdische Auslaugung in Bohrlöchern, zwischen Bex und Villars in Frühzeiten Nutzung der austretenden Salzquellen, dann bis Anfang dieses Jahrhunderts Stollenbetrieb.
 Rheinfelden–Zurzach (am Rhein AG): 30 m dicke Linsen zwischen Dolomitmergeln und Anhydrit in 100–400 m Tiefe. – Nordöstlich Bex (Rhonetal VD): mergeldurchzogene Salzlinsen in Anhydritschichten.

Fluorit
CaF_2
 Kubisch. Farblos, rosa bis tiefkarmesin, lila, blau, grün. Oktaedrisch, bei sedimentärem Nebengestein meist würfelig, oft rauh, angeätzt, matt, auch gestuft durch Kombinationsbau. Bis 16 cm. Weitverbreitetes Mineral, auch in Erzgängen, aber nicht als Gesteinsgemengteil. Als oktaedrischer Rosafluorit eines der schönsten und bezeichnendsten Kluftmineralien vor allem im Zentralen Aaregranit zwischen Baltschiedertal und Fellital. Auf Bergkristall, Rauchquarz oder direkt auf dem ausgelaugten, weißen Granit aufsitzend neben Calcit, Chlorit, Apatit, Hämatit, Stilbit. Rosafluorit auch in anderen Kristallingebieten der Alpen auftretend, außer-

Rosafluorit. Göschenertal UR. Großes Oktaeder 4 cm. (O. Lucek, Meiringen BE).

Rosafluorit. Fellital UR. Kantenlänge 17 mm. (T. Desax, Erstfeld UR).

Fluorit, innen rot, außen grün. Oktaederflächen alternieren und erzeugen einen Stufenbau. Hinterstes Val Nalps, Tavetsch GR. Kantenlänge 9 cm. (Naturhistor. Museum Bern).

halb davon aber sehr selten (beispielsweise in den Anden 250 km nördlich Lima). Rosafarbe an den Einbau von Y, O und OH gebunden.

Jura. Cornaux (nordöstlich Neuchâtel NE): bräunlich, würfelig, 3 mm, neben Coelestin und Calcit im obersten Jura. – Muttenz, Pratteln und Liestal (BL): bräunlich, würfelig, bis 3 cm, neben Calcit in Korallenstökken der Dachbank des unteren Hauptrogensteins (mittlerer Dogger), klassische Funde aus alten Steinbrüchen.

Nördliche Kalkalpen. Westlich Leukerbad (VS): fluoritführender Quarzgang in eozänem Nummulitenkalk. – Alp Oltscheren (südöstlich Brienz BE): farblose bis grünliche, optisch klare Spaltstücke und große, würfelige Kristalle in einer lehmgefüllten Kluft im Malmkalk, im letzten Jahrhundert für die Herstellung von Linsen ausgebeutet. – Laucherenstock (nordöstlich Engelberg OW): schöne, grüne Würfel, 7 cm. – Vordertal (südlich Filzbach, Walensee GL): violett. – Alp Ranasca (südöstlich Panixerpaß GR): blaugrünlich, 2 cm, im Kontakt Malm/Verrucano. – Chobelwand und Dürrschrennenhöhle (südwestlich Wasserauen, Säntis AI): sehr schön bläulichgrün, selten violett oder weinrot, bis 10 cm, auf spätalpinen Brüchen im Valanginienkalk (unterste Kreide), Vorkommen unter Naturschutz. – Taminser Calanda (westlich Chur GR): farblos bis blaulila, neben Bergkristall und Dolomit in Rötidolomit (Trias).

Zentralmassive. Miéville (nordwestlich Martigny VS): rosa Oktaeder, 1 cm. – Le Catogne, Les Trappistes und Mont Chemin (westlich Sembrancher VS): Gänge von 1 m Mächtigkeit mit Fluorit, Quarz, Calcit, Galenit, Sphalerit. – St. German (westlich Visp) und mittleres Baltschiedertal (nördlich Visp VS): farblos, grünlich, bläulich, 4 cm, neben Dolomit, Adular, Baryt in Triasdolomit. – Eggerberg (nördlich Visp VS): blaßgrün, oktaedrisch mit unzähligen alternierenden Würfelflächen, 5 mm, Klüfte am Rand des Kristallins. – Gibelsbach (westlich Fiesch, Goms VS): grüne Oktaeder neben Heulandit, Stilbit. – Sommerloch Kraftwerkzentrale (Grimsel BE): blaßgrünes Oktaeder mit 16 cm Kantenlänge. – Galenstock (Furka VS/UR). – Göscheneralp (westlich Göschenen UR). – Fellital (UR): tiefrote Oktaeder, auch blaßrosa neben Stilbit und dünntafeligem Calcit. – Mittaghorn (nördlich Nufenenpaß VS): grün, oktaedrisch, 10 cm, neben weißem Quarz. – Piz Blas und Piz Rondadura (hinterstes Val Nalps, Tavetsch GR): angeätzte Spaltstücke und lose Oktaeder, darunter einmaliger Kristall mit tiefrotem Innern und grüner Außenzone, Kanten 9 cm.

Penninikum. Gischihorn (Kriegalptal, südliches Binntal VS): 8 cm, neben Rauchquarz, Muskovit, Magnetit, Hämatit, Turmalin, Rutil, Apatit. –

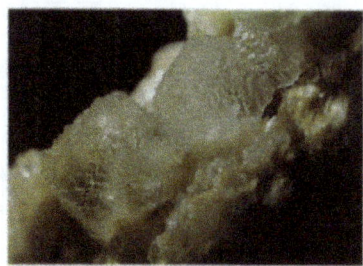

Fluorit mit alternierenden Würfelflächen. Eggerberg, Visp VS. 3 mm. (H. Ogi, Ausserberg VS).

Scherbadung (südliches Binntal VS): rot, grün und manchmal alexandritartig farbwechselnd, 4 cm. – Val Bavona und oberes Maggiatal (TI): farblos, oktaedrisch, 1 cm, neben Quarz, Adular, Epidot, Chlorit, Titanit, Amiant, Pyrit. – Iragna–Lodrino (Riviera TI): rosa, 3 cm, neben Laumontit. – Zervreilagebiet (Valsertal GR): rot, violett, oktaedrisch, im Kristallin der Adula-Decke. – Soglio (Bergell GR): rosa Oktaeder, 3 cm, neben Zeolithen, im Tambo-Gneis.

Oxide, Hydroxide

Eis
H_2O

Hexagonal. Farblos. Gute Kristalle in Eishöhlen des Hochgebirges.

Cuprit
Cu_2O

Kubisch. Dunkelrot. Bis 3 mm.

Val d'Anniviers (VS): in Erzgängen, aber nur wenn karbonatische Gangart fehlt. – Felskinn (im östlichen Feegletscher, südlich Saas Fee VS): unbedeutender Überzug. – Geisspfad-Serpentinit (südöstliches Binntal VS).

Manganosit
MnO

Kubisch. Grün, wird an der Luft bald schwarz. Dichte Aggregate von 2 cm.

Gonzen (nördlich Sargans SG): in den Eisen-Mangan-Erzen.

Spinell
$MgAl_2O_4$
Spinellgruppe

Kubisch. Grünlichschwarz, blau. Oktaedrisch. 12 mm. Gemengteil von Kontaktmarmoren. Eisenhaltig (und dann auch Pleonast genannt).

Cima di Vazzeda (Fornogletscher, Bergell GR).

Magnetit
$Fe^{+2}Fe_2^{+3}O_4$
Spinellgruppe

Kubisch. Eisenschwarz. Oktaedrisch. Bis 8 cm. Als hervorragendes Kluftmineral hauptsächlich im Binntal (VS). Sonst eingesprengt in Chloritschiefern, Serpentiniten, Talkschiefern und Amphiboliten. Weitverbreitetes Eisen-Erz.

Südöstlich Stechelberg (Lauterbrunnental BE): in oolithischen Erzen in metamorphem, alpinem Dogger. – Gonzen (nördlich Sargans SG): derb, dicht, in den Eisen-Mangan-Erzen. – Mont Chemin (südöstlich Martigny VS): bis 50 m lange Linsen von derbem, mit Eisensilikaten durchwachsenem Erz. – Östlich Zermatt (VS): 8 cm, neben Pennin in Klüften basischer Gesteine, daneben auch als Gesteinsgemengteil. – Östlich Rosswald (östlich Brig VS): Vererzung in Triasdolomit. – Binntal Gneiszone

(VS): vorzüglich kristallisiert, 4 cm, neben Hämatit, Rutil, Anatas, Monazit, manchmal auf Adular aufgewachsen, in Klüften des Monte-Leone-Gneises. – Geisspfad (südöstliches Binntal VS): Gesteinsgemengteil. – Cima Sgiu (östlich Olivone, Bleniotal TI): Magnetit mit Chromitkern, Gemengteil in Chloritschiefer.

Jakobsit
$(Mn^{+2},Fe^{+2})(Fe^{+3},Mn^{+3})_2O_4$
Spinellgruppe
Kubisch. Eisenschwarz. Bis 1 mm. Innig mit Braunit verwachsen.

Fianell (südöstlich Ausserferrera, Hinterrhein GR): Vererzung in Triasmarmor.

Chromit
$Fe^{+2}Cr_2O_4$
Spinellgruppe
Kubisch. Schwarze Körner. Bis 2 mm. Fast steter Nebengemengteil ultrabasischer Gesteine.

Geisspfad-Serpentinit (südöstliches Binntal VS). – Südlich Palagnedra (Centovalli TI): in Peridotit.

Hausmannit
$Mn^{+2}Mn_2^{+3}O_4$
Tetragonal. Braunschwarz. Derbe Massen. Kristallgröße bis 2 mm.

Gonzen (nördlich Sargans SG): einer der Hauptbestandteile in den Eisen-Mangan-Erzen.

Chrysoberyll
$BeAl_2O_4$
Orthorhombisch. Hellgrünlich. Körnig. 1 cm.

Unteres Misox (GR): 5 mm, in Pegmatit. – Albignagebiet (Bergell GR): 1 cm, Einzelfund aus Beryllpegmatit.

Valentinit
Sb_2O_3
Orthorhombisch. Beige. Spätig, strahlig. 1 cm.

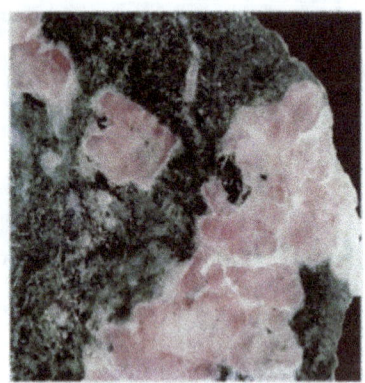

Korund (rosa) in Pargasitschiefer. Val Traversagna, Misox GR. Ausschnitt 6 cm. Anschliff. (J. Krauer, Oberhittnau ZH).

Aranno–Miglieglia (Südtessin TI): hier häufigstes Antimon-Sekundärmineral.

Senarmontit
Sb_2O_3
Kubisch. Farblose bis beige Anflüge.

Aranno–Miglieglia (Südtessin TI).

Braunit
$Mn^{+2}Mn_6^{+3}SiO_{12}$
Tetragonal. Schwarz. Derb.

Val Ferrera (Hinterrhein GR): mit Hämatit zusammen in Triasdolomit. – Falotta und Parsettens (östlich Rona, Oberhalbstein GR): Hauptbestandteil der metamorphen Mangan-Erze, Begleitgesteine sind rote, oberjurassische Radiolarite. – Murettopaß (südlich Maloja GR).

Korund
Al_2O_3
Trigonal. Rosa, bläulich, trüb. Körnig, selten idiomorph. 3 cm. Metamorphes Mineral.

Campolungo (Leventina TI): 2 cm, im zuckerkörnigen Dolomit. – Nord-

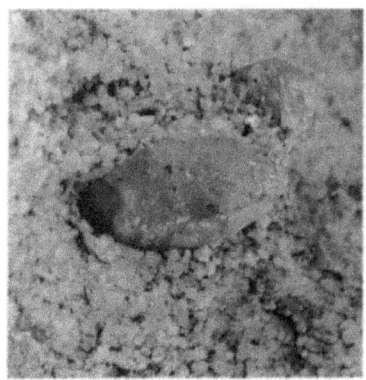

Korund. Campolungo, Leventina TI. 9 mm. (O. Lucek, Meiringen BE).

westlich Locarno (TI): mikroskopisch in Granatamphiboliten. – Val d'Arbedo (nordöstlich Bellinzona TI) und Val Traversagna (unteres Misox GR): rosa, 3 cm, in Pargasitschiefer, 0,2 % Fe, 0,1 % Ti, praktisch kein Cr.

Hämatit
Fe_2O_3

Trigonal. Eisenschwarz, stark glänzend, auch bunt angelaufen. Ausgezeichnete, tafelige Kristalle, auch rosettenartig aggregiert (Eisenrosen). Bis 7 cm, Eisenrosen bis 9 cm. Sehr schönes Kluftmineral in relativ sauren Gesteinen, so im Südbereich des Aarmassivs vom Goms zum Fellital. Neben Quarz, Adular, Chlorit, Albit, Apatit, Rutil, Stilbit, Chabasit, Fluorit, Anatas, Muskovit. Oft mit Rutil orientiert verwachsen. Nicht mit Ilmenit zusammen, daher Hämatit im Maderanertal unbedeutend. Verbreitetes Eisen-Erz. Als alpiner Klufthämatit stets titanhaltig (bis 3 % Ti), daher Strichfarbe schwarz. Hämatit anderer Vorkommen meist titanfrei und dann mit rotem Strich.

Alpiner Klufthämatit oft subparallel verwachsen, zu dicken Scheiben oder kugeligen Rosetten aggregiert und als Eisenrosen hochbegehrt. Kompakte Eisenrosen mit sechsseitigem Umriß, aus sechsseitigen, dikken Hämatittafeln zusammengesetzt (La Fibbia TI, Fedenstock UR). Aufgeblätterte Eisenrosen ähnlich einer aufblühenden Rose, aus abgerundeten, sehr dünnen Hämatittafeln aufgebaut (Reckingen VS, südliches Binntal VS). Kompakte Eisenrosen auch vom Zillertal (Österreich) und von Brasilien bekannt.

Jura. Aargauer Jura (AG): winzige Eisenrosen, 1 mm, neben Goethit in Ammonitenhohlräumen im unteren Lias.

Hämatit mit Kombinationsstreifung und orientiert aufgewachsenem Rutil. Cavradischlucht, Tavetsch GR. 3 cm. (L. Volken, Fiesch VS).

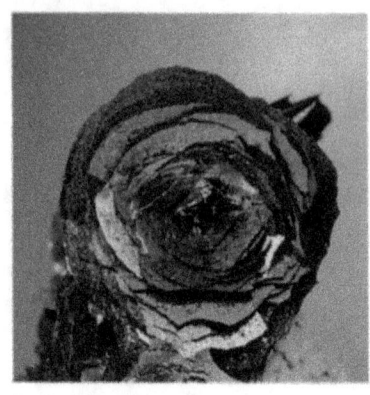

Eisenrose, kompakter Typ. Kriegalptal, Binntal VS. 3 cm. (A. Clausen, Ernen VS).

Eisenrose, aufgeblätterter Typ. Altbach, Fiesch VS. 3 cm. (N. Burgener, Fiesch VS).

Zentralmassive. Altbach (westlich Fiesch, Goms VS). – Bächital (nordwestlich Reckingen, Goms VS): aufgeblätterte Rosen neben Phenakit. – Trübtensee (westlich Grimselpaß BE): kleine, kugelige Rosen neben Kainosit. – Furka (VS/UR). – Schöllenen (südlich Göschenen UR): große Rosen. – Gotthard-Straßentunnel (UR/TI). – Fellital (UR). – Piz Lucendro und La Fibbia (südwestlich Gotthardpaß TI): kompakte Rosen, manchmal neben Xenotim und Bertrandit, auch aufgeblätterte, kleine Rosen neben Stilbit. – Cavradischlucht (unteres Val Curnera, Tavetsch GR): Einzelkristalle von ungewöhnlichem Flächenreichtum und Glanz, oft mit flachen Rutilleisten in orientierter Verwachsung, neben Bergkristall, Rauchquarz, Amethyst, wasserklarem Adular, Strontianit, in permokarbonischen Sericit-Konglomeratgneisen, bedeutendste Hämatitfundstelle der Alpen.

Penninikum. Ritterpaß (Lengtal, südliches Binntal VS): die 9 cm Rose der Literatur ist gefälscht! – Binneltini (südlicher Talhang des oberen Binn-

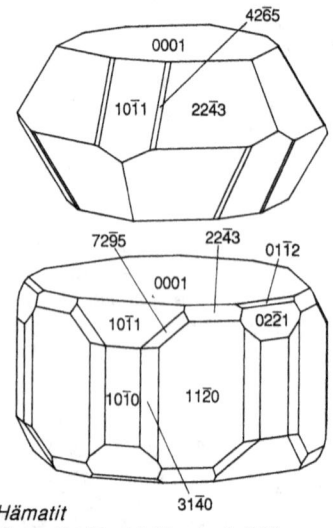

Hämatit
Cavradischlucht (Tavetsch GR)

tals VS): Einzelkristalle oft mit ferromagnetischem Kern, neben Magnetit, Rutil, Anatas, Monazit, schwarzem Turmalin, selten auch Ilmenit.

Lagerstätten. Gonzen (nördlich Sargans SG). – Val Ferrera (Hinterrhein GR). – Val Tisch (südöstlich Bergün GR).

*Ilmenit, rosettenartig.
Staldental,
Maderanertal UR.
15 mm. (X. Gnos,
Amsteg UR).*

Ilmenit
FeTiO$_3$

Trigonal. Eisenschwarz. Dünntafelig, im Maderanertal auch rosettenartig aggregiert (Ilmenitrosen), in Serpentiniten manchmal isometrisch. Bis 5 cm, Ilmenitrosen bis 4 cm. Auf den verschiedensten Vorkommen, jedoch seltener als Hämatit. In Klüften granitischer und schiefriger Gesteine, so in den nördlichen kristallinen Schiefern des Aarmassivs vom Lötschental über Guttannen, Trift zum Maderanertal. In Quarz eingewachsen. In Serpentiniten. In Pegmatiten. Häufig in Rutil übergehend mit den Umwandlungsstadien Ilmenit, feinkörniger Rutil pseudomorph nach Ilmenit, Sagenit; dagegen sind Pseudomorphosen von Anatas und Brookit nach Ilmenit sehr selten (Furka-Basistunnel: 2 mm). Leicht mit Hämatit zu verwechseln.

Zentralmassive. Mittal–Hohtenn Straßentunnel (eingangs Lötschental VS). – Rotlaui (östlich Guttannen BE): auch als Rosetten. – Furka (VS/UR): in Quarz eingewachsen. – Griessertal und Staldental (südlicher Talhang des Maderanertals UR): dünne Blättchen bis 3 cm und flache Rosetten, bezeichnendes Kluftmineral der Sericitschiefer. – Obergesteln Gasleitungsstollen (Goms VS). – Piz Lucendro (südwestlich Gotthardpaß TI): dünne, lose Tafeln in Chloritsand. – Kemmleten (südlich Hospental UR): in Talk-Dolomitadern im Serpentinit. – Hinterstes Val Nalps (Tavetsch GR): neben Monazit, Synchysit, Gadolinit, Äschynit.

Penninikum. Binntal Gneiszone (VS): sehr spärliches Kluftmineral. – Geisspfad-Serpentinit (Binntal VS): eingewachsene Knollen bis 10 cm. – Castro (Bleniotal TI): unregelmäßige Tafeln, 7 cm, in Quarzgängen. – Arvigo (Calancatal GR): 1 cm, auf Klüften. – Albignagebiet (Bergell GR): 3 cm, in Pegmatitblöcken.

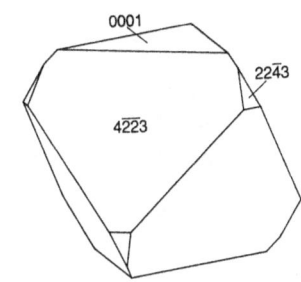

*Ilmenit
Geißpfad (Binntal VS)*

Crichtonit
$(Sr,Pb,S.E.)(Ti,Fe,Mn,U)_{21}O_{38}$
wenn strontiumreich: *Crichtonit* im engeren Sinn
wenn bleireich: *Senait*
wenn reich an Seltenen Erden: *Davidit* (fehlt bisher in der Schweiz)
Trigonal. Halbmetallisch schwärzlich. Dicktafelig, rhomboedrisch. Bis 1 cm. Auf Klüften von glimmerreichen Gneisen.
Dent de Morcles Südwesthang (Unterwallis VS): Senait. – Baltschiedertal (nördlich Visp VS): Crichtonit. – Selva (Tavetsch GR): Crichtonit. – Kriegalp Wasserstollen und Wannigletscher (südliches Binntal VS): Crichtonit, Senait.

Perowskit
$CaTiO_3$
Orthorhombisch (pseudokubisch). Braun, halbmetallisch glänzend. Würfel und nierenförmige Massen. 3 cm, meist eingewachsen.
Zermatt–Saas Fee (VS): rotbraun, auch gelb, neben Chlorit und Calcit, auch Sphalerit, Magnetit, Titanit, in basischen Gesteinen. – Bergell-Ostrand (GR): mikroskopisch in Kontaktmarmoren.

Perowskit. Zermatt VS. Kantenlänge 6 mm. (ETH-Sammlung Zürich).

Stibiconit
$Sb^{+3}Sb_2^{+5}O_6OH$
Kubisch. Gelbes Pulver. Umwandlungsprodukt von Antimonmineralien.
Aranno–Miglieglia (Südtessin TI).

Bindheimit
$Pb_2Sb_2^{+5}O_6(O,OH)$
Kubisch. Gelbliches Pulver, auch Knollen.
Aranno–Miglieglia (Südtessin TI).

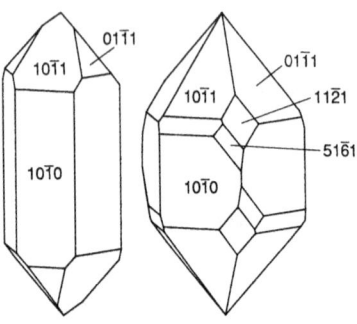

Quarz, Normal-Habitus (rechts: ein Rechtsquarz)

Quarz
SiO_2
Trigonal. Farblos (Bergkristall), weiß (Milchquarz), bräunlich (Rauchquarz), braunschwarz (Morion), violett (Amethyst). Oft glasklar und hervorragend kristallisiert. Bis 1 m. Bei weitem das häufigste und verbreitetste alpine Zerrkluftmineral, nicht selten alleiniges Glied einer Paragenese. Urbild der Kristalle. Fehlt bei ultrabasischem Nebengestein wie Serpentinit.
Im Jura nur klein, bis 3 cm (Bergkristall, Amethyst), auch authigen (im Muschelkalk und Keuper eingewachsen, braun und bitumenhaltig, 1 cm),

Amethyst. Fieschergletscher, Goms VS. 3 cm. (L. Volken, Fiesch VS).

Dauphiné-Quarz mit gelbem Überzug. Vättis SG. 4,5 cm. (W. Baur, Zürich).

auch doppelendig (Zeglingen Gipsgrube, südöstlich Sissach BL: 1 cm). Die wichtigsten Quarzvorkommen sind alpin, vor allem zentralmassivisch; außerhalb der Massive nehmen Quarzklüfte an Zahl und Größe meist ab. Nochmalige Häufung im Dolomit und in den Bündnerschiefern rund um das Domleschg (Calanda bis Schinschlucht), jedoch hier nie Rauchquarz.

Außergewöhnliche Funde
Nördliche Kalkalpen. Val d'Illiez (Unterwallis VS): Faden-, Fenster- und Zepterquarz, Klüfte in Flyschsandstein. – Rosenlaui (südwestlich Meiringen BE). – Windgällenhütte (Maderanertal Nordseite UR). – Vättis (St. Galler Oberland SG). – Taminser Calanda (westlich Chur GR).
Zentralmassive. Langgletscher (oberes Lötschental VS). – Bitsch (nordöstlich Brig VS): aus Stollen. – Burg (unter dem Fieschergletscher, Goms VS). – Gauligletscher (Urbachtal, südlich Innertkirchen BE). – Zinggenstock (westlich Grimselpaß BE). – Gerstenhörner (nordöstlich Grimselpaß BE). – Rhonegletscher (VS). – Galenstock (nördlich Furkapaß VS/UR). – Tiefengletscher (westlich Urseren UR): bis 135 kg schwere, riesenhafte Rauchquarze, 1868 aus einer weiten Höhle geborgen, einige im Naturhistorischen Museum der Burgergemeinde Bern zur Schau gestellt. – Göschenertal (UR). – Fellital (UR). – Maderanertal Südseite (UR). – Tavetsch Nordseite (GR). – Piz Lucendro und La Fibbia (südwestlich Gotthardpaß TI). – Piz Alv (hinterstes Val Canaria, nordöstlich Airolo TI). – Piz Blas (hinterstes Val Nalps, Tavetsch GR). – La Bianca (Val Cristallina, Medels GR).
Penninikum. Turbhorn (hinterstes Binntal VS). – Cavagnoligletscher und Poncione di Vallegia (oberstes Val Bavona TI). – Biasca (TI): aus Stollen. – Piz Tomül (östlich Vals, Valsertal GR): große Gruppen von Bergkristall mit diffusen Chloriteinschlüssen, in Grüngesteinen. – Piz Beverin (südwestlich Thusis) und Domleschg (GR).

Quarz in Stichworten
Ausführlichere Erläuterungen in Rykart, Quarz-Monographie, Thun 1989.
Amethyst. Relativ selten in der Schweiz. Farbe fast immer blaß und unregelmäßig verteilt, meist nur Kristallspitzen violett. Zepter- und Skelettformen. In den Alpen stets als jüngerer Bambauer-Quarz auf Bergkristall und Rauchquarz aufgewachsen.

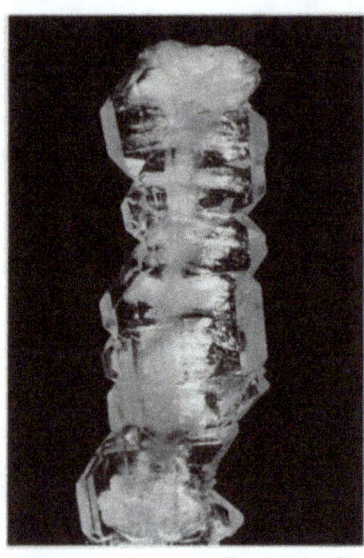

Fadenquarz. Scharans, Domleschg GR. 4 cm.

Quarz mit Anhydritröhren. Bettmeralp, Goms VS. 5 cm. (R. Rykart, Emmenbrücke LU).

Jura (JU/SO/BL): bis 3 cm, neben Calcit und Strontianit im mittleren Keuper, ferner in konkretionären Kalkknauern (Septarien) des Oxfordien (unterer Malm). – Wasenhorn Westfuß (Fieschergletscher, Goms VS): außergewöhnlicher Riesenfund schwachgefärbter Kristalle mit diffusen Hämatiteinschlüssen. – Galmihorn (nordwestlich Reckingen, Goms VS). – Zinggenstock (westlich Grimselpaß BE). – Val Val und Val Giuv (Tavetsch GR). – Val Canaria (nordöstlich Airolo TI). – Cavradischlucht (unteres Val Curnera, Tavetsch GR). – Helsenhorn (südliches Binntal VS).

Bambauer-Quarz. Quarz mit Lamellenbau. Lamellen parallel Prismenflächen, im oberen und im inneren Teil des Kristalls parallel den Hauptrhomboedern, nur im polarisierten Licht oder nach Ätzung erkennbar. Symmetrie der Lamellen erweist sich als niedriger im Vergleich zur normalen Quarzsymmetrie. Habitus im typischen Fall einseitig abgeschrägt (Dauphiné-Habitus) oder ausgesprochen trigonal. Spurenelementgehalt bis rund 0,2% Al+Li+H (H > Li, wenn auf Atomzahl bezogen). Sehr selten rauchig. Hauptverbreitung in den sedimentären Randgebieten der Zentralmassive.

Blauquarz. Quarz mit blauer Opaleszenz, entsteht durch Lichtstreuung an eingeschlossenen, ultramikroskopisch dünnen Mineralfasern, hier Turmalin.

Val Punteglias (Vorderrheintal GR): 2 cm. – Taminser Calanda (westlich Chur GR): 8 cm, neben Turmalinasbest, Albit und Chlorit in Klüften spilitischer Gesteine (Taminser Kristallin).

Chalcedon. Feinkristalliner, dichter Quarz, aus mikroskopischen Fasern bestehend, die quer zur kristallographischen Hauptachse entwickelt sind.

Delsberger Becken (JU): grau, gelb, rot, in den Vogesen-Schottern der Molasse. – Solothurner Jura (SO): nierig-traubig in Korallenhohlräumen der Liesberg-Schichten (unterer Malm). – Tafeljura (AG): als roter Carneol im Buntsandstein.

Citrin. Kommt in der Schweiz nicht vor. Gelbe Quarze von Vättis (St. Galler Oberland SG) und von Sils im Domleschg (GR) sind nur äußerlich durch einen eisenschüssigen Überzug gefärbt.

Dauphiné-Habitus. Hat nichts mit Dauphiné-Zwillingsgesetz zu tun. Einseitige Abschrägung der Spitze, übermäßige Entwicklung einer einzigen oder auch zweier der drei Flächen des positiven Rhomboeders *r*. Hängt mit Kristallwachstum quer zur Vertikalen zusammen, großes Wachstum an der Oberseite und damit Flächen auf der Unterseite überhandnehmend (mineralogisches Senkblei). Typisch für senkrechte Klüfte (Domleschg GR, wo Gesteinsschieferung horizontal und Klüftung vertikal). Fast immer gehen Dauphiné-Habitus und Lamellenbau Hand in Hand; Quarze mit typischem Dauphiné-Habitus sind, soweit bekannt, Bambauer-Quarze. In den Randgebieten der Zentralmassive verbreitet, in Klüften von Dolomit, Kalkstein, Kalkschiefer.

Drehsinn. Quarz besitzt eine schraubenförmige Anordnung seiner Atombausteine. Daher gibt es rechte und linke Quarze (in der Natur etwa gleich häufig), die sich bei sonst gleicher Form in der Flächenverteilung unterscheiden.

Morphologisch rechts: Trapezoederfläche *x* rechts oben, wenn Prismenfläche von vorn betrachtet wird (und umgekehrt). Dies die übliche Definition für den Sammler.

Optisch rechts: Schwingungsebene des Lichtes im Uhrzeigersinn gedreht, wenn Basisschnitt des Quarzes im Polarisationsmikroskop betrachtet wird (und umgekehrt). Diese Definition deckt sich mit der morphologischen.

Strukturell rechts: Atomstruktur zeigt Rechtsschraubung (und umgekehrt). Diese Definition ist den beiden andern entgegengesetzt. Ein morphologischer Rechtsquarz besteht also aus linksgeschraubten Atomverbänden.

Außer in den Trapezoederflächen äußert sich der Drehsinn des Quarzes auch im Drehsinn der Gwindel und ferner in einer schwachen Verdrehung des Prismas, besonders auffallend an Quarzen vom Bächistock (Fellital UR), bis 2° Drehung/cm Prismenlänge. Die Torsion des Prismas entspricht dem strukturellen Drehsinn. Ein morphologischer Rechtsquarz zeigt also eine schwache Linksschraubung des Prismas.

Einschlüsse fest. Jedes Kluftmineral, das vor dem Quarz auskristallisierte, kann als protogenetischer Einschluß in den Quarz einverleibt sein.

Amiant: verbreitet in intermediären Nebengesteinen. – Val Tremola (südlich Gotthardpaß TI).

Anatas

Anhydrit: meist weggelöst und Hohlkanäle hinterlassend (Anhydritröhren). – Zentrales und südliches Aarmassiv (VS/BE/UR). – Gotthardmassiv (VS/TI/GR). – Binntal (VS).

Baryt: nadelig. – Sackgraben (nördlich Adelboden BE).

Biotit: fast nur in Quarz drin als Kluftmineral erhalten, im freien Kluftraum zersetzt und weggelöst, Abfolge in Quarz drin Biotit, dann Hellglimmer und Chlorit.

Brookit

Carbonate: Ankerit, Calcit, Siderit.

Chlorit: weitverbreitet, meist nur oberflächlich angelagert, dennoch festhaftend, auch als Phantom.

Hämatit: tafelige Einzelkristalle, feinverteilt im Eisenkiesel, diffus als winzigste Kristalle in Amethyst (Wasenhorn, Fieschergletscher VS).

Ilmenit: dünntafelig, aus dem Quarz herausragende Ilmenitkristalle oft in Rutil umgewandelt (feinkörnig oder sagenitisch). – Gotthardmassiv (TI/GR). – Binntal (VS).

Magnetit: Binntal (VS).

Muskovit

Pyrit

Pyrrhotin

Rutil: weitverbreitet, dicknadelig bis haarförmig, goldglänzend, als Rutilquarz sehr geschätzt. – Val Tremola (südlich Gotthardpaß TI). – Unteres Val Nalps (Tavetsch GR). – Lukmanierschlucht (unteres Medels GR). – Camperio (westlich Olivone, Bleniotal TI): Abfolge Rutil, dann Anatas, dann Titanit. – Piz Ault (westlich Vals, Valsertal GR): Großfund von 1896.

Sulfosalze: Antimon- und Wismutsulfosalze (Boulangerit, Cosalit, Giessenit, Heyrovskyit, Izoklakeit, Jamesonit, Meneghinit, Zinckenit), typisch als Quarzeinschlüsse, auch als Phantome.

Titanit

Turmalin: schwarze Nadeln, als ultramikroskopisch feine Fasern im Blauquarz.

Einschlüsse fluid. «Fluid» umfaßt flüssig, gasförmig und überkritisch. Quarzkristalle sind aus heißen, wäßrigen Lösungen unter hohem Druck entstanden. In jedem Quarz noch Reste der Mutterlösung in Form winziger, oft mikroskopischer fluider Einschlüsse entlang verheilter Wachstumsrisse. Einphasige Einschlüsse, zweiphasige (diese am verbreitetsten, meist Salzwasser/Gasblase), dreiphasige (Salzwasser/flüssige Kohlensäure/Kohlensäuregas, ab und zu noch Halit, Calcit, auch Rutil). Mutterlösung bei der Einschlußbildung meist einphasig, selten zweiphasig (Methan oder Kohlensäure/Wasser).

Höhere Kohlenwasserstoffe, Erdöl: Quarze klein. Jura, Nördliche Kalkalpen Außenzone. Bildungstemperatur unter 250°. – Zeglingen Gipsgrube (südöstlich Sissach BL). – Stansstad (NW): in Hauterivien-Kieselkalk (untere Kreide).

Methan: Nördliche Kalkalpen innerer Teil. Bildungstemperatur rund 250–300°.

Wasser: bei weitem vorherrschend. Stets mit gelösten Salzen, vor allem Natriumchlorid (Steinsalz), auch Kaliumchlorid, Calciumchlorid. Oft mit gelösten Gasen, vor allem Kohlendioxid, Methan, Stickstoff. Aar- und Gotthardmassiv. Bildungstemperatur rund 300–500°.

Kohlendioxid (Kohlensäure): in großer Menge in den Einschlüssen von Quarzen südlich des Gotthards. Bildungstemperatur rund 500° und darüber.

Eisenkiesel. Roter Quarz mit sehr fein verteiltem Hämatit.

Innertkirchen (BE): aus Stollen im Granit nahe Sedimentkontakt.

Fadenquarz. Aggregat paralleler Quarzkristalle mit weißer Zentralzone (Faden von Einschlüssen), rhythmisch in aufreißender Kluftspalte gewachsen und brückenartig von Kluftwand zu Kluftwand gespannt. Auf der milchigen Zentralzone ist in gleicher Orientierung klarer Bergkristall aufgewachsen. Kristallographische Orientierung beliebig schief sowohl zur Kluftwand wie zum Faden, allein durch die Lage des Kristallkeims im aufgebrochenen Kluftgestein bestimmt. Meist Bambauer-Quarz. Hauptverbreitung in den Sedimentzonen.

Val d'Illiez (Unterwallis VS). – Amsteg (Reußtal UR): im Kristallin. – Domleschg (GR).

Fensterquarz. Spezialform von Skelettquarz mit dünnen Anwachslamellen, welche die Höhlungen über den Flächenmitten (Rhomboeder) teilweise überdecken. Anzeichen von Fensterbildung oft an Zepterquarzen.

Friedlaender-Quarz. Quarz mit Makromosaikbau. Gegenseitig leicht versetzte Kristallpartien reichen sektorförmig nach innen. Blockgrenzen (Nahtlinien, Suturen) treten als unregelmäßige, vornehmlich längsgerichtete Zeichnung besonders auf den Prismenflächen hervor (hat nichts mit Zwillingsgrenzen zu tun). Habitus im typischen Fall kurzprismatisch-pseudohexagonal (Normal-Habitus) oder steilrhomboedrisch (Tessiner-Habitus). Spurenelementgehalt 10–20mal niedriger als bei Bambauer-Quarz (Li > H, wenn auf Atomzahl bezogen). Hauptverbreitung in den Zentralmassiven und im Penninikum.

Grobbau. Zwei Quarztypen mit unterschiedlichen makroskopischen Strukturmerkmalen: suturenhaltige Makromosaikquarze, auch Friedlaender-Quarze genannt (fast immer Normal-Habitus oder Tessiner-Habitus zeigend), und Quarze mit niedrigsymmetrischen Lamellen, auch Bambauer-Quarze genannt (oft Dauphiné-Habitus zeigend, alle alpinen Amethyste).

Gwindel. Quarz, der nach einer der a-Achsen (Querachsen) abgeplattet und um diese Achse verdreht ist. Deutbar als quergestreckter Einzelkristall mit stetig gedrehter Zentralpartie und vielen aufgesetzten Einzelspitzen. Gwindelachse gleich a-Achse des Quarzes, c-Achse quer dazu und wendeltreppenartig versetzt. Alle Übergänge von Gwindeln, die randlich aus wenigen, einzel unterscheidbaren Quarzkristallen auf-

Fensterquarz-Amethyst. Val Piora TI. 15 cm. (C. Peterposten, Madrano TI).

Rauchquarz-Gwindel, um 74° gedreht, linksgeschraubt. Val Giuv, Tavetsch GR. Höhe 12 cm. (ETH-Sammlung Zürich).

Gwindel, schwach rauchig. Val Giuv, Tavetsch GR. 9 cm. (T. Curschellas, Surrein-Sedrun GR).

Quarzkreuz. Keine Verzwillingung, sondern eine zufällige Verwachsung. Hinterstes Bedrettotal TI. 2 cm. (B. Merkle, Villingen D).

gebaut sind (offene Gwindel), bis zu solchen, bei denen unzählige schmale Zonen miteinander völlig verschmelzen (geschlossene Gwindel mit kontinuierlicher Verdrehung und stetig gebogenen Flächen). Drehsinn eines Gwindels entspricht dem strukturellen Drehsinn der Quarzsubindividuen. Ein rechtsgeschraubter Gwindel ist daher aus morphologischen Linksquarzen aufgebaut, deren Atomstruktur rechtsgedreht ist (und umgekehrt). Farblos und rauchig. Nur bei Friedlaender-Quarz bekannt. Stets neben gewöhnlichen Normal-Quarzen. Vor allem im Mont-Blanc-Granit und im zentralen Aarmassiv von der Grimsel zum Val Giuv (Tavetsch). Anderswo sehr selten.

Igelquarz. Radiär angeordnete Quarzkristall-Gruppen.

Männlichen (nordöstlich Wengen BE): Einzelkristalle 2 cm, in Aaliénienschiefer (Dogger). – Bedrettotal (TI). – Pizzo Meda (Campolungo, Leventina TI).

Lamellenquarz. Quarz, der im Polarisationsmikroskop einen Aufbau aus niedrigsymmetrischen Lamellen erkennen läßt. Gleichbedeutend mit Bambauer-Quarz.

Muzo-Habitus. Nach oben schlanker werdend ähnlich Tessiner-Habitus, jedoch mit dreiseitigem Querschnitt. Die drei Prismenflächen unter dem positiven Rhomboeder r keilen zur Spitze hin aus und sind glatter als die andern drei dominierenden unter dem negativen Rhomboeder z. Horizontale Streifung auf den drei habitusbestimmenden Prismenflächen durch wiederholten Wechsel von Prisma und Normalrhomboeder (bei Tessiner-Habitus dagegen Wechsel verschiedener steiler Rhomboeder). Bambauer-Quarz. Bei relativ niederer Temperatur gebildet. Meist in tonigkalkigen Gesteinen.

Feschel (nordöstlich Leuk VS). – Grindelwald (BE). – Vättis (St. Galler Oberland SG). – Taminser Calanda (westlich Chur GR). – Greina (oberstes Bleniotal TI). – Lugnez (südlich Ilanz GR). – Safiental (Vorderrheintal GR).

Nadelquarz. Extrem dünn, Länge zu Dicke bis 50:1.

Alp Paltan (hinteres Bedrettotal TI).

Normal-Habitus. Eher kurzprismatisch, seltener langprismatisch, häufig pseudohexagonal (Verzwillingung). Dominierende Formen Prisma I. Stellung *m* und die beiden Hauptrhomboeder, positiv *r*, negativ *z*. *r* größer *z*. Hierzulande häufigste Gestalt des Quarzes, üblicher Habitus in den Zentralmassiven nordwärts vom Gotthard.

«Oehrli-Diamanten». Lokale Bezeichnung für wasserklare, bis 1 cm große Quarze aus Spalten der Oehrli-Schichten (unterste Kreide) im nordwestlichen Säntis (AI). Ähnlich auch anderweitig im Helvetikum.

Phantomquarz. Kristall, in dessen Innern frühere Wachstumsstadien sichtbar sind. Entstehung durch episodische Ausscheidungen von Fremdmineralien (Chlorit, auch Hellglimmer, Sulfosalze) oder durch Überstäubung mit kleinsten Nebengesteinspartikeln. Meist sind nur die nach oben gerichteten Flächen des wachsenden Kristalls mit Fremdmaterial belegt. So kann mit Hilfe der Phantomgeometrie die einstige Position des Kristalls in der Kluft erkannt werden; das Phantom dient als mineralogisches Senkblei.

Nördliche Schieferzone des Aarmassivs (VS/BE/UR). – Sils im Domleschg (GR).

Rauchquarz. Nach farblosem Bergkristall verbreitetste Quarzvarietät. Farbeindruck von der Kristallgröße abhängig, große Kristalle oft sehr dunkel. Tiefgefärbte Morione (nahezu schwarz bei völliger Durchsichtigkeit) sehr selten, fast nur von den Bergen südlich der Göscheneralp (westlich Göschenen UR) und vom Cavagnoligletscher (oberstes Val Bavona TI) bekannt, im gleichen Gebiet weniger dunkler Rauchquarz viel häufiger. In geringeren Meereshöhen (unter rund 2000 m) ist alpiner Quarz normalerweise farblos (im Gotthard-Straßentunnel kein Rauchquarz). Normal-Habitus und Tessiner-Habitus, sozusagen immer Friedlaender-Quarz.

Rauchfarbe eine Strahlungsverfärbung. Fehlstellen im Gitter (Al^{+3} an-

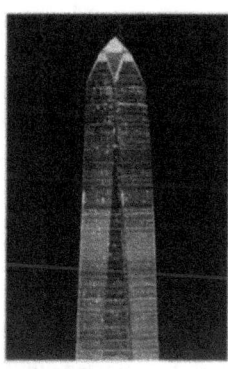

Muzo-Quarz mit Kombinationsstreifung. Greinapaß GR. 4 cm. (H. Bonfà, Aquila TI).

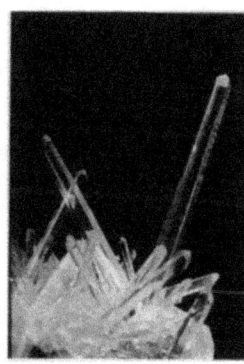

Nadelquarz. Alp Paltan, Bedrettotal TI. 3 cm. Photo T. Schüpbach. (W. Frei, Niederrohrdorf AG).

Phantomquarz mit Chloriteinschlüssen. Schinschlucht, Thusis GR. 5,5 cm. (P. Imhof, Ried-Brig VS).

Rauchquarz mit Suturen. Galenstock, Furka UR. 7 cm. (R. Rykart, Emmenbrücke LU).

Zepterquarz. Spitze mit Amethystfarbe und Phantom. Zinggenstock, Grimsel BE. 3,5 cm. (M. Jungo, Tafers FR).

Bergkristall, schwach chloritig. Natürliche Ätzung der Flächen macht Dauphiné-Verzwillingung sichtbar. Lungental, Maderanertal UR. 5 cm.

stelle von Si^{+4} und gleichzeitiger Einbau von Li^+ sowie Na^+ auf Zwischengitterplätzen) werden durch radioaktive Strahlung des Nebengesteins angeregt. Dadurch Befähigung zur Lichtabsorption (Rauchfarbe). Dunkler Rauchquarz neben radioaktivem Brannerit bei Iragna–Lodrino (Riviera TI), 270 m über Meer. Beim Aufheizen verschwindet Rauchfarbe oberhalb 200°. Sie kann umgekehrt im Reaktor künstlich hervorgerufen werden (bestrahlte Quarze). Schleifwürdig, aber unbeschädigte Stufen viel wertvoller als entsprechendes Schleifgut.

Skelettquarz. Flächenmitten (Rhomboeder) erscheinen ausgehöhlt, dagegen Kanten und Spitzen meist intakt. Durch übermäßiges Kantenwachstum entstanden, zu unterscheiden von Auflösungsformen korrodierter Quarze. Sowohl im Kristallin wie in den Kalkalpen.

Val d'Illiez (Unterwallis VS): 20 cm, mit Toneinschlüssen, in Flysch. – Engstligenalp (südlich Adelboden BE). – Melchsee (OW).

Sprossenquarz. Kleinere Tochterindividuen «sprossen» subparallel aus den Prismenflächen eines größeren Mutterkristalls heraus (selten aus den Rhomboederflächen).

Alp Paltan (hinteres Bedrettotal TI).

Suturen. Versetzungsnähte, unregelmäßige Linien auf den Prismenflächen von Sektorbau und Mosaikstruktur herrührend, typisch für Friedlaender-Quarze. Nicht mit Zwillingsnähten zu verwechseln. Die oft vorhandene horizontale Riefung auf den Prismenflächen wird durch die Suturen versetzt.

Tessiner-Habitus. Spitzrhomboedrisch, keilförmig nach oben verjüngt. Steile Rhomboeder herrschen vor, oft in wiederholtem Wechsel untereinander, wobei eine horizontale Kombinationsstreifung entsteht. In Österreich Rauriser-Habitus genannt. Friedlaender-Quarz. Bei relativ

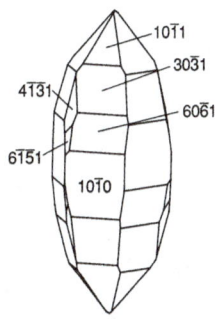

Quarze (ein Linksquarz)
Poncione di Vallegia (Bedrettotal TI)

hoher Temperatur gebildet. In den Schweizer Alpen nur vom mittleren Gotthardmassiv an südwärts.

Südliches Gotthardmassiv (TI/GR). – Binntal (VS). – Bedrettotal (TI). – Tessiner Alpen.

Tracht. Wichtigste einfache Kristallformen: Hexagonales Prisma I. Stellung *m*. Hauptrhomboeder positiv *r*, negativ *z* (180° gegeneinander gedreht, zusammen eine hexagonale Dipyramide vortäuschend). Trigonale Dipyramide II. Stellung rechts *s'*, links *'s*. Trigonales Trapezoeder rechts *x'*, links *'x*, beide positiv, entsprechende negative Formen äußerst selten. Weitere Trapezoeder und Rhomboeder verschiedener Steilheit. Alpine Quarze manchmal mit modellhaft schöner Kristallentwicklung. Da fast immer Penetrationszwillinge vorliegen, wird manchmal höhere Symmetrie vorgetäuscht.

Vizinale. Kleine, wachstumsbedingte Unebenheiten auf den Flächen, besonders auffallend als dreiseitige Pyramidchen auf den Rhomboederflächen.

Zepterquarz. Ein etwas größerer Quarz mit dem einen Ende auf dünnerem Quarzprisma aufgewachsen. Oft mit Anzeichen von Fensterbildung. Häufig bei Amethyst, aufgewachsener Teil violett.

Rieder Tobel (Reusstal UR): 10 cm, alter Quarz von Ankerit überzogen, auf dem Ankerit jüngerer Quarz als Zepter.

Zwillinge. Außer bei sehr kleinen Quarzkristallen in den Alpen praktisch immer Zwillinge, die äußerlich aber nicht als solche in Erscheinung treten. Damit man Zwillingsgrenzen erkennt, müssen die Kristallflächen natürlich oder künstlich angeätzt sein. Beobachtung bei schräg einfallendem Licht.

Dauphiné-Gesetz: hat nichts mit Dauphiné-Habitus zu tun. Zwei Individuen desselben Drehsinns durchdringen sich, das eine gegen das andere 180° um die c-Achse gedreht.

Quarz mit Tessiner-Habitus. Auf den Steilflächen wird bei schrägem Lichteinfall die lamellare Brasilianer-Verzwillingung sichtbar. Pian Secco westlich Airolo TI. 5 cm. (H. Schweizer, Zürich).

Quarz, Japaner-Zwilling. Felsberger Calanda GR. 12 mm. (W. Cabalzar, Chur GR).

Verwachsung regellos. Bei großen Kristallen Zwillingsdomänen an der Basis in trigonale Sektoren aufgeteilt, nach oben aber in ein unregelmäßig verschlungenes Labyrinth übergehend. Suturen des Mosaikbaus nicht für Zwillingsgrenzen halten. Beide überschneiden sich wahllos. Weitaus vorherrschendes Zwillingsgesetz in den Schweizer Alpen.

Brasilianer-Gesetz: ein rechtes und ein linkes Individuum durchdringen sich symmetrisch zu einer Fläche des Prismas II. Stellung. Verwachsung parallel zu Rhomboeder und Prisma, häufig polysynthetisch lamellar, besonders auffallend bei Amethyst. Lamellare Verzwillingung hat nichts mit Lamellenbau bei Bambauer-Quarz zu tun.

Japaner-Gesetz: Zwillingsebene eine Fläche der Dipyramide II. Stellung (11$\bar{2}$2), dies ist nicht die s-Fläche. Längsachsen der Einzelquarze 84$\frac{1}{2}$° zueinander geneigt. Selten und nur bei Bambauer-Quarzen. – Wetterhorn Nordwestfuß (nordöstlich Grindelwald BE). – Brunnital (Schächental UR): neben Axinit. – Windgällenhütte (Maderanertal Nordseite UR). – Vättis (St. Galler Oberland SG). – Felsberger Calanda (westlich Chur GR). – Bedrettotal (TI).

Hyalit

$SiO_2 \cdot nH_2O$

jetzt als Varietät von Opal klassifiziert

Amorph. Farblos. Krustenartig. Netzwerkartige, glasige Kieselsäure, eindeutige Bestimmung schwierig.

Val du Trient (Unterwallis VS): neben Uranmineralien im Vallorcine-Granit. – Guttannen (BE): glasglänzende Kügelchen von 0,1 mm auf Quarz. – Lago Tremorgio (Leventina TI): Krusten auf Skapolith. – Carona (südlich Lugano TI): in kleinen Drusen im Granophyr. – Falotta (Oberhalbstein GR).

Rutil

TiO_2

Tetragonal. Metallartig braun, auch kupferrot, goldgelb oder fast schwarz. Dicksäulig (eingewachsen in Quarzadern und Pegmatiten), nadelig (auf Klüften), selten rein dipyramidal (nur am Lengenbach VS). Bis 6 cm. Verbreitet auf Klüften glimmerreicher Schiefer neben Quarz, Periklin, Hämatit, Calcit, Ankerit, Siderit, Anatas, Brookit, schwarzem Turmalin. Oft auf Hämatit orientiert aufgewachsen. Dünne Nadeln in Quarz regellos eingewachsen (Rutilquarz). Nebengemengteil kristalliner Schiefer. Häufigste der drei Titanoxid-Modifikationen (Rutil, Anatas, Brookit), alle drei öfters auch nebeneinander (Umwandlungen und Paramorphosen). Einige Prozent Nb_2O_5 (Scherbadung, Binntal VS).

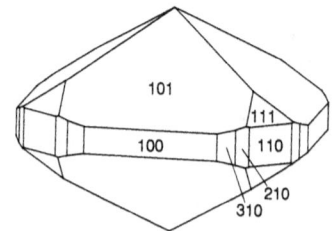

Rutil
Lengenbach (Binntal VS)

*Rutil, Drilling. Binntal VS. 8 mm.
(W. Baur, Zürich).*

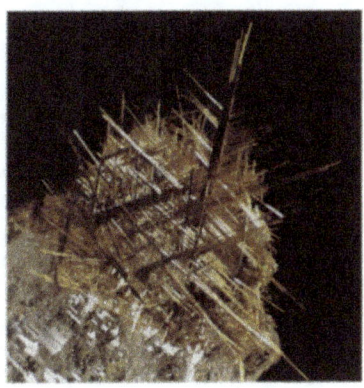

*Rutil, Sagenit. Lamme, Fiesch VS.
12 mm.*

Sagenit heißen flache, gitterartige Aggregate orientiert verwachsener Rutilnadeln. Rutil im Sagenit nach zwei verschiedenen Gesetzen (101) und (301) mit Winkeln von 65°35′ und 54°44′ verzwillingt, Dreiecke im Sagenit daher unregelmäßig (nicht gleichseitig). Sagenit aus hydrothermal zersetztem Ilmenit hervorgegangen (schön erkennbar an Ilmeniteinschlüssen in Quarz). Daneben eigentliche Pseudomorphosen von Rutil nach Ilmenit.

Zentralmassive. Grosstal (Urseren UR): Rutilquarz. – Gotthard-Straßentunnel (UR/TI). – Maderanertal Südseite (UR): oft faserig neben Anatas und Brookit. – Goms Südseite (VS). – Ritzhörner (Griesgletscher, südwestlich Nufenenpaß VS). – Hospental (UR): Sagenit neben Periklin, Calcit, Ankerit. – Kemmleten (südlich Hospental UR): neben Dolomit und Talk in Serpentinit. – Val Tremola (südlich Gotthardpaß TI): dicknadelig in Rutilquarz. – Cavradischlucht (unteres Val Curnera, Tavetsch GR): mit Hämatit zusammen, oft orientiert verwachsen. – Unteres Val Nalps (Tavetsch GR): in großen Nadeln und als Rutilquarz neben Ankerit. – Mompé-Medel (eingangs Medels GR): neben Dolomit

*Rutil, Sagenit. Lamme, Fiesch VS.
18 mm. (F. Dreier, Reinach BL).*

*Rutil, aus Sagenit herauswachsend.
Cavradischlucht, Tavetsch GR. Ganze
Gruppe 2 cm.*

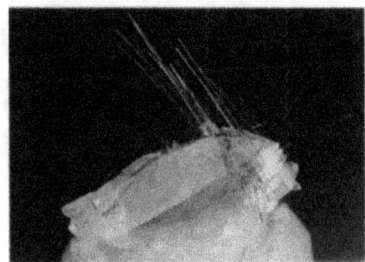

Rutil auf Quarz. Unteres Val Nalps, Tavetsch GR. Haare bis 15 mm. (J. Hess, Zürich).

und Talk. – Lukmanierschlucht (unteres Medels GR).
Penninikum. Simplontunnel (VS): neben Ankerit, Muskovit. – Turbenwäng (hinterstes Binntal VS): auch sonst in den Bündnerschiefern zwischen nördlichem Simplon (VS) und Bedrettotal (TI). – Lengenbach (Binntal VS): 5 mm. – Binntal Gneiszone (VS): tiefrot neben Magnetit, Hämatit, Anatas. – Campolungo-Dolomit (Leventina TI). – Iragna–Lodrino (Riviera TI): große Kniezwillinge, geschlossene Viellinge, in Quarzadern. – Piz Ault (westlich Vals, Valsertal GR): klassischer Fund von 30 cm großen Rutilquarzen neben dichtem Rutilfilz in der metamorphen Bündnerschiefer-Triasformation.

Cassiterit
SnO_2
Tetragonal. Braun. Mikroskopisch.
Napf (BE/LU): sekundär als Schweremineral neben Gold.

Tapiolit
$Fe^{+2}(Ta,Nb)_2O_6$
Tetragonal. Schwarz. 2 cm. Pegmatitmineral.
Brissago (TI): 5 mm. – Cresciano und Pizzo di Claro (östlich Cresciano, Riviera TI).

Tripuhyit
$Fe^{+2}Sb_2^{+5}O_6$
Tetragonal. Goldgelbe, radialstrahlige Nädelchen. Mikroskopisch.
Falotta (Oberhalbstein GR): in Mangan-Erzen.

Pyrolusit
MnO_2
Tetragonal. Schwarze Kriställchen und Sphärolithe. 1 mm. Verbreitetes Sekundärmineral.
Jura (JU/SO/BL): in Hohlräumen von Kalksteinen. – Falotta (Oberhalbstein GR): glaskopfartig in Mangan-Erzen.

Todorokit
$Mn^{+2}Mn_3^{+4}O_7 \cdot H_2O$
Monoklin. Schwarz, glänzend. Erdig, faserig. 1 mm.
Carona (südlich Lugano TI): Seltenheit in Drusen des Granophyrs. – Falotta (Oberhalbstein GR).

Anatas. Bortelhorn, Simplon VS. 1 cm. (L. Püschel, Mannheim D).

Anatas mit hervorsprießenden Rutilhaaren. Griessertal, Maderanertal UR. 9 mm. (X. Gnos, Amsteg UR).

Anatas neben Magnetit. Gorb, Binntal VS. 6 mm. (P. Imhof, Ried-Brig VS).

Anatas
TiO_2

Tetragonal. Bläulichschwarz, honiggelb, auch hellblau, rot, braun. Spitz- oder stumpfdipyramidal, seltener tafelig, isometrisch, prismatisch. Bis 5 cm. Verbreitet auf Klüften glimmerreicher Schiefer neben Quarz, Adular, Albit, Calcit, Rutil, Brookit, Hämatit, Monazit. Seltener in granitischem Nebengestein. Manchmal von faserigem Rutil durchwachsen (Rientnal UR, Maderanertal Südseite UR, Greina TI).

Nördliche Kalkalpen und Zentralmassive. Elm (GL): neben Brookit. – Haldensteiner Calanda (nordwestlich Chur GR). – Baltschiedertal (nördlich Visp VS). – Rieder Tobel (Reusstal UR). – Lungental, Griessertal und Staldental (Maderanertal UR): teils bläulichschwarz und spitzdipyramidal, teils braun und tafelig, 2 cm, hier häufiger als Rutil. – Cavradischlucht (unteres Val Curnera, Tavetsch GR). – Piz Blas (hinterstes Val Nalps, Tavetsch GR). – Unteres Val Nalps (Tavetsch GR): schwarz, dipyramidal,

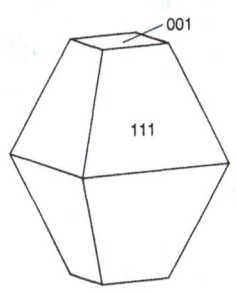
Anatas (alte Aufstellung) Crapteig (Thusis GR)

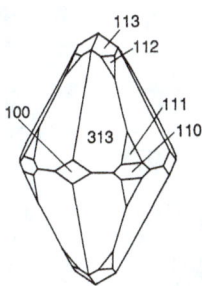
Anatas (alte Aufstellung) Spissen (Binntal VS)

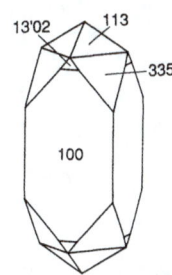
Anatas (alte Aufstellung) Lärcheltini (Binntal VS)

klein, neben rotem Monazit. – Bova Gronda (südöstlich Disentis GR): rotorange.

Südlich anschließende Gebiete. Gibelhorn (Saflischtal Südseite, südwestliches Binntal VS): schwarz, 2 mm, 2% Niob. – Binntal Gneiszone (VS): honiggelb, diamantglänzend, außergewöhnlich flächenreich, neben Magnetit, Hämatit, Monazit, südlich Balmen 2000 lose Anatase in einer Kluft, in dieser Vielfalt einzig vom Binntal bekannt. – Cavagnoligletscher (oberstes Val Bavona TI): rot. – Carona (südlich Lugano TI): in Drusen im Granophyr. – Crapteig (südlich Thusis GR): braunschwarz, Kristalltracht einfach, dipyramidal mit Basis, 2 cm, neben Quarz (auch Rutilquarz), Albit, Adular, Calcit, Brookit, in Bündnerschiefer.

Brookit
TiO_2
Orthorhombisch. Braun, auch fast schwarz, oft entlang der Vertikalachse mit schwarzer, perlschnurartiger Mittelzone (Sanduhrstruktur). Dünntafelig. Bis 5 cm. Nicht so häufig wie Rutil und Anatas. Hauptverbreitung am Nordwestrand des Mont-Blanc-Massivs, im Maderanertal und im sedimentären Gebiet rund um das östliche Aar- und Gotthardmassiv. Spärlich im Tavetsch und Binntal. Manchmal in Rutil umgewandelt (Rutilparamorphosen nach Brookit).

Nördliche Kalkalpen und Zentralmassive. Wetterhorn Nordwestfuß (nordöstlich Grindelwald BE): 1 cm, neben Rutil und Anatas. – Elm (GL): 2 cm, neben Quarz, Calcit, Albit, Chlorit, Anatas, Rutil (Umwandlungsprodukt von Brookit), Chalkopyrit, in Wildflysch. – Mastrils (westlich Lanquart GR): in oligozänen Dachschiefern. – Tête Noire (gegenüber Finhaut) und Salvan (Val du Trient, Unterwallis VS): hervorragend kristallisiert, 2 cm, neben Bergkristall in Klüften muskovit- und quarzreicher Karbonschiefer. – Oberaar Kraftwerkstollen (Grimsel BE): neben Ankerit. – Intschi Tobel und Rieder Tobel (Reusstal UR) sowie Lungental, Griessertal und Staldental (Maderanertal UR): 3 cm, neben Bergkristall, Albit, Anatas von klassischen Fundstellen.

Brookit. Bristen Tobel, Amsteg UR. 18 mm. (P. Amacher, Amsteg UR).

Brookit. Tête Noire, Val du Trient VS. 18 mm. (E. Jaccard, Monthey VS).

Brookit. Griessertal, Maderanertal UR. 5 mm. (X. Gnos, Amsteg UR).

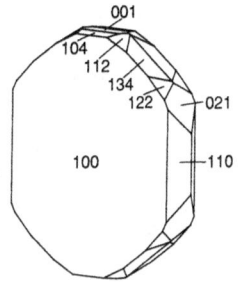

*Brookit
Griessertal (Maderanertal UR)*

Penninikum. La Chandoline (südlich Sion VS): Karbon, früheres Anthrazit-Bergwerk. – Piz Ault (westlich Vals, Valsertal GR): in der Nähe der Rutilquarz-Kluft. – Piz Tomül (östlich Vals, Valsertal GR). – Crapteig (südlich Thusis GR): groß, ohne Sanduhrstruktur, neben Quarz und Anatas in Bündnerschiefer. – Rongellen (südlich Thusis GR): neben vereinzeltem Sphalerit. – Schinschlucht (östlich Thusis GR).

Wolframit
$(Fe^{+2},Mn)WO_4$

Monoklin. Schwarz. Unter 1 mm.
Salanfe (nordwestlich Martigny VS): spurenweise neben Scheelit, Arsenopyrit und Löllingit in Gold-Arsen-Erz.

Niobit
$Fe^{+2}(Nb,Ta)_2O_6$

Orthorhombisch. Schwarz. Tafelig, oft tektonisch verbogen. Bis 2,5 cm. Pegmatitmineral.
Brissago (TI): dünntafelig, 2,5 cm, manganhaltig. – Ponte Brolla (eingangs Maggiatal TI). – Cresciano (Riviera TI). – Fornogebiet und Val Bondasca (Bergell GR).

Tantalit
$Fe^{+2}(Ta,Nb)_2O_6$

Orthorhombisch. Schwarz. 1 cm.
Albignagebiet (Bergell GR): manganhaltig.

Euxenit-(Y)
$(Y,Ce,U)(Nb,Ta)_2O_6$

Orthorhombisch. Braunschwarz. 5 mm.
Fornogebiet (Bergell GR): aus Pegmatitblock.

Samarskit-(Y)
$(Y,Ce,U)_3(Nb,Ta,Ti)_5O_{16}$

Monoklin. Bräunliche Täfelchen. 1 mm.
Carona (südlich Lugano TI): Seltenheit in Drusen des Granophyrs.

Äschynit-(Y)
$(Y,Ca)(Ti,Nb)_2(O,OH)_6$

Orthorhombisch. Braunschwarz, auch dunkelrot. Bis 5 mm. Wenig auffälliges Kluftmineral, neben Ilmenit. Früher auch als Priorit beschrieben.
Tête Noire (gegenüber Finhaut, Val du Trient, Unterwallis VS). – Mittal–Hohtenn Straßentunnel (eingangs Lötschental VS): in Quarz. – Trübtensee (westlich Grimselpaß BE). – Äginental (Goms VS): neben Ilmenit, Anatas. – Furka-Basistunnel (VS/UR): neben Ilmenit, Synchysit. – Piz Lucendro (südwestlich Gotthardpaß TI): auf Adular. – Piz Blas (hinterstes Val Nalps, Tavetsch GR): neben Ilmenit, Gadolinit. – La Bianca (Val

Äschynit. Wannigletscher, Binntal VS. 4 mm. (W. Mangold, Naters VS).

Cristallina, Medels GR). – Binntal Gneiszone (VS): hier nicht metamikt. – Carona (südlich Lugano TI): mikroskopisch in Drusen des Granophyrs. – Plattenberg (südwestlich Lampertschalp, hinterstes Valsertal GR).

Brannerit
$(U^{+4},U^{+6},Th)(Ti,Fe^{+2})_2O_6$

Monoklin. Schwarz. Bis 2 cm.

Mürtschenalp (GL). – Lengenbach (Binntal VS): Einzelfund von 0,6 mm, in Skleroklas eingewachsen, nicht metamikt. – Iragna–Lodrino (Riviera TI): in idiomorphen, eingewachsenen Kristallen, 2 cm, metamikt, neben Molybdänit, Rutil, Scheelit in einem Mikroklinpegmatit.

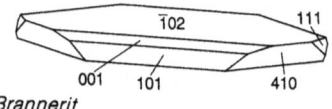

*Brannerit
Iragna – Lodrino (TI)*

Cervantit
$Sb^{+3}Sb^{+5}O_4$

Orthorhombisch. Gelbe Krusten. Aranno–Miglieglia (Südtessin TI).

Stibioniobit
$Sb^{+3}NbO_4$

Orthorhombisch. Gelbbraun. Prismatisch. 1 cm.

Embd (unteres Mattertal VS): Einzelfund aus Klufthohlraum in Quarzit.

Uraninit
$UO_{(2+x)}$, x bis 0,7

derb auch Pechblende genannt

Kubisch. Schwarz. Linsen verschiedenster Größe. Stets eingewachsen.

Mürtschenalp (GL). – Les Marécottes (Val du Trient, Unterwallis VS): angereichert am Rand des Vallorcine-Granites. – Naters (Brig VS). – Unteralptal (südöstlich Andermatt UR): 2 mm, neben schwarzem Turmalin, pegmatitisch. – Östlich Trun (Vorderrheintal GR). – Isérables (zwischen Martigny und Sion VS), Sarreyer (Val de Bagnes VS) und Zeneggen (Vispertal VS): in der Stirnzone des Walliser Penninikums. – Brissago (TI): kuboktaedrisch, 3 mm, pegmatitisch. – Val Ferrera (Hinterrhein GR): Kraftwerkstollen. – Albignagletscher (Bergell GR): pegmatitisch, mit gelber Verwitterungsrinde, hier erstmals Uraninit für die Schweiz nachgewiesen.

Brucit
$Mg(OH)_2$

Trigonal. Farblos. 3 mm. Seltener Gesteinsgemengteil in Serpentiniten und Kontaktmarmoren.

Bergell-Ostrand (GR): in Marmor.

Pyrochroit
$Mn(OH)_2$

Trigonal. Farblos, schwach lila, wird an der Luft bald schwarz. Blättrig. 15 mm.

Gonzen (nördlich Sargans SG): in Klüften der Eisen-Mangan-Erze.

Diaspor
AlOOH

Orthorhombisch. Farblos. Prismatisch, blättrig. 1 cm.

Campolungo-Dolomit (Leventina

Goethit in Calcitdruse. Herznach AG. Bis 2 mm.

TI): als Seltenheit auf Drusen und eingewachsen.

Goethit
$Fe^{+3}OOH$

Orthorhombisch. Schwarzbraun, gelb. Nadelig, pulverig, auch becherförmige Aggregate. 5 mm. Häufiges Verwitterungsprodukt eisenreicher Mineralien. Pseudomorphosen nach Ankerit (manchmal mit rekristallisiertem Calcit zusammen), Siderit, Pyrit, Pyrrhotin (manchmal becherförmig).

Jura (JU/SO/BL/AG): in schwarzen, spießigen Nadeln und in gelbbraunen, samtigen Sphärolithen, aufgewachsen neben Coelestin und Calcit in Ammonitenkammern, Primärbildung. – Goppenstein (Lötschental VS), Kammegg (östlich Guttannen BE) und Ritzhörner (Griesgletscher Nordseite, südwestlich Nufenenpaß VS): becherförmige Gebilde, aus der Verwitterung von Pyrrhotin hervorgegangen.

Lepidokrokit
$Fe^{+3}OOH$

Orthorhombisch. Rot. Blättrig, pulverig. In der Natur viel weniger häufig als Goethit (jedoch allgegenwärtig auf verrostetem Eisen). Carbonate verwittern immer zu Goethit. Pyrit verwittert zu einer Mischung von Goethit und Lepidokrokit.

Nägelisgrätli (nordöstlich Grimselpaß BE/VS): pseudomorph nach Pyrit, zusammen mit etwas Goethit.

Manganit
$MnOOH$

Monoklin. Schwarz. 1 mm.
Falotta (Oberhalbstein GR): in Mangan-Erzen.

Heterogenit
$CoOOH$

Trigonal. Schwarz. 3 mm.
Claro (Riviera TI): in Magnetitlinse.

Compreignacit
$K(UO_2)_3O_2(OH)_3 \cdot 4H_2O$

Orthorhombisch. Gelbe Nädelchen. Mikroskopisch. Auf Uraninit.
Les Marécottes (Val du Trient, Unterwallis VS).

Fourmarierit
$PbU_4O_{13} \cdot 4H_2O$

Orthorhombisch. Oranger Anflug. Mikroskopisch.
Les Marécottes (Val du Trient, Unterwallis VS).

Vandendriesscheit
$PbU_7O_{22} \cdot 12H_2O$

Orthorhombisch. Oranger Anflug. Mikroskopisch.
Les Marécottes (Val du Trient, Unterwallis VS).

Asbecasit
$Ca_3(Ti,Sn)As_6^{+3}Si_2Be_2O_{20}$

Trigonal. Gelb durchsichtig. Flachtafelig. Bis 2 cm.

Asbecasit. Wannigletscher, Binntal VS. 3 mm. (Naturhistor. Museum Basel).

Cafarsit. Wannigletscher, Binntal VS. Kantenlänge bis 15 mm. (W. Mangold, Naters VS).

Bortelhorn (zwischen Simplonpaß und Binn VS): neben Titanit. – Binntal Gneiszone (VS): neben Cafarsit, von anderswo nicht bekannt.

Cafarsit
$Ca_{5,9}Mn_{1,7}Fe_3^{+3/+2}Ti_3(As^{+3}O_3)_{12} \cdot 4H_2O$

Kubisch. Dunkelbraun. Würfelig, oktaedrisch, rhombendodekaedrisch oder pentagondodekaedrisch. Bis 8 cm.

Scherbadung Nordwestseite (südliches Binntal VS): in alten Sammlungen mit Herkunft Lärcheltini (oberes Binntal Südseite), die schönsten Kristalle von der italienischen Seite, von anderswo nicht bekannt.

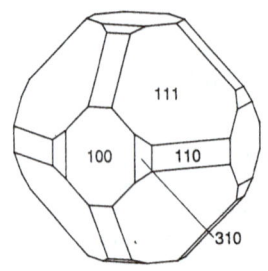

Cafarsit Scherbadung (Binntal VS)

Carbonate

Nahcolit
$NaHCO_3$

Monoklin. Farblos. Nadelig, igelförmig aggregiert. 1 cm.

Saline von Bex (Rhonetal VD): Ausblühung neben Gips.

Kalicinit
$KHCO_3$

Monoklin. Gelbliche Masse. Chippis (Sierre VS): im letzten Jahrhundert von hier erstmals beschrieben, nicht nachprüfbar.

Calcit
$CaCO_3$
auch Kalkspat genannt

Trigonal. Farblos, weiß, grau, gelbbraun. Oft gelb oder blau fluoreszierend (Enney, südlich Gruyères FR).

Rhomboedrisch, skalenoedrisch, prismatisch (Kanonenspat), linsenförmig (Fingernagelspat), dicktafelig (Tafelspat), dünntafelig (Papierspat), selten watteartig (Bergseide). Manchmal Kontaktzwillinge nach der Basis. Bis 80 cm. Eines der häufigsten und formenreichsten Mineralien. Gesteinsbildend als Kalkstein, Marmor. Im Jura, Mittelland und in den Kalkalpen fast überall in Spalten, Drusen, Höhlen. In den Zentralalpen weitverbreitetes Kluftmineral in den meisten Paragenesen zusammen mit Quarz. Als weiße, erdige Masse in Kalkhöhlen (Mondmilch vom Mondmilchloch im Schrattenkalk des Widderfeldes, Pilatus Südseite OW). Mit Erdöleinschlüssen (Enney, südlich Gruyères FR). Meist etwas magnesiumhaltig (bis 1,5 Mol% $MgCO_3$), eisenhaltig (bis 1 Mol% $FeCO_3$) und manganhaltig (bis 2,5 Mol% $MnCO_3$). Daneben als Varietäten eigentlicher Manganocalcit und Cobaltocalcit.

Calcit. Münchenstein BL. Höhe der Gruppe 6 cm.

Jura, Mittelland und Kalkalpen. Cornaux (nordöstlich Neuchâtel NE). – La Neuveville (Bielersee BE). – Liesberg und Röschenz (westlich Laufen BE). – Muttenz (BL). – Full und Mellikon (am Rhein AG). – Thayngen (SH). – Nuolen (oberer Zürichsee SZ). – Gasterntal alter Gemmiweg (BE): skalenoedrisch, groß, außen braun. – Chrideloch (Unterschächen UR). – Chobelwand und Dürrschrennenhöhle (südwestlich Wasserauen, Säntis AI): unter Naturschutz. – Gonzen (nördlich Sargans SG): einfache Rhomboeder, bis 80 cm Kantenlänge, in großer, heute geplünderter Kristallhöhle des ehemaligen Bergwerks, mächtige Gruppe im Naturhistorischen Museum der Burgergemeinde Bern. – Wolfjos (nordöstlich Vättis, St. Galler Oberland SG): große Skalenoeder. – Kobelwis–Kobelwald (westlich Oberriet SG): neben halbzentimetergroßem Fluorit und Zepterquarz im Schrattenkalk (untere Kreide).

Zentrale Alpen. Göscheneralp (westlich Göschenen UR): dünntafelig neben Fluorit, auch prismatisch, in Aaregranit. – Maderanertal Südseite (UR): dünntafelig, in Sericitschiefer und in Amphibolit. – Kalkspatlücke (zwischen Val Val und Val Giuv, Tavetsch GR): große, durchsichtige Calcit-Spaltstücke, neben Titanit, Amiant, in Giuvsyenit. – Nördliches Gotthardmassiv (VS/UR/GR): neben Ankerit, Periklin, Rutil, in Glimmerschiefer. – Schinschlucht (östlich Thusis GR): neben Albit, in Bündnerschiefer.

Manganocalcit (Varietät von Calcit)
Trigonal. Weiß, rosa, schwarz anwitternd. 3 cm.

Schinschlucht (östlich Thusis GR): 7 Mol% $MnCO_3$. – Falotta (Oberhalbstein GR): Adern in Braunit-Erz.

Cobaltocalcit (Varietät von Calcit)
Trigonal. Hellviolett. Derb.

Gheiba (Val di Peccia, Maggiatal TI): dezimeterdicke Lage in gewöhnlichem Calcitmarmor, 0,8% CoO.

Magnesit
$MgCO_3$
Siderit
$FeCO_3$
Mischkristalle

Trigonal. Farblos (eisenfreier Magnesit). Hellgelblich in ganz frischem Zustand, sonst gelbbraun und rostig anwitternd (eisenhaltiger Magnesit, Siderit). Wenn Siderit neben Ankerit auf derselben Stufe, dann Ankerit immer heller als Siderit. Hexagonalprismatisch (eisenfreier Magnesit). Rhomboedrisch, linsenförmig (eisenhaltiger Magnesit, Siderit). 3 cm. Eisenfreier Magnesit in der Schweiz sehr selten. Eisenreicher Magnesit sowie Siderit häufiger, ab und zu als Kluftmineral in Graniten, Gneisen und kristallinen Schiefern, frisch nur aus Stollen, an der Oberfläche rasch zu Goethit verwitternd. Frühere Bezeichnung für magnesiumreiche Glieder: Breunnerit, Mesitinspat; für eisenreiche: Pistomesit. Siderit stets magnesiumhaltig.

Oberaar Kraftwerkstollen (Grimsel BE): Siderit, sphärolithisch, neben Ankerit, Sphalerit, Muskovit, 90 Mol% $FeCO_3$. – Ernen Kraftwerkstollen, Rufibach und Obergesteln Gasleitungsstollen (Goms VS): Siderit, neben Quarz, Calcit, Ankerit, Rutil. – Gotthardmassiv Nordrand und Tavetscher Zwischenmassiv (VS/UR/GR): eisenhaltiger Magnesit, bräunlich, linsenförmig, neben Dolomit und Talk in den zahlreichen Serpentinitschuppen von Niederwald (Goms) bis Mompé-Medel (eingangs Medels). – Furka-Basistunnel (VS/UR): Siderit. – Lukmanierschlucht (unteres Medels GR): Siderit, völlig verrostet und zersetzt. – Simplontunnel (VS): eisenfreier Magnesit aus der Tunnelmitte, durchsichtig, kurzprismatisch, 1 cm, neben Gips und Goyazit auf Gips-Anhydritgestein; von anderen Fundstellen Siderit neben Ankerit, 55 Mol% $FeCO_3$. – Lengenbach (Binntal VS): eisenfreier Magnesit, schwach rosa, durchsichtig, prismatisch, 1 cm. –

Siderit (grüngelb) auf Dolomit (weiß). Furka-Basistunnel VS/UR. Ausschnitt 3,5 cm.

Siderit. Furka-Basistunnel VS/UR. Ganze Gruppe 2,5 cm.

Dolomit (Kristall) auf Dolomit (Gestein). Taminser Calanda GR. 2 cm. (W. Burger, Zürich).

Dolomit (Zwillingskristall) auf zuckerkörnigem Dolomit (Gestein). Lengenbach, Binntal VS. 2 mm.

Monte Piottino Stollen (Leventina TI): Siderit neben Ankerit, Muskovit. – Val Ferrera (Hinterrhein GR): derbes Siderit-Erz. – Clemgiaschlucht (südlich Scuol GR): derber Magnesit in 3 m mächtigem Quarzgang in Serpentinit (mit grünen Spuren von Nickel).

Rhodochrosit
$MnCO_3$

Trigonal. Rosa, schwarz anwitternd. Derb. Mangan-Erz.

Gonzen (nördlich Sargans SG). – Falotta (Oberhalbstein GR): hier selten und schwer von Manganocalcit zu unterscheiden. – Piz Cam (nördlich Vicosoprano, Bergell GR).

Smithsonit
$ZnCO_3$

Trigonal. Farblos, gräulich, grünlich, rosa. Krusten, gerundete Kriställchen. 5 mm. Als Umwandlungsprodukt von Sphalerit vereinzelt auf dessen Lagerstätten.

Mont Chemin (südöstlich Martigny VS). – Aranno–Miglieglia (Südtessin TI). – Tieftobel (zwischen Schmitten und Wiesen, Landwassertal GR).

Dolomit
$CaMg(CO_3)_2$
Ankerit
$Ca(Fe^{+2},Mg)(CO_3)_2$
Mischkristalle

Trigonal. Farblos, weiß (eisenfreier Dolomit). Elfenbeinfarben in ganz frischem Zustand, sonst gelb und rostbraun anwitternd (eisenhaltiger Dolomit, Ankerit). Rhomboedrisch, daneben sattelförmig gekrümmte oder halbkugelige Verwachsungen (vor allem bei eisenhaltigem Dolomit und Ankerit). Bis 10 cm. Gesteinsbildend als Dolomit, Dolomitmarmor (eisenfreier Dolomit), vor allem in der Triasformation (Rötidolomit, Unterengadiner Dolomiten). Die Bezeichnung Dolomit dient für Mineral und Gestein.

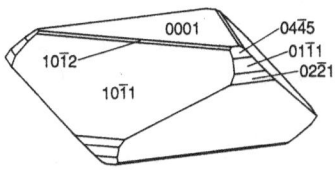

Dolomit
Lengenbach (Binntal VS)

Dolomit auf Quarz. Gotthard-Straßentunnel 5955 m ab Göschenen UR. Höhe des Quarzes 5 cm. Photo T. Desax. (T. Desax, Erstfeld UR).

In diesem Buch folgen wir der Praxis des Sammlers und schließen eisenreichen Dolomit stets ein, wenn bei den Paragenesen von Ankerit die Rede ist. Mangels chemischer Analysen ist eine scharfe Trennung nicht immer möglich.

Taminser Calanda (westlich Chur GR): eisenfreier Dolomit neben Quarz, Fluorit, in Rötidolomit. – Oberaar Kraftwerkstollen (Grimsel BE): eisenhaltiger Dolomit und Ankerit. – Gotthardmassiv Nordrand und Tavetscher Zwischenmassiv (VS/UR/GR): schwach eisenhaltiger Dolomit (2 Mol% $FeCO_3$) neben Talk, Magnesit, in den zahlreichen Serpentinitschuppen von Niederwald (Goms) bis Mompé-Medel (eingangs Medels); eisenreicher Dolomit verbreitet in den Klüften der Glimmerschiefer. – Obergesteln Gasleitungsstollen (Goms VS): eisenhaltiger Dolomit und Ankerit neben Siderit. – Simplontunnel (VS): eisenhaltiger, selten eisenfreier Dolomit. – Lengenbach (Binntal VS): eisenfreier Dolomit, wasserklare, sehr flächenreiche Kristalle in Hohlräumen im Dolomit, chemisch ungewöhnlich rein. – Campo-

Eisenfreier Dolomit auf Klüften dolomitischer Gesteine, sonst als Kluftmineral sehr selten. Dagegen eisenhaltiger Dolomit zweitwichtigstes Carbonatmineral alpiner Klüfte (nach Calcit), in Graniten, Gneisen und kristallinen Schiefern, neben Quarz, Periklin, Albit, Calcit, Siderit, Rutil, schwarzem Turmalin, Muskovit, Pyrit, Apatit, Hämatit, selten Adular, vorzugsweise im Gotthardmassiv und Penninikum, unbedeutend im Jura und in den Kalkalpen. Ankerit im strengen Sinn (Fe > Mg) seltener. Bezeichnung Ankerit früher unterschiedlich gebraucht. Eisenhaltiger Dolomit und Ankerit äußerlich nicht zu unterscheiden. Ankerit stets mit wesentlichem Magnesiumgehalt (Atomverhältnis Mg : Fe mindestens 30 : 70). Eisengehalt zonar wechselnd, reine Calcium-Eisenverbindung unbekannt.

Goethit pseudomorph entweder nach Ankerit oder nach Siderit. Gerental, Goms VS. 1 cm.

Aragonit (weiße Nadeln), Azurit (blau) und Malachit (grün). Grimentz, Val d'Anniviers VS. Aragonit bis 3 mm.

lungo-Dolomit (Leventina TI): eisenfreier Dolomit. – Monte Piottino Stollen (Leventina TI): eisenhaltiger Dolomit und Ankerit neben Siderit. – Rona (Oberhalbstein GR): eisenhaltiger Dolomit, aus Stollen. – Tarasp (Unterengadin GR): eisenhaltiger Dolomit, weiß, apfelgrün, derb, gebändert, in Serpentinit, 0,3% Ni, 8 Mol% $FeCO_3$.

Kutnahorit
$CaMn(CO_3)_2$
Trigonal. Rosa. 1 mm. Magnesium- und eisenhaltig.
Falotta (Oberhalbstein GR). – Piz Cam (nördlich Vicosoprano, Bergell GR): in einer Linse von Mangan-Erzen.

Aragonit
$CaCO_3$
Orthorhombisch. Farblos, weiß. Spießig. Bis 4 cm. Oft rezente Bildung.
Jura (SO/BL/AG): in Ammonitenhohlkammern des unteren Lias. – Lukmanierschlucht (unteres Medels GR): weiße, strahlige Aggregate. – Val da Sched (östlich Rothenbrunnen, Domleschg) und Schinschlucht (östlich Thusis GR): als weiße Eisenblüte, auch sonst in den Bündnerschiefern. – Tarasp (Unterengadin GR): dünnprismatisch und radialstrahlig als Spaltenfüllung in Serpentinit, außerdem als mächtige, früher abgebaute Sinterablagerung.

Strontianit
$SrCO_3$
Orthorhombisch. Weiß. Spießig. 2 cm. Seltener als Aragonit, äußerlich nicht davon zu unterscheiden.
Fricktal (AG): igelförmige Aggregate von 2 mm, neben Calcit, in Ammonitenhohlkammern und auf Spalten im Lias, auch sonst im Jura. – Lauerzersee (SZ): faserig-büschelig, neben Calcit, Baryt, Dolomit, Quarz, in Hauterivien-Kieselkalk (untere Kreide), auch sonst in den Nördlichen Kalkalpen. – Cavradischlucht (unteres Val Curnera, Tavetsch GR): spießige Aggregate neben Hämatit.

Cerussit
$PbCO_3$
Orthorhombisch. Farblos. Stenglig oder isometrisch, einzeln oder verzwillingt. 5 mm. Umwandlungsprodukt von Galenit und anderen Blei-Erzen auf den meisten entsprechenden Lagerstätten.
Pra Jean (Val d'Hérens VS). – Tieftobel (zwischen Schmitten und Wiesen, Landwassertal GR).

Azurit
$Cu_3(CO_3)_2(OH)_2$

Monoklin. Lasurblau. Bis 3 mm. Umwandlungsprodukt von Kupfermineralien, vorwiegend Tetraedrit, seltener Chalkopyrit. Viele, aber unbedeutende Vorkommen.

Val d'Anniviers (VS).

Malachit
$Cu_2CO_3(OH)_2$

Monoklin. Hell- bis schwärzlichgrün. Dicht, faserig. Bis 3 mm. Umwandlungsprodukt von Kupfermineralien wie Chalkopyrit und Tetraedrit. Viele, aber unbedeutende Vorkommen. Etliche andere Kupfer-Sekundärmineralien sind äußerlich dem Malachit sehr ähnlich.

Mürtschenalp (GL). – Val d'Anniviers (VS). – Alp Nursera (westlich Ausserferrera, Hinterrhein GR).

Rosasit
$(Cu,Zn)_2CO_3(OH)_2$

Monoklin. Bläulichgrün. Radialstrahlige Kügelchen. 1 mm.

Les Trappistes (westlich Sembrancher VS). – Val de Bagnes (VS).

Hydrozinkit
$Zn_5(CO_3)_2(OH)_6$

Monoklin. Weiß. Gelartig, feinfaserig, sphärolithisch. 2 mm. Verbreitetes Umwandlungsprodukt auf Sphalerit.

Les Trappistes (westlich Sembrancher VS). – Lengenbach (Binntal VS). – Aranno–Miglieglia (Südtessin TI).

Aurichalcit
$(Zn,Cu)_5(CO_3)_2(OH)_6$

Orthorhombisch. Bläulichgrün. Krusten, blättrige Rosettchen. 2 mm.

Mont Chemin (südöstlich Martigny VS). – Pra Jean (Val d'Hérens VS). – Aranno–Miglieglia (Südtessin TI).

Dawsonit
$NaAlCO_3(OH)_2$

Orthorhombisch. Weiße, seidenglänzende Sphärolithe. 2 cm.

Simplontunnel (VS): Seltenheit neben Dolomit aus der Mitte des Tunnels (Veglia-Mulde), früher mit Natrolith verwechselt.

Bastnäsit-(Ce)
$(Ce,La)CO_3F$

Hexagonal. Rötlichbraun. Prismatisch. Bis 3 mm.

Oberaar Kraftwerkstollen (Grimsel BE): mit Synchysit verwachsen. – Lucendro Stollen (Gotthardpaß TI). – Piz Blas (hinterstes Val Nalps, Tavetsch GR): mit Synchysit verwachsen. – Carona (südlich Lugano TI): mikroskopisch in Drusen des Granophyrs.

Parisit-(Ce)
$Ca(Ce,La)_2(CO_3)_3F_2$

Trigonal. Bräunlich. 5 mm.

Hinterstes Binntal (VS): Einzelfund auf Tetraedrit in Dolomit.

Synchysit-(Ce)
$Ca(Ce,La)(CO_3)_2F$

Orthorhombisch (pseudohexagonal). Wachsgelb, orange, rosa, bräunlich. Säulig, tonnenförmig, kegelstumpfartig, spießig. Bis 1 cm. Sporadisches Kluftmineral, zahlreiche alpine Funde bekannt.

Dent du Salantin (nordwestlich Vernayaz VS): 3 mm, neben Quarz, Albit. – Tête Noire (gegenüber Finhaut, Val du Trient, Unterwallis VS). – Mont Chemin (südöstlich Martigny VS): mikroskopisch. – Alpjahorn (Baltschiedertal, nördlich Visp VS): neben farblosem Fluorit. – Fieschergletscher (nördlich Fiesch, Goms VS). – Oberaar Kraftwerkstollen (Grimsel BE): neben Ankerit. – Äginental (Goms VS). – Furka-Basistunnel Bedrettofenster (VS/UR/TI). – La

Synchysit. Wannigletscher, Binntal VS. 2,5 mm.

Fibbia (südwestlich Gotthardpaß TI). – Piz Blas und Piz Rondadura (hinterstes Val Nalps, Tavetsch GR): neben Ilmenit, Xenotim, Äschynit. – La Bianca (Val Cristallina, Medels GR). – Wannigletscher (Scherbadung, südliches Binntal VS). – Chiggiogna (Leventina TI). – Carona (südlich Lugano TI): mikroskopische Blättchen und Rosetten in Drusen des Granophyrs. – Alp Scharboda (hinterstes Lugnez, südlich Ilanz GR): neben Quarz, Adular.

Synchysit-(Y)
$CaY(CO_3)_2F$

Orthorhombisch (pseudohexagonal). Gelbe, dünnblättrige Rosettchen. Mikroskopisch.

Carona (südlich Lugano TI): in Drusen im Granophyr.

Leadhillit
$Pb_4SO_4(CO_3)_2(OH)_2$

Monoklin. Farblose, pseudohexagonale Täfelchen. 1 mm.

Tiefengletscher (westlich Urseren UR): von der großen Rauchquarzkluft erwähnt. – Val d'Hérens (VS).

Bismutit
$Bi_2CO_3O_2$

Tetragonal. Gelbliche Nadeln. 2 mm. Stetes Verwitterungsprodukt von Wismut-Erzen.

Gischihorn (Kriegalptal, südliches Binntal VS).

Natron
$Na_2CO_3 \cdot 10H_2O$

Monoklin. Farblos. Faserig aggregiert. 1 cm.

Saline von Bex (Rhonetal VD): Ausblühung mit Trona zusammen, in alten Stollen.

Trona
$Na_3CO_3HCO_3 \cdot 2H_2O$

Monoklin. Farblos. Abgeflacht. 1 cm.

Saline von Bex (Rhonetal VD): Ausblühung neben Gips.

Baylissit
$K_2Mg(CO_3)_2 \cdot 4H_2O$

Monoklin. Farblose Krusten. Rezente Bildung aus Stollen.

Gerstenegg–Sommerloch Kraftwerkstollen (Grimsel BE).

Grimselit
$K_3NaUO_2(CO_3)_3 \cdot H_2O$

Hexagonal. Kanariengelbe Krusten. Rezente Bildung aus Stollen.

Gerstenegg–Sommerloch Kraftwerkstollen (Grimsel BE).

Bayleyit
$Mg_2UO_2(CO_3)_3 \cdot 18H_2O$
Monoklin. Hellgelbes Pulver. Rezente Bildung aus Stollen.
Gerstenegg–Sommerloch Kraftwerkstollen (Grimsel BE).

Schröckingerit
$NaCa_3UO_2(CO_3)_3SO_4F \cdot 10H_2O$
Triklin. Schwefelgelber Anflug. Rezente Bildung aus Stollen.
Gerstenegg–Sommerloch Kraftwerkstollen (Grimsel BE).

Wiserit
$Mn_{14}(B_2O_5)_4(OH)_8(Si,Mg)(O,OH,Cl)_{4-6}$
Tetragonal. Rosa, bräunlich. Faserig. 1 cm.
Gonzen (nördlich Sargans SG): mit Pyrochroit und Rhodochrosit vermengt in Klüften der Eisen-Mangan-Erze.

Sulfate, Molybdate, Wolframate

Thenardit
Na_2SO_4
Orthorhombisch. Farblos. Nadelig-haarförmig. Bis 5 cm.
Felsenau (Full, am Rhein AG): Ausblühungen an Stollenwänden im Salzton des Gips-Bergwerks.

Glauberit
$Na_2Ca(SO_4)_2$
Monoklin. Farblos, Tafelig. 1 cm.
Felsenau (Full, am Rhein AG): schöne Kristalle auf Anhydritgestein.

Anhydrit
$CaSO_4$
Orthorhombisch. Farblos, hellviolett. Tafelig, länglich, auch nadelig. Bis 30 cm. Gesteinsbildend in der Triasformation. Metamorph remobilisiert auch in Gneisen als akzessorischer Gemengteil (Tiefbohrung in der unteren Leventina TI). Leistenförmige Einschlüsse in Quarz, oft nur noch Abdrücke hinterlassend, Anhydritröhren genannt (zentrales Aarmassiv, Gotthardmassiv, Binntal).

Anhydrit. Simplontunnel VS. 8 mm. (ETH-Sammlung Zürich).

Coelestin. La Reuchenette, Biel BE. 1 cm.

Bex (Rhonetal VD): früher in der Salzmine. – Leissigen (Thunersee BE): schön kristallisiert in Gips-Steinbruch. – Granges (zwischen Sion und Sierre VS): Gips-Steinbruch. – Simplontunnel (VS): ungewöhnlich groß und schön, 30 cm, vor allem Kilometer 7,25 und 9,5 ab Nordportal, neben Ankerit, Quarz, Periklin, Adular, Calcit, Muskovit, Rutil, Hämatit, Baryt, Coelestin, Gips, Goyazit.

Coelestin
$SrSO_4$

Orthorhombisch. Farblos, bläulich, seltener rötlich. Tafelig, stenglig, spitzsäulig. Bis 4 cm. Als Drusenmineral im Jura verbreitet, vor allem in Ammonitenkammern und auch sonst in fossilreichen Schichten. In den Alpen selten. Bariumhaltig, in Kristallen vom Jura alle Mischverhältnisse von reinem Coelestin bis zu reinem Baryt.

Cornaux (nordöstlich Neuchâtel NE). – La Reuchenette (nördlich Biel BE): bläulich, durchsichtig, hervorragend schön kristallisiert, mit Calcit in Drusen eines korallenführenden Kalksteins (Untersequan, unterer Malm), aus Stollen im Steinbruch der Zementwerke. – Herznach (südöstlich Frick AG): rötlich, in Ammonitenhohlkammern. – Rekingen (am Rhein AG): bläulich. – Baltschiedertal (nördlich Visp VS): durchsichtig, dünntafelig, 15 mm, in Dolomit. – Eggerberg-Eisenbahntunnel (nördlich Visp VS): farblos, langgestreckt, 5 mm, neben Fluorit. – Granges (zwischen Sion und Sierre VS): Seltenheit in Gipsgestein. – Simplontunnel (VS): 3 mm.

Baryt
$BaSO_4$

Orthorhombisch. Farblos, weiß, gräulich, bläulich, oft von einer trüben Außenschicht umgeben. Tafelig. Bis 10 cm. Sporadisch in den verschiedensten Vorkommen. Im Jura auf

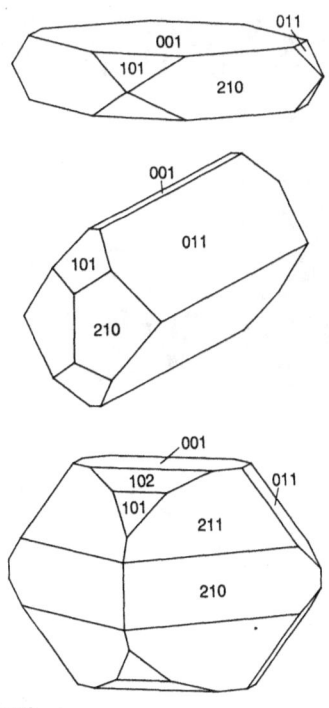

Baryt
Lengenbach (Binntal VS)

Drusen spärlich, in Fossil-Hohlräumen noch seltener. In den Alpen häufiger. Oft zonar mit wechselndem Strontiumgehalt.

Jura, Mittelland und Nördliche Kalkalpen. Solothurner Jura (SO): weiß, tafelig, 1 cm, im mittleren Keuper. – Aargauer Jura (AG): farblos, tafelig, flächenreich, 2 cm, neben Calcit in Drusen der obersten, kalkigen Effinger-Schichten (unterer Malm); auch konkretionär in Bohnerzlöchern der Badener-Schichten (mittlerer Malm). – Nordwestlich Bern (BE): neben Calcit in Molassemergel, 30% $SrSO_4$. – Hergiswil (Vierwaldstättersee NW): weiß, dünntafelig, subparallel verwachsen, 2 cm, neben Calcit in der Molasse. – Plasselb (südöstlich

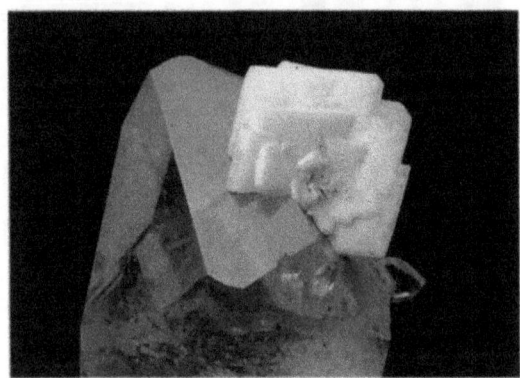

Baryt auf Quarz. Piz Beverin, Thusis GR. 2 cm. (ETH-Sammlung Zürich).

Fribourg FR): konkretionär in Flysch. – Habkern – Lungern (nördlich Brienzer See–Brünig BE/OW): konkretionär als Barytkugeln, darin auch Einzelkristalle neben Calcit, in Wildflysch.

Zentralmassive und südlich anschließende Gebiete. St. German (westlich Visp) und Baltschiedertal (nördlich Visp VS): in Triasdolomit. – Bettmerhorn (unterer Großer Aletschgletscher, Goms VS): 7 cm, neben Rauchquarz, Adular. – Gotthard-Straßentunnel (UR/TI): Einzelfund von 3 mm. – Oberes Val Giuv (Tavetsch GR): Einzelkristalle von 4 cm und runde, weiße Aggregate neben Quarz, Adular. – Längisalp (nordöstlich Oberwald, Goms VS): rechteckig, groß. – Cavradischlucht (unteres Val Curnera, Tavetsch GR): runde, aufgeblätterte Aggregate, außen weiß, bis 30% $SrSO_4$. – Alp Ramosa (westlich Vrin, Lugnez GR): tafelig, 6 cm, neben Quarz, in Quartenschiefer. – Simplontunnel (VS): neben Anhydrit. – Lengenbach-Dolomit (Binntal VS): farblos, gelblich, blau, 1 cm, in Drusen. – Serpiano (südwestlich Brusino Arsizio, Luganersee TI): derb, Fluorit-Barytgang in Quarzporphyr, während des letzten Weltkrieges abgebaut. – Piz Beverin (südwestlich Thusis) und Schinschlucht (östlich Thusis GR): weiß, tafelig, 4 cm.

Anglesit
$PbSO_4$

Orthorhombisch. Farblos. Dipyramidal oder in Krusten. Bis 15 mm. Umwandlungsprodukt von Galenit, nicht so häufig wie Cerussit.

Großtal (Urseren UR): Einzelfund neben Galenit aus einer Kluft. – Tieftobel (zwischen Schmitten und Wiesen, Landwassertal GR).

Brochantit
$Cu_4SO_4(OH)_6$

Monoklin. Blaugrün, smaragdgrün. Prismatisch. 1 mm. Verwitterungsprodukt von Kupfer-Erzen. Mit Malachit zu verwechseln.

Mürtschenalp (GL).

Linarit
$PbCuSO_4(OH)_2$

Monoklin. Blau. Rhombenförmig, tafelig. 1 mm. Umwandlungsprodukt auf Blei- und Kupfer-Lagerstätten. Mit Azurit zu verwechseln.

Val d'Anniviers (VS). – Aranno – Miglieglia (Südtessin TI).

Caledonit
$Pb_5Cu_2CO_3(SO_4)_3(OH)_6$
Orthorhombisch. Blaugrüne, büschelige Nädelchen. 1 mm.
Val d'Anniviers (VS): neben Tetraedrit, Galenit, Baryt.

Jarosit
$KFe_3^{+3}(SO_4)_2(OH)_6$
Trigonal. Ockerfarbene, mikroskopisch feine Aggregate. Umwandlungsprodukt auf Pyrit, unscheinbar, aber verbreitet.
Les Valettes (zwischen Martigny und Sembrancher VS). – Eggerberg-Eisenbahntunnel (nördlich Visp VS). – Binntal (VS): in den Bündnerschiefern.

Beudantit
$PbFe_3^{+3}AsO_4SO_4(OH)_6$
Trigonal. Braungrün. Unter 1 mm.
La Bianca (Val Cristallina, Medels GR).

Kemmlitzit
$SrAl_3AsO_4SO_4(OH)_6$
Trigonal. Weiß. Pseudowürfelig. 3 mm. An Chabasit erinnernd.
Falotta (Oberhalbstein GR): in Mangan-Erzen, zuerst mit Hidalgoit verwechselt.

Gunningit
$ZnSO_4 \cdot H_2O$
Monoklin. Dunkelgelbe Sphärolithe feiner Nädelchen. Mikroskopisch.
Les Valettes (zwischen Martigny und Sembrancher VS).

Boyleit
$ZnSO_4 \cdot 4H_2O$
Monoklin. Weiß. Federig. Unter 1 mm.
Les Valettes (zwischen Martigny und Sembrancher VS).

Rozenit
$Fe^{+2}SO_4 \cdot 4H_2O$
Monoklin. Grünlichweißes Entwässerungsprodukt von Melanterit.

Ilesit
$MnSO_4 \cdot 4H_2O$
Monoklin. Hellrosa Überzug. Zerfällt an der Luft.
Mellikon (am Rhein AG): auf Pyrit neben Calcit.

Chalkanthit
$CuSO_4 \cdot 5H_2O$
Triklin. Blau. Mikroskopisch. Rezente Abscheidung. Löst sich leicht in feuchter Luft.
Les Valettes (zwischen Martigny und Sembrancher VS). – Obersaxen (westlich Ilanz GR).

Siderotil
$Fe^{+2}SO_4 \cdot 5H_2O$
Triklin. Grünlichweißes Entwässerungsprodukt von Melanterit.

Hexahydrit
$MgSO_4 \cdot 6H_2O$
Monoklin. Faserig. Mikroskopisch. Entwässerungsprodukt von Epsomit.
Les Valettes (zwischen Martigny und Sembrancher VS).

Nickelhexahydrit
$NiSO_4 \cdot 6H_2O$
Monoklin. Grünlicher Überzug.
Rifelalp und Pollux (südlich Zermatt VS): neben Morenosit in Serpentinit.

Melanterit
$Fe^{+2}SO_4 \cdot 7H_2O$
Monoklin. Weißlich-farblos. Unter 1 mm. Junge Sekundärbildung auf Pyrit und Markasit.
Piz Lizun (westlich Casaccia, Bergell GR): blaugrüne Krusten neben Malachit auf Grünschiefer, kupferhaltig (auch als Pisanit bezeichnet).

Bieberit
$CoSO_4 \cdot 7H_2O$
Monoklin. Rosa. Unter 1 mm.
Claro (Riviera TI): in Magnetitlinse.

Epsomit
$MgSO_4 \cdot 7H_2O$
Orthorhombisch. Farblos. Derb.
Felsenau (Full, am Rhein AG): im Salzton des Gips-Bergwerks.

Morenosit
$NiSO_4 \cdot 7H_2O$
Orthorhombisch. Grünes Verwitterungsprodukt, dunkler als Nickelhexahydrit. Entwässert sich langsam.
Südlich Zermatt (VS): neben Nikkelhexahydrit in Serpentinit.

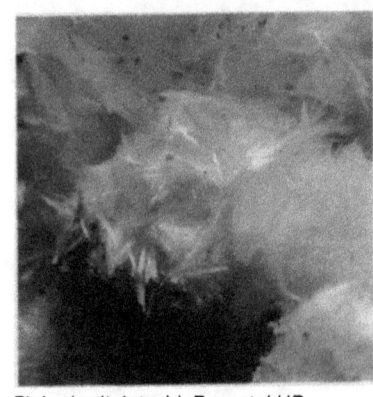

Pickeringit. Intschi, Reusstal UR. Ausschnitt 8 mm.

Coquimbit
$Fe_2^{+3}(SO_4)_3 \cdot 9H_2O$
Hexagonal. Weiße, mikroskopisch feine Schüppchen.
Les Valettes (zwischen Martigny und Sembrancher VS).

Römerit
$Fe^{+2}Fe_2^{+3}(SO_4)_4 \cdot 14H_2O$
Triklin. Bräunlich. Mikroskopische Krusten.
Les Valettes (zwischen Martigny und Sembrancher VS).

Pickeringit
$MgAl_2(SO_4)_4 \cdot 22H_2O$
Monoklin. Lange, weiße, seidenglänzende Fasern. 2 cm. Ausblühungen pyritreicher Sericitschiefer. Löst sich in Wasser.
Intschi (Reusstal UR): zur Alaunegewinnung früher abgebaut. – Mühlebach (Goms VS).

Dietrichit
$(Zn, Fe^{+2}, Mn)Al_2(SO_4)_4 \cdot 22H_2O$
Monoklin. Weiße, mikroskopisch feine Nädelchen.
Les Valettes (zwischen Martigny und Sembrancher VS).

Voltait
$K_2Fe_5^{+2}Fe_4^{+3}(SO_4)_{12} \cdot 18H_2O$
Kubisch. Olivgrüne Sphärolithe. Mikroskopisch.
Les Valettes (zwischen Martigny und Sembrancher VS).

Mirabilit
$Na_2SO_4 \cdot 10H_2O$
Monoklin. Farblos. Entwässert sich langsam.
Felsenau (Full, am Rhein AG): seltene Ausblühung im Gips.

Gips
$CaSO_4 \cdot 2H_2O$
Monoklin. Farblos, weiß. 20 cm. Weitverbreitet, wo Wasser zirkuliert, so im Lehm von Höhlen. Auch gesteinsbildend, an Anhydritschichten der Triasformation gebunden, mit Mergel, Dolomit und manchmal Steinsalz wechsellagernd.
Moutier (Berner Jura BE) und Vermes (Jura JU): große, rosettenartige Aggregate, bis 20 cm, in der Unteren Süßwassermolasse, bei Vermes Neufund in der Tonfüllung einer Karsttasche. – Zeglingen (südöstlich Sissach BL): 6 cm, in der

Gips. Zeglingen BL. 7 mm.

Gipsrose. Vermes JU. 5,5 cm.

Trias. – Bex (Rhonetal VD): früher prachtvolle Gipskristalle aus dem Salzton, als man noch in Stollen arbeitete, jetzt Gips als rezente Neubildung an den Wänden ausgetrockneter Salzschächte. – Leissigen (Thunersee BE): glasklare Kristalle in Gips-Steinbruch. – Granges (zwischen Sion und Sierre VS): Gips-Steinbruch. – Simplontunnel (VS). – Kriegalp Wasserstollen (südliches Binntal VS): grobkristalline, metergroße Linse im Gneis. – Monte Piottino Stollen (Leventina TI): neben Muskovit.

Bassanit
$CaSO_4 \cdot \frac{1}{2} H_2 O$

Monoklin. Weiße Masse. Entspricht dem Stuckgips der Technik.

Furka-Basistunnel Bedretto-Fenster (VS/UR/TI): neben Gips und Chlorit.

Fibroferrit
$Fe^{+3} SO_4 OH \cdot 5 H_2 O$

Orthorhombisch. Bräunliche, mikroskopisch feine Fasern.

Les Valettes (zwischen Martigny und Sembrancher VS).

Langit
$Cu_4 SO_4 (OH)_6 \cdot 2 H_2 O$

Monoklin. Blau. 2 mm. Verwitterungsprodukt.

Obersaxen (westlich Ilanz GR).

Posnjakit
$Cu_4 SO_4 (OH)_6 \cdot H_2 O$

Monoklin. Blau. 1 mm. Verwitterungsprodukt. Parallelverwachsungen mit Langit.

Val d'Anniviers (VS): hier auch als rezente Neubildung beobachtet.

Cyanotrichit
$Cu_4 Al_2 SO_4 (OH)_{12} \cdot 2 H_2 O$

Orthorhombisch. Leuchtend blaue Krusten aus feinsten Fäserchen. 0,5 mm. Carbonathaltig.

Mürtschenalp (GL): auf Kupfer-Erzen. – Scherbadung (südliches Binntal VS).

Zinkcopiapit
$Zn Fe_4^{+3} (SO_4)_6 (OH)_2 \cdot 18 H_2 O$

Triklin. Gelbe Täfelchen. 1 mm. Vereinzelt auf Zink-Erzen. Magnesiumhaltig.

Devillin
$CaCu_4(SO_4)_2(OH)_6 \cdot 3H_2O$
Monoklin. Hellblau. Unbeständiges Verwitterungsprodukt.

Obersaxen (westlich Ilanz GR). – Grimentz (Val d'Anniviers VS).

Serpierit
$Ca(Cu,Zn)_4(SO_4)_2(OH)_6 \cdot 3H_2O$
Monoklin und orthorhombisch. Hellblau. Feine Nädelchen oder Fäserchen. 1 mm. Verwitterungsprodukt.

Val d'Anniviers (VS). – Aranno – Miglieglia (Südtessin TI).

Zippeit
$K_4(UO_2)_6(SO_4)_3(OH)_{10} \cdot 4H_2O$
Orthorhombisch. Orange Belag auf Uraninit.

Les Marécottes (Val du Trient, Unterwallis VS).

Uranopilit
$(UO_2)_6SO_4(OH)_{10} \cdot 12H_2O$
Monoklin. Gelb. Feine Fäserchen. Unter 1 mm. Anflug auf Uran-Erz.

Les Marécottes (Val du Trient, Unterwallis VS).

Powellit
$CaMoO_4$
Tetragonal. Beige. Unter 1 mm. Umwandlungsprodukt von Molybdänit.

Alpjahorn (Baltschiedertal, nördlich Visp VS). – Iragna – Lodrino (Riviera TI). – Südöstlich Ausserferrera (Hinterrhein GR): in Hämatit-Erz. – Fornogebiet (Bergell GR).

Scheelit
$CaWO_4$
Tetragonal. Grauweiß, beige, orange, auch fast farblos durchsichtig. Fluoresziert im kurzwelligen Ultraviolettlicht. Dipyramidal. Bis 10 cm. Seltenes Kluftmineral, daneben pegmatitisch und metamorph. Als akzessorischer, leicht übersehbarer Gesteinsgemengteil sporadisch im Aarmassiv-Westteil, im Südtessin und am Bergell-Ostrand.

Kalkalpen und Aarmassiv. Taminser Calanda (westlich Chur GR): hellgelb bis orange, 2 cm, neben Dolomit und Fluorit. – Salanfe (nordwestlich Martigny VS): im Erz neben Arsenopyrit, Löllingit, Wolframit. – Mont Chemin (südöstlich Martigny VS): neben Fluorit. – Baltschiedertal (nördlich Visp VS): im Erz neben Molybdänit. – Kammegg (östlich Guttannen BE): große, rauhe Kristalle neben Epidot, Amiant, Adular, Chlorit. – Bristen Ostflanke und Mutsch (Etzli, Maderanertal UR). – Val Giuv (Tavetsch GR): schön kristallisiert, durchsichtig, 5 cm. – Val Punteglias (Vorderrheintal GR): 1 cm, neben faserigem Turmalin.

Gotthardmassiv und südlich anschließende Gebiete. Val Casatscha (Val Cristallina, Medels GR): neben

Scheelit. Val Giuv, Tavetsch GR. 5 cm. (T. Curschellas, Surrein-Sedrun GR).

Scheelit neben Rauchquarz. Val Giuv, Tavetsch GR. 6 mm. (V. Sicher, Gurtnellen UR).

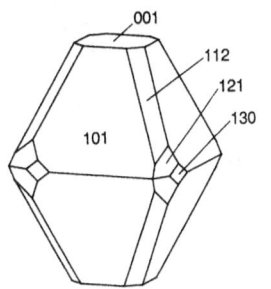

*Scheelit
Val Giuv (Tavetsch GR)*

Apatit und Adular. – Westlich Campo Blenio (nördlich Olivone, Bleniotal TI): braungelb, 3 cm, lose und aufgewachsen, neben Muskovit in Spalten der Quartenschiefer. – Kriegalptal (südliches Binntal VS): braungelb, 5 cm, Einzelfund. – Iragna–Lodrino (Riviera TI): 3 mm, neben Brannerit. – Nördlicher Malcantone und nordöstliches Val Colla (Südtessin TI): feinkörnige Vererzungen an Kalksilikatlinsen gebunden, in Biotitgneisen der Ceneri-Zone und Phylliten der Colla-Zone, auch in Bachgeröllen und dort mit der Ultraviolettlampe nachweisbar. – Forno- und Albignagebiet (Bergell GR): 3 cm, in Kalksilikatfelsen und Quarzgeröllen.

Wulfenit
$PbMoO_4$

Tetragonal. Gelb, orange. Tafelig, dipyramidal. Bis 3 mm. Umwandlungsprodukt, in winzigen, sekundären Kristallen neben korrodiertem Galenit auf Klüften verbreitet, in alten Stollen auch rezent.

Teiftal (Reusstal UR). – Griessertal (Maderanertal UR). – Lengenbach-Dolomit (Binntal VS).

Ferrimolybdit
$Fe_2^{+3}(MoO_4)_3 \cdot 7H_2O$

Orthorhombisch. Hellgelb. Pulverig. Umwandlungsprodukt von Molybdänit.

Baltschiedertal (nördlich Visp VS).

Phosphate, Arsenate, Vanadate

Triphylin
$LiFe^{+2}PO_4$

Orthorhombisch. Farblos, wenn frisch. In mikroskopisch feiner Verwachsung mit Graftonit.

Val di Ponte (westlich Brissago TI): neben Quarz, Albit, Muskovit, Turmalin, Mangan-Almandin in heruntergestürztem Pegmatit.

Heterosit
$Fe^{+3}PO_4$
Purpurit
$Mn^{+3}PO_4$
Mischkristalle

Orthorhombisch. Braunviolettes Umwandlungsprodukt. Mikroskopisch.

Brissago (TI): in Pegmatiten.

Graftonit
$(Fe^{+2},Mn,Ca)_3(PO_4)_2$

Monoklin. Rosa, bräunlich anwitternd. Körnig, gut spaltend. Bis 10 cm. Von feinen Triphylinlamellen durchwachsen.

Val di Ponte (westlich Brissago TI): neben braunrotem Mangan-Almandin in Pegmatit.

Manganberzeliit
$(Ca,Na)_3(Mn,Mg)_2(AsO_4)_3$

Kubisch. Gelborange. Rhombendodekaedrisch. 1 mm.

Falotta (Oberhalbstein GR).

Xenotim-(Y)
YPO_4

Tetragonal. Grünlich, bräunlich. Prismatisch. Bis 1 cm. Spärliches Kluftmineral in schiefrigen und granitischen Gesteinen, doch zahlreiche Funde bekannt.

Altbach (westlich Fiesch, Goms VS). – Maderanertal Südseite (UR): neben Anatas, Brookit. – Längisalp (nordöstlich Oberwald, Goms VS). – Piz Lucendro (südwestlich Gotthardpaß TI): neben Eisenrosen. – Unteres Val Nalps (Tavetsch GR): neben Albit, Calcit, Ankerit, Hämatit. – Hinterstes Val Nalps (Tavetsch GR): neben Muskovit, Ilmenit, Synchysit. – Binntal Gneiszone (VS): neben Magnetit, Hämatit, Rutil, Anatas (manchmal xenotimähnlich), Monazit. – Cavagnoligletscher (oberstes Val Bavona TI). – Carona (südlich Lugano TI): 1 mm, in Drusen im Granophyr. – Fornogebiet (Bergell GR): pegmatitisch.

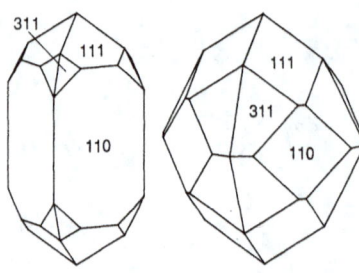

Xenotim (alte Aufstellung) Tavetsch (GR)

Xenotim (alte Aufstellung) La Fibbia (Gotthard TI)

Chernovit-(Y)
$YAsO_4$

Tetragonal. Gelb bis grün. 2 mm. Phosphathaltig.

Wannigletscher und Gischihorn (Kriegalptal, südliches Binntal VS).

Xenotim. Altbach, Fiesch VS. 2 mm. (L. Volken, Fiesch VS).

Chernovit. Wannigletscher, Binntal VS. 1,5 mm.

*Monazit neben Magnetit.
Wannigletscher, Binntal VS. 2 mm.
(N. Burgener, Fiesch VS).*

*Gasparit. Wannigletscher, Binntal VS.
3 mm. (N. Burgener, Fiesch VS).*

Monazit-(Ce)
(Ce,La)PO$_4$

Monoklin. Rot, braun, orange, gelb. Unter der Quarzlampe grün im Gegensatz zum ähnlichen Titanit. Abgeplattet. Bis 1 cm. Spärliches Kluftmineral, aber verbreiteter als Xenotim, vor allem in schiefrigen, seltener in granitischen Gesteinen. Hauptfundgebiete Maderanertal, Tavetsch, Binntal. Meist neben Anatas, im Binntal auch neben Magnetit.

Tête Noire (gegenüber Finhaut, Val du Trient, Unterwallis VS): neben Brookit. – Trübtensee (westlich Grimselpaß BE). – Oberaar Kraftwerkstollen (Grimsel BE): neben Ankerit. – Rientäl (östlich Göschenen UR). – Maderanertal Südseite (UR): Funde heute selten. – Tavetsch Südseite (GR): Kristalle meist klein. – Camperio (westlich Olivone, Bleniotal TI). – Binntal Gneiszone (VS): klassische Funde. – Hinteres Valsertal (GR): neben schwarzem Turmalin. – Fornogebiet (Bergell GR): pegmatitisch.

Monazit-(Nd)
(Nd,Ce)PO$_4$

Monoklin. Rot. Langstenglig. 8 mm. Viel seltener als Monazit-(Ce).

Binntal Gneiszone (VS): besonders typisch jenseits der italienischen Grenze.

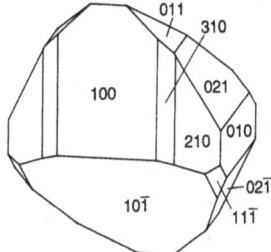

*Monazit
Binntal (VS)*

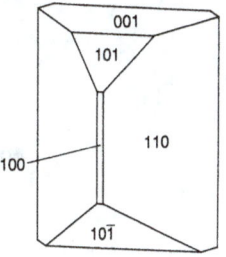

*Gasparit
Scherbadung (Binntal VS)*

Gasparit-(Ce)
(Ce,La)AsO$_4$

Monoklin. Hellbräunlich. Aggregate bis 3 mm. Durch Umwandlung aus Synchysit entstanden.

Wannigletscher (Scherbadung, südliches Binntal VS): auch sonst in dieser Zone, aber jenseits der italienischen Grenze, von anderswo nicht bekannt.

Bergslagit
CaBeAsO$_4$OH

Monoklin. Gelblich. 2 mm.

Cavradischlucht (unteres Val Curnera, Tavetsch GR). – Falotta (Oberhalbstein GR).

Triplit
(Mn,Fe^{+2})$_2$PO$_4$(F,OH)

Monoklin. Braunschwarz. Derb. 5 cm.

Passo della Trubinasca (Val Bondasca, Bergell GR): neben Almandin in Pegmatitblock.

Wagnerit
Mg$_2$PO$_4$F

Monoklin. Gelb. 2 mm.

Val d'Ambra (untere Leventina TI): als lokaler Gemengteil in einer Kyanit-Glimmerschieferlage innerhalb der hellen Gneise.

Bergslagit. Cavradischlucht, Tavetsch GR. Bis 1,5 mm. (C. Handschin, Solothurn).

Sarkinit
Mn$_2^{+2}$AsO$_4$OH

Monoklin. Braunrosa. Eng mit andern Manganmineralien verwachsen.

Falotta (Oberhalbstein GR): feine Adern in Mangan-Erzen.

Olivenit
Cu$_2$AsO$_4$OH

Orthorhombisch. Olivfarben, grün. Stenglig. 1 mm.

Mürtschenalp (GL).

Adamin
Zn$_2$AsO$_4$OH

Orthorhombisch. Weiße Nädelchen. Unter 1 mm.

Mürtschenalp (GL).

Lazulith
MgAl$_2$(PO$_4$)$_2$(OH)$_2$

Monoklin. Hellblau. Derbe Massen. Als Edelstein verarbeitet.

Stockhorn (südöstlich Zermatt VS): in Quarzlinsen in einem 50 m langen Band zwischen Glimmerschiefern, heute erschöpft. – Prasignolapaß (nördlich Castasegna, Bergell GR): 1 cm, in Quarzgeröllen, nicht anstehend.

Lipscombit
(Fe^{+2},Mn)Fe$_2^{+3}$(PO$_4$)$_2$(OH)$_2$

Tetragonal. Grünschwarzes Umwandlungsprodukt. 1 mm.

Brissago (TI): Pegmatit.

Rockbridgeit
(Fe^{+2},Mn)Fe$_4^{+3}$(PO$_4$)$_3$(OH)$_5$

Orthorhombisch. Grünschwarze, radialstrahlige Massen. 0,5 mm.

Brissago (TI): Pegmatit.

Bearthit
Ca$_2$Al(PO$_4$)$_2$OH

Monoklin. Weißlich. Mikroskopische Körner.

Stockhorn (südöstlich Zermatt VS): neben Lazulith.

Tilasit
CaMgAsO$_4$F

Monoklin. Farblos, grünlich, rosa. Stenglig, strahlig. Bis 2 cm.

Scherbadung (südliches Binntal VS): braun, 1 mm, orientiert mit Titanit verwachsen. – Falotta und Parsettens (Oberhalbstein GR): in Mangan-Erzen.

Konichalcit
CaCuAsO$_4$OH

Orthorhombisch. Grün. Kurzprismatisch. 3 mm.

Falotta (Oberhalbstein GR): sehr selten neben andern Mangan-Umwandlungsmineralien.

Goyazit
SrAl$_3$H(PO$_4$)$_2$(OH)$_6$

Trigonal. Hellgelb, honiggelb, orangerot. Bis 3 mm.

Simplontunnel (VS): neben Magnesit, Anhydrit. – Lengenbach-Dolomit (Binntal VS). – Lugnez (südlich Ilanz GR): neben Topas in Triasdolomit.

Gorceixit
BaAl$_3$H(PO$_4$)$_2$(OH)$_6$

Monoklin (pseudotrigonal). Orangerot. Bis 2 mm.

Lengenbach-Dolomit (Binntal VS): hier viel seltener als Goyazit.

Gorceixit. Lengenbach, Binntal VS. 2 mm. (W. Dupuis, Karlsruhe D).

Apatit. Val Casatscha, Medels GR. 3 cm. (O. Lucek, Meiringen BE).

Apatit
Ca$_5$(PO$_4$)$_3$(F,OH)

Hexagonal. Farblos, weiß, lila oder selten rosa und am Licht verblassend, gelb, wenn mit Talk zusammen, dann oft angeätzt. Tafelig, isometrisch, stenglig, nadelig. Ausgezeichnet kristallisiert und ungewöhnlich flächenreich mit Dipyramiden III. Stellung. Bis 7 cm. Weitverbreitetes und typisches Zerrkluftmineral, besonders in granitischen und granodioritischen Gesteinen, reichlich im Gotthardmassiv, neben Quarz, Adular, Periklin, Albit, Chlorit, ferner Muskovit (Gotthard TI), Amiant (Val Giuv GR), Talk (in Serpentiniten). Mikroskopischer Nebengemengteil fast aller Gesteine. 5% MnO und dann grün (Brissago TI).

Aarmassiv. Fieschergletscher (nördlich Fiesch, Goms VS). – Rhonegletscher (VS): neben Quarz, Adular. – Grosstal (Urseren UR). – Gotthard-Straßentunnel (UR/TI). – Intschi

Apatit neben Amiant. Lötschental VS. 13 mm. (N. Burgener, Fiesch VS).

Apatit mit Kombinationsstreifung. Gotthard-Straßentunnel 3970 m ab Göschenen UR. 2,5 cm.

Tobel und Rieder Tobel (Reusstal UR): rosa, tafelig, 4 cm, manchmal in schrägen Reihen parallel verwachsen neben Quarz, Albit. – Val Giuv (Tavetsch GR): neben Quarz, Adular, Chlorit, Amiant, Titanit, Milarit.

Gotthardmassiv. Längisalp (nordöstlich Oberwald, Goms VS). – La Fibbia (südwestlich Gotthardpaß TI): von hier auch Einzelfund eines 7 cm großen, tafeligen, lila Kristalls auf Adular. – Kemmleten (südlich Hospental UR): gelb, in Talk, im Apatit der Kemmleten wurde erstmals chemisch OH nachgewiesen. – Lago della Sella (östlich Gotthardpaß TI): weiß, emailartig, neben Quarz, Adular, Periklin, Muskovit. – Val Cadlimo Südseite (westlich Lukmanierpaß TI): Linse von Biotit-Apatitschiefer, 1 km lang, 1–3 m mächtig, bis 25 % feinkörnigen Apatit enthaltend. – Val Casatscha (Val Cristallina, Medels GR): prachtvolle, lila Kristalle, isometrisch bis nadelig, 3 cm, neben Periklin, Adular, Chlorit.

Penninikum. Lengenbach-Dolomit (Binntal VS): tafelig, 5 mm. – Binntal Gneiszone (VS): stenglig bis nadelig. – Geisspfad (südöstliches Binntal VS): gelb, in Talk. – Lugnez (südlich Ilanz GR): in Bündnerschiefer. – Piz Beverin (südwestlich Thusis GR): rosa, 1 cm, neben Quarz, Albit. – Val Fedoz (südlich Silser See, Oberengadin GR): gelb, 2 cm, in Talk.

Mimetesit
$Pb_5(AsO_4)_3Cl$

Monoklin (pseudohexagonal). Farblos, gelblich. Nadelig, radialstrahlig. 1 mm.

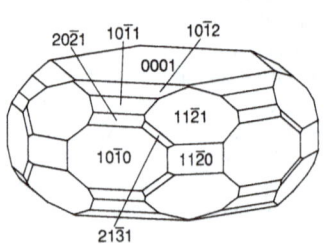

Apatit
La Fibbia (Gotthard TI)

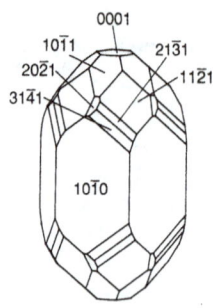

Apatit
Val Casatscha (Medels GR)

Mürtschenalp (GL): mikroskopisch. – Gibelsbach (westlich Fiesch, Goms VS). – Val d'Anniviers (VS). – Lengenbach (Binntal VS). – Tieftobel (zwischen Schmitten und Wiesen, Landwassertal GR): neben Wulfenit.

Vanadinit
$Pb_5(VO_4)_3Cl$
Hexagonal. Gelbe Büschelchen. 1 mm.
Iragna–Lodrino (Riviera TI).

Erythrin. Kaltenberg, Turtmanntal VS. Ausschnitt 5 mm.

Huréaulith
$Mn_5(PO_4)_2(PO_3OH)_2 \cdot 4H_2O$
Monoklin. Rosa. Pulverig.
Brissago (TI): Pegmatit.

Landesit
$Mn_9Fe_3^{+3}(PO_4)_8(OH)_3 \cdot 9H_2O$
Orthorhombisch. Bräunliche, abgeflachte Kriställchen. 0,5 mm.
Brissago (TI): Pegmatit.

Phosphosiderit
$Fe^{+3}PO_4 \cdot 2H_2O$
Monoklin. Gelblicher Belag.
Brissago (TI): Pegmatit.

Skorodit
$Fe^{+3}AsO_4 \cdot 2H_2O$
Orthorhombisch. Gräulich, braun. Sphärolithe. 0,5 mm.
Östlich Gletsch (Goms VS): neben Galenit, Pyrit, Arsenopyrit. – Grimentz (Val d'Anniviers VS). – Aranno–Miglieglia (Südtessin TI).

Vivianit
$Fe_3^{+2}(PO_4)_2 \cdot 8H_2O$
Monoklin. Blau. Nadelig, erdig. 1 mm. Umwandlungsprodukt unter Abschluß von Luftsauerstoff. In Molassemergeln anfangs weiß, innert Stunden blau werdend. In fossilen Knochen.
Piz Gendusas (Val Strem, Tavetsch GR): winzige Nädelchen im Chloritsand einer Kluft. – Brissago (TI): als Anflug und Umwandlungsprodukt von Graftonit in den Pegmatiten.

Hörnesit
$Mg_3(AsO_4)_2 \cdot 8H_2O$
Monoklin. Graugrün. Strahlig. 1 mm.
Aranno–Miglieglia (Südtessin TI).

Erythrin
$Co_3(AsO_4)_2 \cdot 8H_2O$
Monoklin. Rosa. 2 mm.
Mont Chemin (südöstlich Martigny VS): in Magnetit-Erzen. – Kaltenberg (Turtmanntal VS): in Kobalt-Nickel-Erzen.

Annabergit
$Ni_3(AsO_4)_2 \cdot 8H_2O$
Monoklin. Apfelgrün. Sphärolithisch. 2 mm.
Mompé-Medel (eingangs Medels GR): in Serpentinit. – Kaltenberg (Turtmanntal VS): in Kobalt-Nickel-Erzen.

Fairfieldit
$Ca_2Mn(PO_4)_2 \cdot 2H_2O$
Messelit
$Ca_2Fe^{+2}(PO_4)_2 \cdot 2H_2O$
Mischkristalle
Triklin. Beige. Blättchen, als Überzug. 0,5 mm.
Brissago (TI): Pegmatit.

Brushit
$CaHPO_4 \cdot 2H_2O$
Monoklin. Weiße Ausblühung auf alten Skeletten.

Brandtit
$Ca_2Mn(AsO_4)_2 \cdot 2H_2O$
Monoklin. Farblos, weiß. Stenglig, strahlig. 10 cm.
Falotta (Oberhalbstein GR): mit Sarkinit und andern Manganmineralien verwachsen in Mangan-Erzen.

Grischunit
$NaCa_2Mn_5^{+2}Fe^{+3}(AsO_4)_6 \cdot 2H_2O$
Orthorhombisch. Orangebraun, dunkelrot. Längliche Täfelchen. 1 mm.
Falotta (Oberhalbstein GR): nur von hier bekannt.

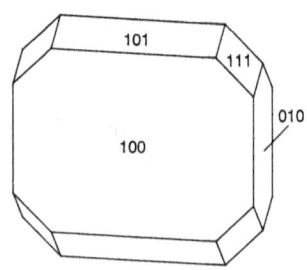

Grischunit
Falotta (Oberhalbstein GR)

Strashimirit
$Cu_8(AsO_4)_4(OH)_4 \cdot 5H_2O$
Monoklin. Blaßgrün, wenn frisch. Sphärolithische Aggregate von 1 mm.
Mürtschenalp (GL). – Binntal Gneiszone (VS).

Euchroit
$Cu_2AsO_4OH \cdot 3H_2O$
Orthorhombisch. Smaragdgrün. Dicktafelig, rechteckig. 2 mm.
Mürtschenalp (GL).

Geigerit
$Mn_5(AsO_4)_2(AsO_3OH)_2 \cdot 10H_2O$
Triklin. Rosa. Blättrig. 0,5 mm.
Falotta (Oberhalbstein GR): nur von hier bekannt.

Strunzit
$MnFe_2^{+3}(PO_4)_2(OH)_2 \cdot 6H_2O$
Triklin. Gelbe, strahlige Fasern. 6 mm.
Brissago (Tl): Pegmatit

Chalkophyllit
$Cu_{18}Al_2(AsO_4)_3(SO_4)_3(OH)_{27} \cdot 33H_2O$
Trigonal. Smaragdgrüne Täfelchen. 3 mm. Leicht zerfallendes Umwandlungsprodukt von Kupfer-Erzen.
Mürtschenalp (GL). – Grimentz (Val d'Anniviers VS). – Wannigletscher (Scherbadung, südliches Binntal VS).

Jahnsit
$CaMnFe_2^{+2}Fe_2^{+3}(PO_4)_4(OH)_2 \cdot 8H_2O$
Monoklin. Braun, harzglänzend. Gestreckt. 0,5 mm.
Brissago (Tl): Pegmatit.

Pharmakosiderit
$KFe_4^{+3}(AsO_4)_3(OH)_4 \cdot 6-7H_2O$
Kubisch. Grün, braun. Verwitterungsprodukt auf Erzen.

Mitridatit
$Ca_3Fe_4^{+3}(PO_4)_4(OH)_6 \cdot 3H_2O$
Monoklin. Braune Krusten, grüne Anflüge.
Brissago (Tl): Pegmatit.

Arseniosiderit
$Ca_3Fe_4^{+3}(AsO_4)_4(OH)_6 \cdot 3H_2O$
Monoklin. Rote Schüppchen. 1 mm.
Falotta (Oberhalbstein GR).

Agardit-(La)
$LaCu_6(AsO_4)_3(OH)_6 \cdot 3H_2O$
Hexagonal. Grün. Feinfaserig oder als Überzug. 1 mm. Umwandlungsprodukt.

Scherbadung (südliches Binntal VS): grüner Überzug auf Cafarsit (genaue Identität mit Agardit noch nicht fest, aber sicher ein Mineral aus der Mixitgruppe, zu der auch Agardit gehört). – Aranno – Miglieglia (Südtessin TI).

Tirolit
$CaCu_5(AsO_4)_2CO_3(OH)_4 \cdot 6H_2O$

Orthorhombisch. Grün. Strahligblättrige Rosetten. Bis 1 cm. Häufiges Umwandlungsprodukt von Kupfer-Erzen.

Mürtschenalp (GL). – Scherbadung (südliches Binntal VS): neben Tennantit. – Tieftobel (zwischen Schmitten und Wiesen, Landwassertal GR).

Metatorbernit
$Cu(UO_2)_2(PO_4)_2 \cdot 8H_2O$

Tetragonal. Giftiggrün. Bis 3 mm.

Les Marécottes (Val du Trient, Unterwallis VS): neben Uraninit. – Ritterpaß (Lengtal) und hinteres Kriegalptal (südliches Binntal VS): neben schwarzem Turmalin und vereinzelt Bismutit, ohne Uraninit.

Autunit
$Ca(UO_2)_2(PO_4)_2 \cdot 10-12H_2O$

Tetragonal. Gelb bis grün. 1 mm.

Les Marécottes (Val du Trient, Unterwallis VS). – Sementina (westlich Bellinzona TI): winzige Blättchen in Pegmatit.

Cervandonit-Rosette. Wannigletscher, Binntal VS. 8 mm. (N. Burgener, Fiesch VS).

Metaautunit
$Ca(UO_2)_2(PO_4)_2 \cdot 2-6H_2O$

Tetragonal. Grün. 1 mm.
Brissago (TI): Pegmatit.

Metazeunerit
$Cu(UO_2)_2(AsO_4)_2 \cdot 8H_2O$

Tetragonal. Dunkelgrüne, durchsichtige Täfelchen. 1 mm.

Les Marécottes (Val du Trient, Unterwallis VS). – Mürtschenalp (GL).

Cervandonit
$Ce(Fe^{+3},Fe^{+2},Ti)_3(Si,As^{+5})As^{+5}SiO_{13}$

Monoklin. Schwarzbraun. Rosettchen ähnlich Eisenrosen. Bis 1 cm.

Binntal Gneiszone (VS): meist zusammen mit Chernovit, ferner Quarz, Albit, Muskovit, Biotit, Hämatit, Rutil, Magnetit, schwarzem Turmalin, Chlorit, selten Anatas, Monazit, Crichtonit, Asbecasit, von anderswo nicht bekannt.

Silikate

Nesosilikate, Strukturen mit isolierten SiO_4-Tetraedern

Phenakit
Be_2SiO_4

Trigonal. Farblos oder von eingewachsenem Chlorit grün gefärbt. Stenglig, nadelig. Bis 7 cm. Sporadisches Kluftmineral in granitischen und aplitischen Gesteinen. Hauptsächlich im Aarmassiv neben Quarz, Adular, Hämatit.

Aarmassiv. Alpjahorn (Baltschiedertal, nördlich Visp VS): 7 mm, auf

*Phenakit. Gletsch VS. 4 cm.
(N. Burgener, Fiesch VS).*

Rosafluorit. – Fieschergletscher (nördlich Fiesch, Goms VS): 5 cm. – Nordwestlich Reckingen (Goms VS): bis 7 cm, manchmal garbenförmig verwachsen, neben Eisenrosen. – Rhonegletscher (VS): mehrfach zusammen mit Apatit. – Sidelenbach (nördlich Furkapaß UR): bis 8 mm, neben Adular, Quarz, Apatit. – Rientallücke (östlich Göschenen UR). – Griessertal (Maderanertal UR): nadelig, 4 cm, in Aplit. – Val Val (Tavetsch GR): bis 2 cm, neben überwiegend Milarit. – Drun Tobel (nördlich Sedrun GR): Einzelfund eines dicksäuligen, 4,5 cm großen, aufgewachsenen Kristalls.

Gotthardmassiv und südlich anschließende Gebiete. Östlich Lucendro-Stausee (nordwestlich Gotthardpaß TI): 2 cm, neben Adular, Apatit, Titanit. – La Fibbia (südwestlich Gotthardpaß TI). – Gotthard-Straßentunnel (TI): 3 cm, im Fibbia-Granitgneis. – Kriegalptal (südliches Binntal VS): bis 4 cm, neben Hämatit. – Oberstes Val Bavona (TI): 2 mm, neben Rutil. – Carona (südlich Lugano TI): dünnprismatisch, 1 mm, in Drusen im Granophyr.

Phenakit. Drun Tobel, Sedrun GR. 4,5 cm. (Museum La Truaisch Sedrun GR).

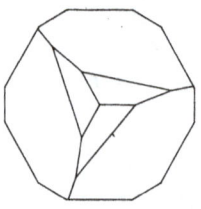

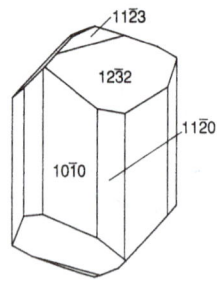

Phenakit
Kriegalptal (Binntal VS)

Forsterit
Mg_2SiO_4
Olivingruppe
Orthorhombisch. Grünlich. Körnig. Bis 5 cm. Gesteinsbildend in Ultrabasiten und Silikatmarmoren.
Geisspfad-Serpentinit (Binntal VS): grobkörnig in Gängen. – Centovalli (TI). – Maggiatal (TI). – Bergell (GR).

Tephroit
Mn_2SiO_4
Olivingruppe
Orthorhombisch. Grauschwarz. Derb neben Rhodochrosit in Mangan-Vererzungen.
Murettopaß (südlich Maloja GR). – Piz Corvatsch Westseite (Oberengadin GR).

Granatgruppe
Kubisch. Chemisch mannigfaltige Verbindungen gleicher Struktur. Zwei chemische Reihen mit umfangreicher Mischbarkeit. Atomersatz: Mg/Fe^{+2}/Mn/ begrenzt Ca auf der einen Seite, Al/Fe^{+3}/Cr^{+3}/V^{+3} auf der andern. Reine Endglieder selten, oft deren drei nötig für chemische Charakterisierung natürlicher Granate. Auf Zerrklüften hauptsächlich Grossular, Andradit und Spessartin.
Granate ohne Calcium: Pyrop (Mg und Al); Almandin (Fe^{+2} und Al); Spessartin (Mn und Al).

Granate mit Calcium: Grossular (Ca und Al) mit Varietät Hydrogrossular (4OH anstelle von SiO_4); Andradit (Ca und Fe^{+3}) mit Varietäten Demantoid (grün) und Melanit (gleichzeitiger Atomersatz Fe^{+3}/Ti und Si/Al); Uwarowit (Ca und Cr^{+3}).

Pyrop
$Mg_3Al_2(SiO_4)_3$
Granatgruppe
Kubisch. Blutrot. 2 cm. Gesteinsbildend in Ultrabasiten. Chromhaltig (2% Cr_2O_3).
Alpe Arami (Val di Gorduno, nordwestlich Bellinzona TI): in Granat-Olivinfels.

Almandin
$Fe_3^{+2}Al_2(SiO_4)_3$
Granatgruppe
Kubisch. Braunrot. Rhombendodekaedrisch. Bis 12 cm. Gesteinsbildendes, metamorphes Mineral. Verbreitet in kalkarmen kristallinen Schiefern. Auch pegmatitisch und dann meist manganhaltig.
Val Tremola (südlich Gotthardpaß TI). – Val Canaria (nordöstlich Airolo TI). – Frodalera (südöstlich Lukmanierpaß TI). – Brissago (TI): in Pegmatiten, manganhaltig. – Cresciano und Claro (Riviera TI): 12 cm, in Pegmatiten, manganhaltig. – Bergeller Massiv: 3 cm, in Pegmatiten.

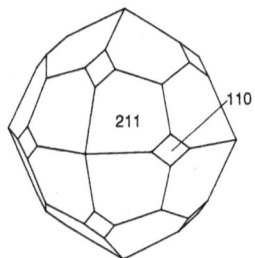

Granat (Almandin)
Val Trubinasca (Bergell GR)

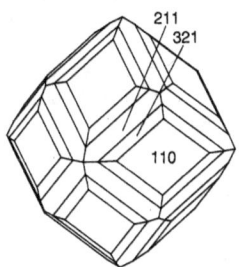

Granat (Hessonit)
Pollux (Zermatt VS)

Spessartin
$Mn_3Al_2(SiO_4)_3$
Granatgruppe

Kubisch. Gelborange, braun. Derb und in selbständigen Kristallen. Bis 1 cm. Stets andere Granatkomponenten enthaltend, stets eisenhaltig.

Hinteres Binntal (VS): schwarz angewittert, 5 mm, als Kluftmineral in den Bündnerschiefern. – Scherbadung (südliches Binntal VS). – Brissago (TI): in Pegmatiten. – Splügenpaß (GR). – Falotta (Oberhalbstein GR): 0,5 mm, neben Rhodonit. – Piz Cam (nördlich Vicosoprano, Bergell GR): metamorphe Erzbildung. – Piz Corvatsch Westseite (Oberengadin GR): derb, neben andern Mangan-Erzen, bis 80 Mol% Spessartin im Granat.

Grossular
$Ca_3Al_2(SiO_4)_3$
Granatgruppe

Kubisch. Orangebraun, orangerot (Hessonit), gelbgrün. Rhombendodekaedrisch. Bis 3 cm. Verbreitet in Kalksilikatfelsen neben Calcit und Klinozoisit. Auch auf Zerrklüften. Hydrogrossular (mit OH-Gruppen) als Gemengteil calciumreicher Ganggesteine in Ophiolithen.

Piz Tagliola (Val Maighels, südlich Oberalppaß GR): in Kalksilikatfels. – Muota Naira (Val Nalps, Tavetsch GR): 3 mm, auf Klüften neben Epidot und Prehnit, manganhaltig. – Zermatt–Saas Fee (VS): in Klüften im Kontaktbereich basischer Gesteine (Ophiolithe), neben Vesuvian, Diopsid, Chlorit. – Claro (Riviera TI): in Kalksilikatfels. – Bergell (GR): Kalksilikatfelsen am nordöstlichen Kontakt des Massivs.

Andradit
$Ca_3Fe_2^{+3}(SiO_4)_3$
Granatgruppe

Kubisch. Braunschwarz, gelbgrün

Andradit (gelblich) auf Pennin (dunkelgrün). Felskinn, Saas Fee VS. Großer Granat 1 mm.

(Demantoid). In kleinen Kriställchen und als körnige oder knollige Aggregate. Bis 1 cm. Mit Serpentinasbest verfilzt in Klüften von Grüngesteinen (Ophiolithen). Manchmal chemisch ziemlich rein und ohne Beimengung anderer Granatkomponenten. Auch titanhaltig und schwarz (Melanit).

Bargen (nördlich Schaffhausen SH): idiomorphe Körnchen von 0,3 mm, in eingewehter vulkanischer Asche der Oberen Meeresmolasse, titanhaltig (Melanit). – Mont Chemin (südöstlich Martigny VS): neben Magnetit in vererzten Marmoren, titanhaltig. – Zermatt–Saas Fee (VS): teils grün, teils braunschwarz und dann mit Diopsid und Chlorit zusammen, auch titanhaltig. – Geisspfad (südöstliches Binntal VS): smaragdgrün, 2 mm. – Piz Lunghin (nordwestlich Malojapaß GR).

Uwarowit
$Ca_3Cr_2(SiO_4)_3$
Granatgruppe

Kubisch. Giftiggrün. Feinkörnig. 1 mm.

Gornergletscher (südlich Zermatt VS): in Moränenblöcken vom Rifelhorn, 30% Uwarowit, 40% Grossular, 30% Andradit.

Zirkon
$ZrSiO_4$
Tetragonal. Farblos, rötlichbraun. Bis 1 cm. Teils seltene Kluftbildung, teils übriggebliebener Gesteinsgemengteil und aus dem ausgelaugten Nebengestein herausragend. Akzessorisch in allen granitischen Gesteinen. Wichtiges Mineral für die radioaktive Altersbestimmung. Hafnium- und uranhaltig.

Val du Trient (Unterwallis VS). – Grimsel (BE). – Zermatt (VS): einmaliger Fund als kleines Kluftmineral in Ophiolithen. – Kriegalp Wasserstollen (südliches Binntal VS): 1 mm. – Brissago (TI): 5 mm in Pegmatiten. – Iragna–Lodrino (Riviera TI): 1 cm in Pegmatiten, 10% UO_2. – Bergell (GR): in Pegmatiten neben schwarzem Turmalin.

Eulytin
$Bi_4(SiO_4)_3$
Kubisch. Gelblicher, erdiger Überzug auf Bismuthinit.
Iragna–Lodrino (Riviera TI).

Andalusit
Al_2SiO_5
Orthorhombisch. Rötlich, gräulich. Stenglig. Bis 20 cm. Gesteinsbildendes, metamorphes Mineral, oft in Quarzknauern.

Monte Tamaro (zwischen Locarno und Lugano TI): Kyanit-Sillimanit-Granatpseudomorphosen mit kreuzförmigem Kern (Chiastolith). – Landarenca (Calancatal GR). – Val Casnaggina (südlich Castasegna, Bergell GR). – Cavloccio See (südlich Maloja GR). – Flüelapaß (GR): 10 cm, in Knauern.

Sillimanit
Al_2SiO_5
Orthorhombisch. Farblos. Feinfaserig. Als Gesteinsgemengteil in den Lepontinischen Alpen alpin gebildet.

Sustenpaß (BE/UR): voralpin-metamorph. – Roveredo (Misox GR).

Kyanit
Al_2SiO_5
auch Disthen genannt
Triklin. Blau, gräulich. Stenglig. Bis 30 cm. Gesteinsbildendes, metamorphes Mineral.

Frodalera und Camperio (zwischen Lukmanierpaß und Olivone TI): in den Quartenschiefern. – Zermatt (VS): Ophiolithzone. – Scherbadung und Ofenhorn (Binntal VS): in den Bündnerschiefern. – Campolungo-

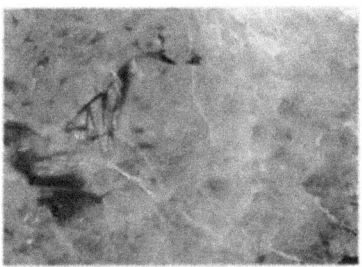

Andalusit (rosa) und Kyanit (blau). Mittleres Misox GR. Ausschnitt 7 cm. Anschliff. (J. Krauer, Oberhittnau ZH).

Kyanit (blau) und Staurolith (braunschwarz) in weißem Glimmerschiefer. Alpe Sponda, Leventina TI. Großer Kyanit 2 cm. (ETH-Sammlung Zürich).

Dolomit (Leventina TI). – Pizzo Forno und Alpe Sponda (südlich Faido, Leventina TI): hier besonders schön, saphirblau und manchmal schleifwürdig, neben Staurolith und weißem Paragonit in der Randzone von Quarz-Feldspatknauern.

Topas
$Al_2SiO_4(F,OH)_2$

Orthorhombisch. Farblos. Stenglig. 1 cm.

Lugnez (südlich Ilanz GR): Kluftmineral in tektonisiertem Triasdolomit am Gotthardmassiv-Südrand, neben dem Tonmineral Dickit.

Staurolith
$(Fe^{+2},Mg)_2Al_9(Si,Al)_4O_{22}(OH)_2$

Monoklin. Rötlichbraun oder fast schwarz. Säulig. Bis 5 cm. Gesteinsbildendes, metamorphes Mineral.

Ofenhorn (Binntal VS): in den Bündnerschiefern. – Pizzo Forno und Alpe Sponda (südlich Faido, Leventina TI): hier besonders schön neben Kyanit.

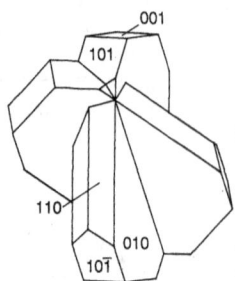

Staurolith-Zwilling
Pizzo Forno (Leventina TI)

Chondrodit
$Mg_5(SiO_4)_2(F,OH)_2$

Monoklin. Orange. Rundliche Körner. Bis 1 cm. Nebengemengteil hochmetamorpher Marmore in den Lepontinischen Alpen.

Cima di Vazzeda (Fornogletscher, Bergell GR): neben eisenhaltigem Spinell.

Klinohumit
$Mg_9(SiO_4)_4(F,OH)_2$

Monoklin. Rötlichbraun. Körnig. Bis 10 cm. In Serpentiniten. Meist titanhaltig (Titan-Klinohumit).

Zermatt–Saas Fee (VS). – Vazzedagebiet (Fornogletscher, Bergell GR): hier in Marmoren, seltener als Chondrodit. – Selva (südlich Poschiavo GR).

Datolith
$CaBSiO_4OH$

Monoklin. Farblos, gelblich. Bröcklige Massen, daneben Kristalle bis 1 cm. Seltenes Kluftmineral.

Le Catogne (zwischen Martigny und Orsières VS): neben Axinit. – Val Giuv (Tavetsch GR): neben Quarz, Adular, Calcit. – Hinteres Val Nalps (Tavetsch GR). – Piz Vallatscha (nordöstlich Lukmanierpaß GR). – Scherbadung (südliches Binntal VS): nadelig, 1 mm, auf Rauchquarz neben Cafarsit.

Gadolinit-(Y)
$Y_2Fe^{+2}Be_2Si_2O_{10}$

Monoklin. Hellgrüne, dunkelgrüne oder braune Prismen (Längsrichtung

Gadolinit. Hinterstes Val Nalps, Tavetsch GR. 2,5 mm. (ETH-Sammlung Zürich).

Titanit, verzwillingt. Oberwald, Goms VS. 16 mm. (P. Amacher, Amsteg UR).

Titanit, pseudooktaedrisch. Griessertal, Maderanertal UR. 8 mm. (X. Gnos, Amsteg UR).

b-Achse). Bis 4 mm. Seltenes Kluftmineral.
Furka-Basistunnel (VS/UR): hellgrün, 1 mm, im Aushub. – Lucendro Stollen (Gotthardpaß TI). – Piz Blas und Piz Rondadura (hinterstes Val Nalps, Tavetsch GR): neben Quarz, Adular, Albit, Ilmenit, Muskovit, Xenotim, Synchysit. – Südliches Binntal (VS): Kraftwerkstollen. – Carona (südlich Lugano TI): in Drusen im Granophyr.

Titanit
$CaTiSiO_5$
auch Sphen genannt

Monoklin. Grün, gelb, braun, rot, bläulich, auch zweifarbig (rote Spitzen, grüne Mitte). Habitus auf kurze Strecke wechselnd, nach der Querachse verlängert, keilförmig, rhombenförmig, abgeplattet oder pseudodipyramidal. Oft verzwillingt (Penetrationszwillinge). Bis 10 cm. Häufiges und charakteristisches Kluftmineral meist in intermediären und basischen Nebengesteinen (Amphiboliten, Granodioriten). Neben Quarz, Adular, Periklin, Chlorit, Calcit, Amiant, jedoch selten neben Rutil und Anatas. Eingewachsen oft groß in Pegmatiten und metamorphen Gesteinen (so in Rodingiten).

Aarmassiv. Lötschental (VS). – Fieschergletscher (nördlich Fiesch, Goms VS). – Rotlaui (östlich Guttannen BE): fahle, rautenförmige Kristalle neben chloritisiertem Quarz und Adular. – Gletsch (Goms VS): über 1000 meist lose, abgeplattete Zwillinge, bis 10 cm, aus Stollen in der südlichen Migmatitzone des Aarmassivs. – Großtal (Urseren UR): gelb, neben Rutilquarz. – Val Giuv (Tavetsch GR): neben Amiant, Apatit. – Drun Tobel (nördlich Sedrun GR): neben Quarz, Adular, Calcit. – Unteres Val Punteglias (Vorderrheintal GR).

Gotthardmassiv. Längisalp (nordöstlich Oberwald, Goms VS). – Andermatt–Oberalppaß (UR/GR): nördliche Schieferzone des Gotthardmassivs. – Lago della Sella (östlich Gotthardpaß TI): neben Periklin. – Val Maighels (Tavetsch GR). – Muota Naira (Val Nalps, Tavetsch GR): dunkelbraun, neben Prehnit. – Oberes Medels (GR): neben Periklin und schwarzen Turmalinnadeln.

Titanit. Passo di Naret, oberstes Maggiatal TI. 5 cm. Photo P. Vollenweider. (Naturhistor. Museum Bern).

Penninikum. Rimpfischwäng (nördlich Findelngletscher, Zermatt VS): bräunlich, 5 cm. – Stockchnubel (Gornergletscher, südöstlich Zermatt VS): orange, chloritig, neben Axinit. – Bortelhorn (zwischen Simplonpaß und Binn VS): schöne, braune Kristalle. – Kriegalptal und Ofenhorn (Binntal VS). – Passo di Naret (oberstes Maggiatal TI): gelbbräunlich, durchsichtig, schleifwürdig, 5 cm, Kluft in Amphibolit, ein Sortiment von 16 geschliffenen Steinen feinster Qualität bis 16 Karat im Naturhistorischen Museum der Burgergemeinde Bern. – Alpe Arena (nordöstlich Peccia, Maggiatal TI). – Bellinzona (TI): gelb, eingewachsen in Pegmatiten. – Bergell (GR): bräunlich in Klüften im Tambo-Gneis, rosa eingewachsen in Amphibolit (westlich Bondo), gelb in Pegmatiten.

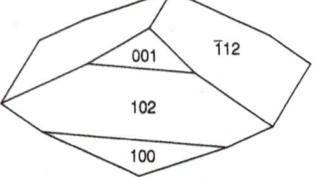

Titanit Rotlaui (Oberhasli BE)

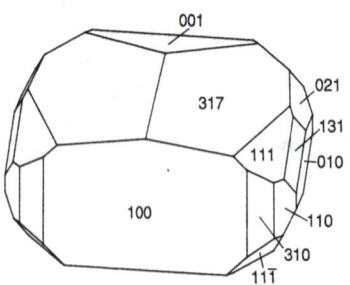

Titanit Gletsch (VS)

Chloritoid
$Fe^{+2}Al_2SiO_5(OH)_2$

Monoklin und triklin. Schwarz, auch rötlich. Glänzende Täfelchen. Bis 6 cm. Gesteinsbildendes, metamorphes Mineral.

Mittleres Goms (VS): nördliche Schieferzone des Gotthardmassivs. – Alp Nadels (südlich Trun, Vorderrheintal GR): bis 2 cm, in Sericitphylli-

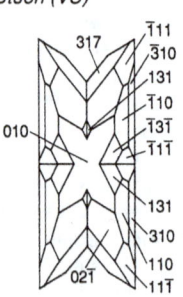

Titanit-Zwilling Gletsch (VS) (Ansicht von der Seite)

ten und Quarziten der Trias am Gotthardmassiv-Nordrand. – Lukmanierpaß (GR/TI): Trias am Gotthardmassiv-Südrand. – Zermatt–Saas Fee (VS): in Granat-Glaukophanschiefer, in Gabbro und in Quarzadern groß neben Kyanit, magnesiumhaltig. – Hennensädel (östlich Zervreila See, Valsertal GR): in Phylliten und Quarziten.

Dumortierit
$Al_7BO_3(SiO_4)_3O_3$
Orthorhombisch. Blau. Stenglig, körnig. Bis 1 cm. Eingewachsen in pegmatitischen Gesteinen.

Val di Credo (nördlich Brissago TI). – Castione (Riviera TI). – Roveredo (Misox GR). – Fornogletscher (Bergell GR).

Sklodowskit
$(H_3O)_2Mg(UO_2)_2(SiO_4)_2 \cdot 2H_2O$
Monoklin. Hellgelber Belag. Mit Uranophan vermengt.

Les Marécottes (Val du Trient, Unterwallis VS).

Uranophan / Uranophan-β
$CaUO_2SiO_3(OH)_2 \cdot 5H_2O$
Monoklin. Gelb, auch grünlich. Nädelchen oder Anflug. 3 mm. Die beiden Modifikationen nur röntgenographisch unterscheidbar.

Les Marécottes (Val du Trient, Unterwallis VS): als Uranophan bestimmt. – Furka-Basistunnel (VS/UR): mikroskopisch, als Uranophan-β bestimmt, neben Stilbit in ausgelaugtem Rotondo-Granit. – Brissago (TI): in Pegmatit. – Bergeller Granodiorit (GR): neben Chabasit auf Kluftflächen, im Val Bondasca als Uranophan-β bestimmt.

Kasolit
$PbUO_2SiO_4 \cdot H_2O$
Monoklin. Gelbe bis orange Krusten.

Alplistock (südwestlich Handegg, Oberhasli BE).

Sorosilikate, Strukturen mit isolierten Doppeltetraedern

Bertrandit
$Be_4Si_2O_7(OH)_2$
Orthorhombisch. Farblos. V-förmige Zwillinge. Bis 4 mm. Seltenes Kluftmineral.

Voralp (Göschenertal UR): 4 mm, in Spalten eines Aplits. – La Fibbia (südwestlich Gotthardpaß TI): auf Eisenrosen. – Val Canaria–Unteralp Stollen (nordöstlich Airolo TI): neben Adular und Ankerit. – Carona (südlich Lugano TI): blättrig, nadelig, 1 mm, in Drusen im Granophyr. – Albignagebiet (Bergell GR): 2 mm, in kleinen Klüftchen.

Hemimorphit
$Zn_4Si_2O_7(OH)_2 \cdot H_2O$
Orthorhombisch. Farblos, bläulich. Tafelig, fächerartig, auch kugelig aggregiert. 1 mm. Sekundärbildung in Erzgängen.

Les Trappistes (westlich Sembrancher VS). – Lengenbach (Binntal VS): hier auch pseudomorph nach Sphalerit. – Aranno–Miglieglia (Südtessin TI). – Tieftobel (zwischen Schmitten

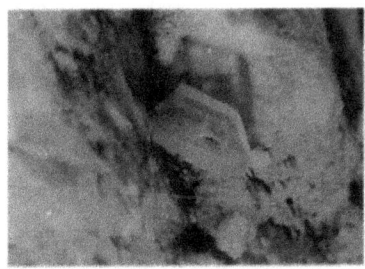

Bertrandit, verzwillingt. Voralp, Göschenertal UR. 4 mm. (X. Gnos, Amsteg UR).

Epidot (grün) neben Bergkristall. Val Punteglias, Vorderrheintal GR. Bergkristall 12 mm. (J. Hess, Zürich).

und Wiesen, Landwassertal GR). – Ofenpaß (GR): Abraumhalden der alten Eisen- und Silberminen am Munt Buffalora.

Epidot
$Ca_2(Al,Fe^{+3})_3(SiO_4)_3OH$

Monoklin. Intensiv grünbraun, gelbgrün, selten rosa und in Piemontit übergehend (Val Bavona TI und Pizzi dei Rossi, Bergell GR), oft durchsichtig. Stenglig (nach der b-Achse), oft parallel verwachsen. Bis 10 cm. Verbreitetes Mineral. Metamorph gesteinsbildend. Kluftmineral in Amphiboliten und plagioklasreichen Gneisen. Oft neben Amiant, ferner Quarz, Adular, Prehnit, Titanit, Apatit, Stilbit. Auch eingewachsen in Quarz.

Zentralmassive. Oberes Lötschental (VS). – Kammegg (östlich Guttannen BE): neben Amiant, Adular, Scheelit. – Großtal (Urseren UR). – Teiftal (Reußtal UR). – Sellener Tobel (Etzli, Maderanertal UR). – Val Giuv (Tavetsch GR). – Alp Cavrein (Val Russein, Vorderrheintal GR). – Val Punteglias (Vorderrheintal GR). – Piz Tagliola (Val Maighels, südlich Oberalppaß GR). – Muota Naira (Val Nalps, Tavetsch GR). – Alp Puzzetta (östlich Acla, Medels GR): eingewachsen in Quarz.

Südlich anschließende Gebiete. Pollux (südöstlich Zermatt VS): braun, durchsichtig, schleifwürdig. – Scherbadung (südliches Binntal VS): neben Diopsid, Calcit, Albit. – Tessiner Alpen (TI): verbreitet, aber meist klein, oft neben Prehnit und Zeolithen. – Arvigo (Calancatal GR): olivgrüne, schlanke Garben, 15 mm, ne-

Epidot. Pollux, Zermatt VS. Ausschnitt 15 mm. (P. Imhof, Ried-Brig VS).

Epidot garbenförmig, auf weißem Adular. Arvigo, Calancatal GR. Bis 7 mm.

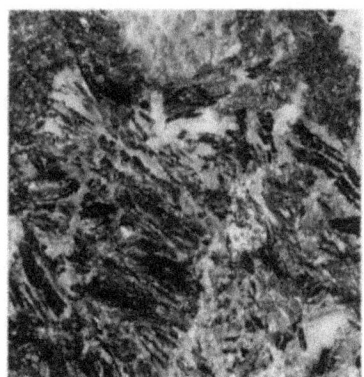

Piemontit. Piz Cam, Bergell GR. Ausschnitt 3 cm. (Museum Ciäsa Granda Stampa GR).

ben Prehnit, Fluorit, Titanit, Skolecit, Apophyllit. – Bergeller Massiv Ostrand (GR): 5 cm, in Kalksilikatfelsen eingewachsen.

Klinozoisit
$Ca_2Al_3(SiO_4)_3OH$

Monoklin. Gräulich. Bis 6 cm. Neben Grossular in Kalksilikatfelsen. Auch auf Klüften. Äußerlich nicht von Zoisit unterscheidbar.

Großtal (Urseren UR). – Piz Tagliola (Val Maighels, südlich Oberalppaß GR). – Piz Miez (nordöstlich Lukmanierpaß GR). – Claro (Riviera TI).

Piemontit
$Ca_2(Al,Mn^{+3})_3(SiO_4)_3OH$

Monoklin. Kirsch-rot. Langgestreckt oder körnig. 2 cm.

Südwestlich Cevio (Maggiatal TI): bis 1 cm, mit Epidot zonar verwachsen, neben Zeolithen. – Falotta (Oberhalbstein GR). – Piz Cam (nördlich Vicosoprano, Bergell GR).

Allanit-(Ce)
$(Ca,Ce)_2(Al,Fe^{+2})_3(SiO_4)_3OH$

Monoklin. Braunschwarz. Bis 1 cm. Seltenes, kleines Kluftmineral, oft neben Titanit. Auch eingewachsen.

Goppenstein (Lötschental VS). – Ried (Reußtal UR). – Val Strem (Tavetsch GR). – Val Tremola (südlich Gotthardpaß TI): im Rotondo-Granit. – Gotthard-Bahn- und Straßentunnel (UR/TI): in den nördlichen Gneisen des Gotthardmassivs und im Fibbia-Granitgneis. – Camperio (westlich Olivone TI). – Scherbadung (südliches Binntal VS). – Bergeller Massiv (GR): in Pegmatiten und im Albignagebiet schwarz glänzend, 1 cm, in einer Biotitlinse eingewachsen.

Zoisit
$Ca_2Al_3(SiO_4)_3OH$

Orthorhombisch. Gräulich, grünlich. Bis 6 cm. Sporadischer Gemengteil in Bündnerschiefern (Binntal VS), Kalksilikatfelsen und Grüngesteinen. Äußerlich nicht von Klinozoisit unterscheidbar.

Piz Tagliola (Val Maighels, südlich Oberalppaß GR). – Zermatt (VS): grünlich, in Ophiolithen. – Monte del Forno (Bergell GR): rosa, 2 mm, in Quarz, manganhaltig.

Ilvait
$CaFe_2^{+2}Fe^{+3}Si_2O_7OOH$

Orthorhombisch. Schwarz. 1 cm.

Geißpfad (südöstliches Binntal VS): 1 mm, auf Zerrkluft in Serpentinit, titanhaltig. – Marmorera-Stausee (Oberhalbstein GR): 1 cm, neben Pyrrhotin und Chalkopyrit in Serpentinit.

Lawsonit
$CaAl_2Si_2O_7(OH)_2 \cdot H_2O$

Orthorhombisch. Farblos, bläulich. Mikroskopisch. Gemengteil metamorpher basischer Gesteine neben Glaukophan (hoher Druck, niedrige Temperatur).

Zermatt (VS): zersetzt. – Oberhalbstein (GR).

Pumpellyit
$Ca_2(Fe^{+2},Mg)Al_2SiO_4(Si_2O_7)(OH)_2 \cdot H_2O$

Monoklin. Blaugrün. Nadelig. 1 cm. Gemengteil niedrigmetamorpher basischer Gesteine (Ophiolithe, Diabase, Taveyannaz-Sandstein) neben Zeolithen, Prehnit, Epidot. Auch in Vererzungen.

Salanfe (nordwestlich Martigny VS): in Kalksilikatfels der Arsen-Goldlagerstätte. – Zermatt (VS): in Ophiolithen. – Oberhalbstein – Oberengadin (GR): in Ophiolithen. – Val Plavna (Unterengadin GR): in Diabas.

Sursassit
$Mn_2^{+2}Al_3SiO_4(Si_2O_7)(OH)_3$

Monoklin. Bräunlich, kupferrot. Faserig. 2 mm. Mit Quarz und Piemontit verwachsen, auch freistehend.

Falotta und Parsettens (Oberhalbstein GR): recht häufig in den Mangan-Erzen.

Vesuvian
$Ca_{10}Mg_2Al_4(SiO_4)_5(Si_2O_7)_2(OH)_4$

Tetragonal. Braun, grün, gelb, rot. Kurzprismatisch abgestumpft oder langprismatisch zugespitzt bis nadelig. Vertikal gerieft. Auch asbestartig (Geißpfad VS und Marmorera-Stausee Ostseite GR). Bis 6 cm. Oft gesteinsbildend (Kalksilikatfelse, Gänge in Ophiolithmassiven), selten aufgewachsen (Zermatt – Saas Fee VS).

Pollux (südöstlich Zermatt VS), Rimpfischwäng (nördlich Findelngletscher, Zermatt VS) und Felskinn (im östlichen Feegletscher, südlich Saas Fee VS): stark glänzende Kristalle neben Chlorit, Grossular, Diopsid in Klüften und Spalten von Grüngesteinen und Kalksilikatlinsen. – Claro (Riviera TI): eingewachsen in Kalksilikatfels. – Piz Lunghin (nordwestlich Maloja GR): hellgrüner, dichter Vesuvianfels und stenglige Kristalle. – Bergeller Massiv (GR): eingewachsen in Kalksilikatfelsen am nordöstlichen Kontakt.

Ardennit
$Mn_4^{+2}MgAl_5Si_5O_{18}AsO_4(OH)_6$

Orthorhombisch. Gelbe Prismen. 0,5 mm.

Vesuvian. Rimpfischwäng, Zermatt VS. Kristalle bis 1 cm.

Vesuvian. Felskinn, Saas Fee VS. 13 mm. (P. Imhof, Ried-Brig VS).

Kainosit (gelb) neben Hämatit (schwarz). Gotthard-Straßentunnel 3219 m ab Göschenen UR. Bis 5 mm. (T. Desax, Erstfeld UR).

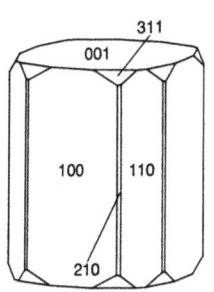
Vesuvian
Saas Fee (VS)

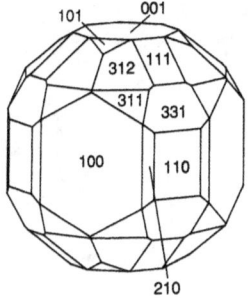
Vesuvian
Zermatt (VS)

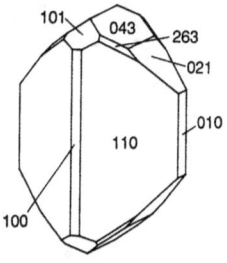
Kainosit
Curnera-Stausee
(Tavetsch GR)

Parsettens (Oberhalbstein GR): neben Braunit. – Piz Cam (nördlich Vicosoprano, Bergell GR): neben Piemontit. – Piz Corvatsch Westseite (Oberengadin GR): neben Rhodonit.

Cyklosilikate, Ringstrukturen

Kainosit-(Y)
$Ca_2Y_2(SiO_3)_4CO_3 \cdot H_2O$
Orthorhombisch. Gelb, braun. Dipyramidal, säulig, tafelig. Bis 2 cm. Seltenes Kluftmineral.

Grubhorn (hinteres Baltschiedertal, nördlich Visp VS): honiggelb, tafelig, 2 cm, lose. – Südlich Guttannen (BE): 2 hellbraune Individuen von 1 cm, neben Quarz, Albit, Sphalerit, in Stollen. – Trübtensee (westlich Grimselpaß BE): meist korrodiert, 7 mm, neben Hämatitrosetten. – Gotthard-Straßentunnel (UR): gelb, 7 mm, neben Hämatit. – Curnera-Stausee (Tavetsch GR): honiggelb, stenglig, 15 mm, neben Quarz, Adular, Calcit, Apatit, Fluorit, jetzt vom Stausee überschwemmt.

Axinit
$Ca_2(Fe^{+2},Mn^{+2})Al_2BO_3(SiO_3)_4OH$
Triklin. Violettbraun. Abgeflacht, Kanten schneidend scharf. Bis 17 cm. Sporadisches Kluftmineral, lokal reichlich, verschiedenste Nebengesteine (Gneise, Kalktonschiefer, Ophiolithe, Flysch).

Kalkalpen und Zentralmassive.
Brunnital (Schächental UR), Linthal (GL) und Elm (GL): 15 mm, in engen Quarzklüften des Taveyannaz-Sandsteins. – Westlich Val du Trient (Unterwallis VS). – Le Catogne (zwischen Martigny und Orsières VS): 17 cm, neben Quarz, Calcit, Amiant, Datolith und wenig Epidot. – Gampel–Goppenstein (unteres Lötschental VS): 2,5 cm. – Sustenpaß-Gebiet (BE/UR). – Piz Vallatscha (nordöstlich Lukmanierpaß GR) und Piz Cristallina (Val Cristallina, Medels GR): oft chloritig, neben Periklin, Adular, Apatit.

Südlich anschließende Gebiete.
Stockchnubel (Görnergletscher, süd-

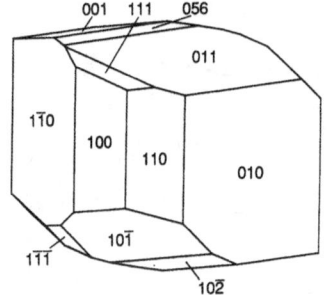
Axinit (alte Aufstellung)
Piz Vallatscha (Medels GR)

Axinit. Brunnital, Schächental UR. 8 mm.

östlich Zermatt VS): braunrot, oft chloritig, 2,5 cm, lose neben Titanit, Adular, Albit, Aktinolith, Prehnit. – Passo di Naret (Maggiatal TI) und oberstes Val di Peccia (TI): hellbräunlich-lila, 2 cm, neben Prehnit. – Hinteres Safiental Westseite (GR): in Grüngestein. – Südöstlich Splügen (Hinterrhein GR): 1 cm, in Rofna-Gneis neben Adular, Albit, Epidot. – Außerferrera (Hinterrhein GR): neben Hämatit und Albit. – Piz Mundin (zwischen unterstem Unterengadin und Samnaun GR): 1 cm, auf Albit, in Grüngestein.

Tinzenit
$(Mn^{+2},Ca)_3Al_2BO_3(SiO_3)_4OH$

Triklin. Orange. Abgeflachte, scharfkantige Kristalle und derb. 5 mm.

Parsettens und Falotta (Oberhalbstein GR): in Quarzadern und Spalten der Mangan-Erze.

Beryll
$Be_3Al_2(SiO_3)_6$

Hexagonal. Farblos, hell- bis dunkelblau. Säulig, auf Klüften auch nadelig (dann eisenarm), selbst haarförmig. Bis 30 cm. Häufiges Pegmatitmi-

Axinit, chloritig. Piz Vallatscha, Medels GR. 2 cm. (ETH-Sammlung Zürich).

Tinzenit. Falotta, Oberhalbstein GR. 6 mm. (Naturhistor. Museum Bern).

Beryll. Wannigletscher, Binntal VS. 13 mm.

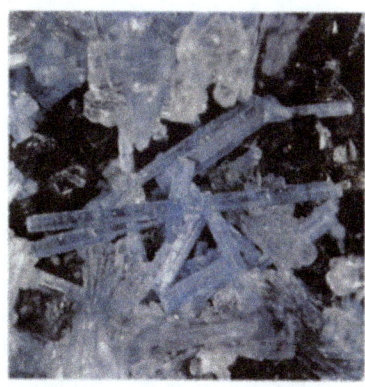

Bazzit (blaue Nadeln) neben Desmin (weißlich). Furka-Basistunnel West VS. Große Nadel 4 mm. (Naturhistor. Museum Bern).

neral im Tessin, Misox und Bergell. Sporadisch auch auf Klüften im Aarmassiv-Südteil, Gotthardmassiv und Lepontin (einschließlich Binntal VS) in Granit, Gneis und Aplit, selten in Bündnerschiefer und Dolomit. Bis 6% FeO/Fe_2O_3 anstelle von Al_2O_3, dann dunkelblau und mit Bazzit zu verwechseln. Auch magnesium-, natrium- und wasserhaltig.

Val Tremola (südlich Gotthardpaß TI): nadelig, 2,5 cm, Kluft in Aplit. – Gotthard-Straßentunnel (UR/TI): in Pegmatit und neben Chlorit in Glimmerschiefer. – Binntal (VS): als Kluftmineral in den Bündnerschiefern und in der Gneiszone (Scherbadung). – Ponte Brolla (eingangs Maggiatal TI): in Pegmatiten. – Faido (Leventina TI): Kluftmineral. – Mittleres Bleniotal (TI): faserig, 1 cm, auf Klüften. – Arvigo (Calancatal GR): 2 mm, auf Klüften. – Verdabbio (Misox GR): trübe Kristalle bis 30 cm, reichlich in Pegmatiten. – Fianell (südöstlich Außerferrera, Hinterrhein GR): 1 cm, in Adern in Triasdolomit neben Hämatit. – Bergell (GR): trübe Kristalle bis 30 cm in Pegmatiten.

Bazzit
$Be_3Sc_2(SiO_3)_6$

Hexagonal. Tiefblau, selten farblos. Unvollkommene Prismen, Hohlformen. Bis 7 mm. Seltenes Kluftmineral im Aarmassiv-Südteil und Gotthardmassiv. Zusammensetzung von der Idealformel abweichend, wesentliche Gehalte an Fe, Mg und Na, fast kein Al, keine Mischreihe mit Beryll bildend.

Mittal–Hohtenn Straßentunnel (eingangs Lötschental VS): im Aushub. – Naters (Brig VS): einzelner korrodierter Kristall auf Kluftfläche in Augengneis. – Oberaar Kraftwerkstollen und Groß Sidelhorn (westlich Grimselpaß BE). – Südlich Gurtnellen (Reußtal UR). – Witenalpstock (Etzli, Maderanertal UR): in Aplit. – Mittleres Val Strem (Tavetsch GR). – Furka-Basistunnel (VS/UR): dünnstenglig, 7 mm, neben Titanit und Epidot. – La Fibbia (südwestlich Gotthardpaß TI): 5 mm auf Adular und 1 mm neben Phenakit und Bertrandit. – Monte Prosa (nordöstlich Gotthardpaß TI).

Cordierit
$Mg_2Al_4Si_5O_{18}$

Orthorhombisch. Blau, grünlich, bräunlich. Körnig. Bis 5 cm. Gesteinsbildendes, metamorphes Mineral, vor allem im Tessin, Misox und Bergell.

Nördlich Brissago (TI): grünlich, 4 cm, in Pegmatiten. – Untere Leventina (TI). – Mittleres Misox (GR): blau, schleifwürdig, 5 mm, aus Bachgeröllen. – Trubinascagebiet (Val Bondasca, Bergell GR): bläuliche Knollen, 5 cm.

Turmalin
$NaFe_3^{+2}Al_6(BO_3)_3(SiO_3)_6(OH,F)_4$

wenn reich an dreiwertigem Eisen: *Schörl* (schwarz)
wenn magnesiumreich: *Dravit* (braun)
wenn lithiumreich: *Elbait* (grün, gelb, rot)

Trigonal. Verschieden gefärbt. Säulig, auf Klüften auch nadelig, haarförmig oder asbestartig. Bis 30 cm (Schörl). Als Schörl häufiges Pegmatitmineral im Tessin, Misox und Bergell neben Beryll und Granat. Seltener auf Klüften wie im Gotthardmassiv und nördlichen Lepontin neben Quarz, Adular, Periklin, Calcit, Ankerit, Rutil, Muskovit, im Binntal auch Magnetit und Anatas. Als durchsichtiger Edelturmalin in den zuckerkörnigen Dolomiten des Binntals (VS) und Campolungos (TI).

Zentralmassive. Taminser Calanda (westlich Chur GR): heller Turmalinasbest, auch in Quarz eingewachsen (Blauquarz), in den spilitischen Gesteinen über dem Rhein. – Ernen, Rufibach, vorderes Äginental und vorderes Gerental (Goms VS): auf Klüften neben Calcit, Ankerit, Rutil. – Muota Naira (Val Nalps, Tavetsch GR), oberes Medels (GR) und Val Cristallina (Medels): auf Klüften neben Periklin, Adular, Titanit. – Punta Nera (nördlich Ritomsee, Leventina TI): auf Klüften neben Quarz, Rutil, Muskovit.

Südlich anschließende Gebiete. Simplontunnel (VS): in Klüften. – Lengenbach (Binntal VS): hellgrün bis farblos (Elbait), eingewachsen, oft verbogen, bis 5 cm, aber auch auf Drusen, flächenreich, doch kleiner, auch sonst im Dolomit des Binntals. – Binntal Gneiszone (VS): schwarzer Schörl und hellblauer Turmalinasbest

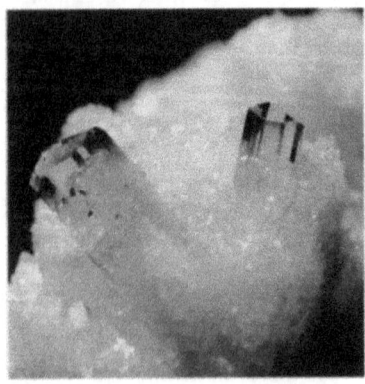

Turmalin. Lengenbach, Binntal VS. Großer Kristall 5 mm.

Milarit. Val Giuv, Tavetsch GR. 6 mm. (H. Bonfà, Aquila TI).

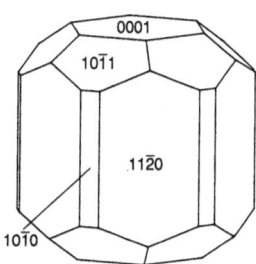

Milarit Val Giuv (Tavetsch GR)

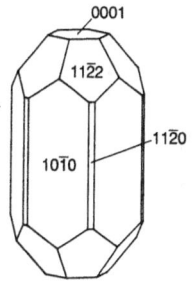

Armenit Wasenalp (Simplon VS)

auf Klüften. – Griespaß (südlich Nufenenpaß VS): haarförmiger Elbait auf Calcit in Kluft. – Campolungo-Dolomit (Leventina TI): hellgrün und gelb (Elbait), auch schwarz, 2 cm, auf Drusen und eingewachsen. – Brissago (TI): in Pegmatiten. – Bergell (GR): als Schörl häufig in Pegmatiten, als hellblauer Turmalinasbest bei Soglio. – Piz Cotschen (nördlich Ardez, Unterengadin GR): 30 cm, in Pegmatitgang.

Milarit
$KCa_2AlBe_2(Si_2O_5)_6 \cdot \frac{1}{2}H_2O$
Hexagonal. Farblos, gelblich. Kurzsäulig bis nadelig, schön kristallisiert, manchmal von Chlorit oder Amiant durchwachsen. Bis 5 cm. Seltenes Kluftmineral granitischer bis intermediärer Gesteine. Hauptsächlich im Aarmassiv, hier besonders im oberen Val Giuv und Val Strem (Tavetsch GR, Giuvsyenit) neben Quarz, Adular, Calcit, Amiant, Chlorit, Apatit.

Wasenhorn (östlich Fieschergletscher, Goms VS): gedrungen. – Oberaar Kraftwerkstollen (Grimsel BE): 3,7 cm. – Rhonegletscher (VS). – Galenstock und Gletschhorn (nördlich Furkapaß UR). – Val Giuv und Val Strem (Tavetsch GR): vorzüglich und lokal reichlich im Giuvsyenit. – Gotthard-Straßentunnel (UR/TI). – Val Cristallina (Medels GR). – Südliches Binntal (VS): Kraftwerkstollen.

Armenit
$BaCa_2Al_6Si_9O_{30} \cdot 2H_2O$
Hexagonal. Weiße, stenglige Kristalle. 2 cm.
Wasenalp (nordöstlich Simplonpaß VS).

Inosilikate, Ketten- und Bandstrukturen

Pyroxengruppe
Monoklin, orthorhombisch (Orthopyroxene). Kurzstenglig, aber auch nadelig. Spaltbarkeit weniger gut als bei Amphibolen. Mehrere chemisch verschiedene Reihen. Mischbarkeiten: Mg/Fe^{+2}, Al/Fe^{+3}, Si/Al.

Enstatitreihe, Orthopyroxene, calciumfrei, aluminiumfrei, nur beschränkt mit anderen Pyroxenreihen mischbar: Enstatit (Mg, Fe^{+2}).

Diopsidreihe: Diopsid (Ca, Mg, Fe^{+2}); Augit («gewöhnlicher Augit», Ca, Mg, Fe^{+2}, Fe^{+3}, Al).

Alkalipyroxene, calciumfrei, magnesiumfrei: Jadeit (Na, Al); Ägirin (Na, Fe^{+3}).

Enstatit
$MgSiO_3$
Pyroxengruppe
Orthorhombisch. Grünlichbraun, auch schillernd (und dann Bronzit genannt). 10 cm. Gesteinsbildend. Eisenhaltig.

Cima di Gagnone (zwischen Verzascatal und Biasca TI): graue Leisten, 7 cm, zusammen mit Talk. – Loderio (eingangs Bleniotal TI): in Sturzblöcken eines talk- und magnesitführenden Enstatitfelses.

Diopsid
$CaMg(SiO_3)_2$
Pyroxengruppe

Monoklin. Farblos, grün (schwach eisenhaltig). Stenglig, nadelig, faserig. Bis 30 cm (eingewachsen). Gesteinsbildend in Kalksilikatfelsen. Als Kluftmineral in Ophiolithen. Wenn dunkelgrün, stärker eisenhaltig.

Piz Tagliola (Val Maighels, südlich Oberalppaß GR): neben Grossular in Kalksilikatfels. – Südlich Zermatt (VS): gelb, durchsichtig, 5 cm, neben Calcit und Aktinolithasbest in einem Einzelfund aus Kraftwerkstollen. – Zermatt–Saas Fee (VS): farblos, gelb oder hellgrün, säulig, nadelig oder faserig, 2 cm, in Klüften neben Granat, Vesuvian, Chlorit. – Scherbadung (südliches Binntal VS): dunkelgrün, 10 cm, am Rand der Serpentinit-Zone gesteinsbildend und in Klüften neben Albit und Epidot. – Bergell-Ostrand (GR): weiß oder grün, 30 cm, eingewachsen in Kalksilikatfels.

Diopsid. Felskinn, Saas Fee VS.
2,5 mm.

Jadeit
$NaAl(SiO_3)_2$
Pyroxengruppe

Monoklin. Grünlich. Derb als Jadeitjade, äußerst zäh. Mineral der Hochdruckmetamorphose.

In der Schweiz rein nirgends anstehend. Jedoch als neolithische Beilklingen (4000–3000 v. Chr.) im Mittelland gefunden. Rohmaterial möglicherweise vom Valle di Susa (westlich Turin, Piemont, Italien) importiert.

Omphacit
$(Na,Ca)(Al,Mg,Fe^{+2})(SiO_3)_2$
Pyroxengruppe

Monoklin. Grasgrün. Körnig. Metamorphes Mineral. Mischkristalle von Jadeit und Augit.

Wallis (VS) und mittleres Tessin (TI): Gemengteil eklogitischer Gesteine. – Zermatt – Saas Fee (VS): Bestandteil der Smaragdit-Pseudomorphosen nach Augit im Allalin-Gabbro.

Ägirin
$NaFe^{+3}(SiO_3)_2$
Pyroxengruppe

Monoklin. Grün. Stenglig. 5 mm. Selten.

Fianell (südöstlich Außerferrera, Hinterrhein GR): in Eisen-Erzlinsen neben Hämatit, hier auch auf kleinen Klüften. – Westlich Silser See (Oberengadin GR): lokaler Gesteinsgemengteil neben Riebeckit am Kontakt mit Serpentinit.

Ägirinaugit
$(Na,Ca)(Fe^{+3},Al,Mg,Fe^{+2})(SiO_3)_2$
Pyroxengruppe

Monoklin. Dunkelbraun. 2 cm. Mischkristalle von Ägirin und Augit.

Südöstlich Vals (Valsertal GR): 5 mm, neben Albit, Titanit. – Außerferrera (Hinterrhein GR): 2 cm, neben Hämatit-Erzen.

Rhodonit (rosa), Parsettensit (braun) und Braunit (schwarz). Parsettens, Oberhalbstein GR. Ausschnitt 3,5 cm. Anschliff.

Babingtonit. Arvigo, Calancatal GR. 1 mm. (T. Perner, Lausen BL).

Wollastonit
$CaSiO_3$
Triklin und monoklin. Weiß. Strahlig. 2 cm.
Val del Molino (Claro, Riviera TI): in Kontaktmarmor. – Bergell-Ostrand (GR): Gesteinsgemengteil in Kontaktmarmoren.

Rhodonit
$(Mn^{+2}, Fe^{+2}, Ca)SiO_3$
Triklin. Rosarot, schwarz verwitternd. Derb. Als Schmuckstein verarbeitet.
Amsteg Kraftwerkstollen (Reußtal UR). – Splügen (Hinterrhein GR). – Parsettens und Falotta (Oberhalbstein GR): in Adern und Linsen der Braunit-Erze. – Piz Cam (nördlich Vicosoprano, Bergell GR). – Murettopaß (südlich Maloja GR). – Piz Corvatsch Westseite (Oberengadin GR).

Babingtonit
$Ca_2Fe^{+2}Fe^{+3}Si_5O_{14}OH$
Triklin. Grünschwarz, dunkelbraun. Gedrungene Kriställchen. 1 mm.
Arvigo (Calancatal GR): neben Calcit, Amiant.

Pyroxmangit
$MnSiO_3$
Triklin. Rosa, rotbraun. Derb.

Piz Corvatsch Westseite (Oberengadin GR): in Mangan-Erzen.

Amphibolgruppe
Monoklin, orthorhombisch (Eisen-Magnesiumamphibole). Stenglig, faserig. Sehr gute Spaltbarkeit. Mehrere chemisch verschiedene Reihen. Komplizierte Mischbarkeiten: Na/Ca, Mg/Fe^{+2}, Al/Fe^{+3}, Si/Al.
Eisen–Magnesiumamphibole, calciumfrei, ohne oder auch mit Aluminium, nicht mit den andern Amphibolreihen mischbar: Anthophyllit (Mg, Fe^{+2}).
Calciumamphibole: Aktinolith (Ca, Mg, Fe^{+2}); Magnesiohornblende und Tschermakit $(Ca, Mg, Fe^{+2}, Al$, hierher viele «gewöhnliche Hornblenden»); Pargasit $(Na, Ca, Mg, Fe^{+2}, Al)$.
Alkaliamphibole, calciumfrei, natriumhaltig: Glaukophan (Na, Mg, Fe^{+2}, Al); Riebeckit $(Na, Fe^{+2}, Mg, Fe^{+3})$.

Anthophyllit
$(Mg, Fe^{+2})_7(Si_4O_{11}OH)_2$
Amphibolgruppe
Orthorhombisch. Grünlichbraun. Stenglig. 4 cm. Metamorpher Gemengteil in ultramafischen Gesteinen.

Sustenpaß (BE/UR). – Mittlere Tessiner Alpen. – Carona (südlich Lugano TI): mikroskopische Seltenheit in Drusen im Granophyr. – Bergell (GR).

Cummingtonit
$(Mg,Fe^{+2})_7(Si_4O_{11}OH)_2$
Amphibolgruppe

Monoklin. Braun. Nadelig. 1 cm. Metamorpher Gemengteil in ultramafischen Gesteinen.

Tremolit
$Ca_2Mg_5(Si_4O_{11}OH)_2$
Amphibolgruppe

Monoklin. Weiß, grau, grünlich. Linealartige, abgeplattete Stengel, auch strahlig, faserig oder asbestartig (Geißpfad, südöstliches Binntal VS). 10 cm. Metamorpher Gemengteil in Marmoren. Einige Zehntelprozent V_2O_3 und dann grünlich (Campolungo TI).

Hinterstes Binntal (VS): in Dolomit. – Campolungo (Leventina TI): reichlich im zuckerkörnigen Dolomit. – Fornogebiet (Bergell GR): in Kontaktmarmoren. – Selva (südlich Poschiavo GR): zähe, feinfaserige Gemenge, etwa einen Viertel Calcitzement enthaltend, Blöcke in einem verlassenen Talkabbau, als lichtgrüner Nephritjade verarbeitet.

Aktinolith
$Ca_2(Mg,Fe^{+2})_5(Si_4O_{11}OH)_2$
Amphibolgruppe

Verschiedene Habitusformen. Grobstenglig: *Aktinolith* im engeren Sinn. Haarförmig: *Amiant*. Asbestartig: *Aktinolithasbest*. Mikroskopisch feinfaserig: *Nephrit, Nephritjade*.

Monoklin. Dunkelgrün, als Amiant hellgrün, hellbraun oder fast weiß. Langprismatisch. 10 cm, als Amiant bis 5 cm. Metamorph gesteinsbildend weitverbreitet in vielen Grüngesteinen. Als haarförmiger Amiant typisches alpines Kluftmineral, lockere Rasen bildend oder wirrstrahlig verfilzt, in hornblendereichen Nebengesteinen, vorab Amphiboliten, neben Quarz, Adular, Calcit, Epidot, Chlorit. Als Nephrit derb, zäh, in Adern und Knollen in Grüngesteinen (Ophiolithen). Artefakte aus Nephrit in neolithischen Funden des Mittellandes.

Amiant. Lötschental VS. Bis 15 mm.

Hornblende (schwarz) und Almandin (rot). Val Tremola, Airolo TI. Ausschnitt 7 cm. Anschliff.

*Hornblendegarbe.
Cornopass, Äginental,
Goms VS. 11 cm.
(H. Bonfà, Aquila TI).*

Lötschental (VS): Amiant. – Kammegg (östlich Guttannen BE): Amiant langhaarig neben Epidot. – Teiftal (Reußtal UR): Amiant. – Grießertal und Steintal (Maderanertal UR): Amiant. – Val Giuv (Tavetsch GR): Amiant kurzhaarig. – Val Tremola (südlich Gotthardpaß TI): Amiant als Einschluß in Tessiner-Quarz. – Zeneggen (südwestlich Visp VS): Aktinolithasbest als Spaltfüllung in Serpentinit. – Geißpfad (südöstliches Binntal VS): Aktinolith. – Loderio (eingangs Bleniotal TI): Aktinolith. – Oberhalbstein (GR): Nephrit in Ophiolithen.

Magnesiohornblende
$Ca_2(Mg,Fe^{+2})_4Al(Al_{\frac{1}{2}}Si_{3\frac{1}{2}}O_{11}OH)_2$
Tschermakit
$Ca_2(Mg,Fe^{+2})_3(Al,Fe^{+3})_2(AlSi_3O_{11}OH)_2$
Mischkristalle: «gewöhnliche Hornblende»
Amphibolgruppe

Monoklin. Schwarz. Langprismatisch, manchmal garbenförmig. 10 cm. Weitverbreiteter Gemengteil von Amphiboliten und andern kristallinen Schiefern. Natriumhaltig.

Cornopaß (südlich Nufenenpaß VS), Val Tremola (südlich Gotthardpaß TI) und Val Canaria (nordöstlich Airolo TI): in klassischen Hornblendegarben-Schiefern.

Pargasit
$NaCa_2(Mg,Fe^{+2})_4Al(AlSi_3O_{11}OH)_2$
Amphibolgruppe

Monoklin. Grün. Langprismatisch. 10 cm.

Geißpfad (südöstliches Binntal VS): Gemengteil ultramafischer Gesteine. – Val d'Arbedo (nordöstlich Bellinzona TI) und Val Traversagna (Misox GR): Hauptgemengteil der korundführenden Gesteine.

Glaukophan
$Na_2Mg_3Al_2(Si_4O_{11}OH)_2$
Amphibolgruppe

Monoklin. Blau, blauschwarz. Stenglig. Bis 3 cm. Gesteinsbildendes, metamorphes Mineral (hoher Druck, mäßige Temperatur). Etwas eisenhaltig.

Val de Bagnes (VS): reichlich in Glaukophanschiefern. – Täschtal (nordöstlich Zermatt VS): 3 cm in Gabbro und Eklogit. – Hinteres Valsertal (GR), Avers (GR) und Val Maroz (westlich Maloja GR): Natriumamphibole (Mischglieder mit Glaukophan) in einzelnen Horizonten der mesozoischen Grünschiefer.

Glaukophan (blau) neben Quarz (weiß) und Ankerit (braun) in einer Kluftfüllung. Mellichgletscher, Täsch bei Zermatt VS. Glaukophan 1 cm. (Naturhistor. Museum Bern).

Chrysotilasbest, spaltfüllend in Serpentinit. Marmorera, Oberhalbstein GR. Faserlänge 5 mm.

Riebeckit
$Na_2(Fe^{+2},Mg)_3Fe_2^{+3}(Si_4O_{11}OH)_2$
Magnesioriebeckit
$Na_2(Mg,Fe^{+2})_3Fe_2^{+3}(Si_4O_{11}OH)_2$
Mischkristalle
Amphibolgruppe

Monoklin. Dunkelgrün, blauschwarz. Nadelig. 1,5 mm. Gemengteil schwachmetamorpher Gesteine.

Urner See Westseite (UR), Urnerboden (nordöstlich Klausenpaß UR), Glärnisch (südwestlich Glarus GL) und Kistenpaß Südseite (nördlich Brigels GR): Riebeckit feinverteilt im Gestein und auf Rutschflächen neben Glaukonit oder Stilpnomelan, Basis der Lidernenschichten (mittlerer Kieselkalk, untere Kreide der Axen-Decke). – Östlich Roßwald (östlich Brig VS): Magnesioriebeckit in Magnetit-Vererzung des Triasdolomits. – Westlich Silser See (Oberengadin GR): in kieseligem Schiefer (ehemaligem Radiolarit) am Kontakt mit Serpentinit. – Piz Mundin (zwischen unterstem Unterengadin und Samnaun GR): im Kontaktbereich von Ophiolith und Bündnerschiefer.

Phyllosilikate, Schichtstrukturen

Serpentin
$(Mg,Fe^{+2})_3Si_2O_5(OH)_4$
Kaolinit-Serpentingruppe
Röntgenographische Strukturvarianten: Antigorit, Klinochrysotil, Lizardit, Orthochrysotil, Parachrysotil.

Monoklin und orthorhombisch. Grün, auch hellgelb oder schwarz. Nur mikrokristallin, dicht oder asbestartig (Serpentinasbest, Chrysotilasbest), keine makroskopischen Kristalle. Gesteinsbildend weitverbreitet (Serpentinite), spaltfüllend als Chrysotilasbest in Serpentinit mit den Fasern quer zur Gangfläche.

Zermatt–Saas Fee (VS): hier auffallend gelbgrüne, dichte Massen (Schweizerit). – Geißpfad (südöstliches Binntal VS). – Oberhalbstein (GR). – Quadrada (südwestlich Poschiavo GR): Asbestgänge im Malenco-Serpentinit.

Greenalith
$(Fe^{+2},Fe^{+3})_{2-3}Si_2O_5(OH)_4$
Kaolinit-Serpentingruppe

Monoklin. Grün. Mikroskopisch.

Marmorera-Stausee (Oberhalbstein GR): in feinen Adern des Serpentinits neben Pyrrhotin, Chalkopyrit, Ilvait.

Kaolinit
$Al_2Si_2O_5(OH)_4$
Kaolinit-Serpentingruppe
Triklin. Weißes Pulver. Weitverbreitet als Tonmineral und Gemengteil in tonigen Ablagerungen. Identifizierung röntgenographisch.

Lengenbach (Binntal VS). – Hinteres Bedrettotal (TI): neben Nadelquarz.

Dickit
$Al_2Si_2O_5(OH)_4$
Kaolinit-Serpentingruppe
Monoklin. Perlmutterweiße Blättchen. 0,5 mm. Tonmineral hydrothermaler Entstehung.

Gotthard-Straßentunnel (UR/TI): auf Bergkristall. – Lengenbach (Binntal VS).

Palygorskit
$MgAlSi_4O_{10}OH \cdot 4H_2O$
Monoklin und orthorhombisch. Grau. Langfaserig, asbestartig. Von Serpentinasbest äußerlich schwer zu unterscheiden, jedoch im Vorkommen völlig verschieden.

Entlebuch (LU): als Kluftbelag in der Oberen Süßwassermolasse (Miozän). – Obermatt Steinbruch (Vierwaldstätter See NW): in Klüften im helvetischen Kieselkalk (Hauterivien, untere Kreide), auch anderweitig in dieser Formation.

Sepiolith
$Mg_4Si_6O_{15}(OH)_2 \cdot 6H_2O$
Orthorhombisch. Weiß. Feinerdig.

Furka-Basistunnel (VS/UR): mikroskopische Kügelchen auf Bergkristall.

Talk
$Mg_3Si_4O_{10}(OH)_2$
Monoklin und triklin. Lichtgrün oder fast farblos. Grobblättrig, feinschuppig oder dicht. In ultrabasischen Gesteinen (Serpentiniten) als metamorpher Gemengteil oder als Kluftfüllung verbreitet. Talkreiche, chlorit- und serpentinführende Gesteine (Giltstein, Lavezstein, Speckstein, Ofenstein) extrem wärmespeichernd.

Vorderes Gerental (oberstes Goms VS). – Kemmleten (südlich Hospental UR). – Mompé-Medel (eingangs Medels GR). – Val Fedoz (Oberengadin GR).

Pyrophyllit
$Al_2Si_4O_{10}(OH)_2$
Monoklin und triklin. Silbriggrünlich. Radialstrahlig, blättrig. 2 cm. Mikroskopisch in Tonschiefern als Produkt beginnender Metamorphose.

St. Niklaus (Mattertal VS): neben Ankerit in Quarzadern.

Glimmergruppe
Monoklin (pseudohexagonal). Dünnblättrig. Ausgezeichnete Spaltbarkeit. Zwei Reihen mit etwas verschiedener Atomstruktur. Strukturvarianten mit unterschiedlicher Stapelung der Atomlagen (Polytypie). Auch Mischstrukturen mit wechselnden Schichten von Paragonit und Phengit in schwachmetamorphen Sedimenten.

Muskovitreihe: Muskovit (K, Al^{VI}) mit Varietäten Phengit (Si+Mg anstelle von 2Al), Fuchsit (Cr) und Öllacherit (Ba, Mg); Paragonit (Na, Al^{VI}); Glaukonit (K, Na, Fe^{+3}); Illit (H, H_2O, Al^{VI}).

Biotitreihe: Phlogopit (K, Mg); Biotit (K, Mg, Fe^{+2}) mit Varietät Manganophyllit (Mn).

Muskovit
$KAl_2AlSi_3O_{10}(OH,F)_2$
Glimmergruppe

Monoklin. Farblos, gelblich, grünlich, silbrigglänzend. Schuppig, blättrig, auch rosettenartig aggregiert, ausnahmsweise in 0,5 mm langen Fäserchen (Schinschlucht, östlich Thusis GR). Bis 20 cm (in Pegmatiten). Gesteinsbildend (feinschuppig als Sericit bezeichnet), pegmatitisch und auf Zerrklüften. Einige Zehntelprozent Cr_2O_3 und dann grasgrün.

Oberaar Kraftwerkstollen (Grimsel BE): in Klüften neben Ankerit und Sphalerit. – Mühlebach und Obergesteln Gasleitungsstollen (Goms VS): grüner Muskovit mit 0,4 % Cr_2O_3. – Südwestlich Gotthardpaß (TI): blättrige Kristalle, 2 cm, in Klüften neben Hämatit, Quarz, Stilbit, Adular, Chlorit. – Simplontunnel (VS): in Klüften neben Ankerit. – Binntal Bündnerschiefer-Zone (VS): in Klüften neben Quarz und Rutil. – Lengenbach-Dolomit (Binntal VS): sattgrüner Muskovit mit 1 % Cr_2O_3 und grünlicher Barium-Muskovit mit 5 % BaO. – Oberstes Val Bavona (TI): in Rosetten, 4 cm. – Monte Piottino Stollen (Leventina TI): in Klüften neben Ankerit. – Bergeller Massiv (GR): 20 cm, neben Beryll in Pegmatiten.

Paragonit
$NaAl_2AlSi_3O_{10}(OH)_2$
Glimmergruppe

Monoklin. Weiß. Feinschuppig. Sporadischer Gesteinsgemengteil. Beschränkte Mischbarkeit mit Muskovit.

Pizzo Forno und Alpe Sponda (südlich Faido, Leventina TI): neben Kyanit und Staurolith.

Glaukonit
$(K,Na)Fe_2^{+3}AlSi_3O_{10}(OH)_2$
Glimmergruppe

Monoklin. Grün. Feinkörnig. Bestandteil mariner Sandsteine, so in der mittleren Kreide des Helvetikums (Gault).

Illit
$H_3OAl_2AlSi_3O_{10}(OH)_2$
Glimmergruppe

Monoklin. Weiß. Tonmineral. Produkt der beginnenden Metamorphose. Auch auf Zerrklüften nachgewiesen. Mit zusätzlichem Wasser.

Phlogopit
$KMg_3AlSi_3O_{10}(OH,F)_2$
Glimmergruppe

Monoklin. Braunrot, auch gelblich bis farblos. Nebengemengteil metamorpher Dolomit- und Kalkmarmore.

St. German (westlich Visp VS): Kluftfüllung in Triasmarmor. – Lengenbach-Dolomit (Binntal VS). – Campolungo-Dolomit (Leventina TI).

Biotit
$K(Mg,Fe^{+2})_3(Al,Fe^{+3})Si_3O_{10}(OH,F)_2$
Glimmergruppe

Monoklin. Schwarzbraun, schwarzgrün. Blättrig. Bis 10 cm (in Pegmatiten). Allverbreiteter Gesteinsgemengteil, auch pegmatitisch. Freie Kristalle selten auf Klüften, fast nur als frühgebildeter Einschluss in Quarz und so erhalten.

Piz Cassinello (zwischen Bleniotal und hinterstem Valsertal TI/GR): braunroter Mangan-Biotit in Marmor.

Preiswerkit
$NaMg_2AlAl_2Si_2O_{10}(OH)_2$
Glimmergruppe

Monoklin. Grünlich. 1 mm.

Geißpfad (südöstliches Binntal VS): linsenförmige Aggregate bis 4 cm in einem Rodingitgang.

Margarit
$CaAl_2Al_2Si_2O_{10}(OH)_2$
Sprödglimmer-Gruppe

Monoklin. Grau, perlmutterglän-

Klinochlor. Felskinn, Saas Fee VS. 3 mm.

Rhipidolith-Rosette (Chloritgruppe). Lago Nero, oberstes Val Bavona TI. 15 mm. (W. Baur, Zürich).

zend. Blättrig. 2 cm. Gesteinsbildendes, metamorphes Mineral kalkiger Schiefer. Natriumhaltig.

Val Rondadura (nordwestlich Lukmanierpaß GR): in mesozoischen Schiefern neben Biotit und Zoisit. – Zermatt–Saas Fee (VS): in Amphiboliten.

Clintonit
$Ca(Mg,Al)_3Al_3SiO_{10}(OH)_2$
Sprödglimmer-Gruppe

Monoklin. Rötlich. 1 mm. Selten am Intrusivkontakt von Dolomitmarmoren.

Bergell-Ostrand (GR): neben Phlogopit.

Chloritgruppe

Monoklin (pseudotrigonal). Blättrig, schuppig, wachsartig glänzend. Spaltbarkeit etwas weniger gut als bei Glimmern. Weitverbreitete Gesteinsgemengteile kristalliner Schiefer, vor allem die aluminiumreicheren Chlorite. Mischbarkeiten: $Mg/Fe^{+2}/Al/Fe^{+3}$ und Si/Al. Rhipidolith und Pennin hier als eigene Mineralarten aufgefaßt, gelten jedoch international als Klinochlorvarietäten.

Klinochlor
$Mg_5AlAlSi_3O_{10}(OH)_8$
Chloritgruppe

Monoklin. Grün. Durchsichtige Kristalle bis 1 cm. Neben Diopsid, Grossular. Schwach eisenhaltig.

Zermatt–Saas Fee (VS): in Klüften der Ophiolithe. – Falotta (Oberhalbstein GR): brauner Mangan-Klinochlor, 0,5 mm, 20% MnO.

Rhipidolith
$(Mg,Fe^{+2})_{4\frac{1}{2}}Al_{1\frac{1}{2}}Al_{1\frac{1}{2}}Si_{2\frac{1}{2}}O_{10}(OH)_8$
«gewöhnlicher Chlorit»
Chloritgruppe

Monoklin. Dunkelgrün. Sandartig, dicht, aber südlich des Gotthards auch als Rosetten. 2 cm. Auf alpinen Zerrklüften fast allgegenwärtig, meist spät ausgeschieden. Lockerer oder zäher Kluftsand im Hohlraum zwischen den anderen Mineralien. Aufgewachsene Kriställchen kugelig, wurmförmig oder blättrig. Festhaftender, feiner Belag in der obersten Schicht anderer Mineralien. Einschluß in Quarz, Adular, Periklin, Titanit, jedoch selten in Carbonatmineralien.

Pennin
$Mg_{5\frac{1}{2}}Al_{\frac{1}{2}}Al_{\frac{1}{2}}Si_{3\frac{1}{2}}O_{10}(OH)_8$
Chloritgruppe
Monoklin. Dunkelgrün. Aufgewachsene Kristalle bis 10 cm. Neben Magnetit, Andradit, Aktinolithasbest. Schwach eisenhaltig.
Zermatt–Saas Fee (VS): in Klüften ultrabasischer Gesteine. – Geißpfad (südöstliches Binntal VS): 3 cm, in Olivin-Tremolit-Penninadern.

Chamosit
$(Fe^{+2},Mg,Fe^{+3})_5AlAlSi_3O_{10}(OH,O)_8$
Chloritgruppe
Monoklin. Grünschwarz. Mikroskopisch feinkörnig. Häufig in oolithischen Eisen-Erzen.
Chamoson (Haut de Cry Südseite, westlich Sion VS), Planplatte (nordöstlich Innertkirchen BE) und Windgällen (Maderanertal UR): in Eisenoolith, oberer Dogger.

Orthochamosit
$(Fe^{+2},Mg,Fe^{+3})_5AlAlSi_3O_{10}(OH,O)_8$
Chloritgruppe
Orthorhombisch. Grünschwarz. Feinste Sphärolithe.
Gotthard-Straßentunnel (UR/TI): in Klüften auf Ankerit.

Cookeit
$LiAl_4AlSi_3O_{10}(OH)_8$
Chloritgruppe
Monoklin. Gelbliche, feinschuppige Kügelchen von 1 mm.
Lugnez (südlich Ilanz GR) und Schams (Hinterrhein GR): lokal auf Quarzstufen.

Apophyllit
$KCa_4(Si_4O_{10})_2(F,OH) \cdot 8H_2O$
Tetragonal. Farblos, weiß. Dipyramidal, würfelig. Bis 3 cm. Seltenes Kluftmineral, mehrheitlich aus Stollenfunden.
Guttannen (BE): aus Stollen. – Gotthard-Eisenbahntunnel (nahe Nordportal) und Gotthard-Straßentunnel (UR/TI): Krusten auf Quarz und auf Rosafluorit. – Griessertal (Maderanertal UR): neben Quarz, Adular, Calcit. – Monte Ceneri Eisenbahntunnel (TI): neben Zeolithen. – Arvigo (Calancatal GR): weiß, oberflächlich angewittert, 3 cm, neben Zeolithen. – Bergell (GR): nicht anstehend in Stollenaushub.

Bavenit
$Ca_4Be_2Al_2Si_9O_{26}(OH)_2$
Orthorhombisch. Weiß, auch bräunlich. Feinfaserig, büschelig, radialstrahlig oder watteähnlich. 1 cm. Sporadisches Kluftmineral granitischer Gesteine. Durch das Nebengestein vom äußerlich ähnlichen Aktinolith- und Serpentinasbest unterschieden.
Fiescherglestscher (nördlich Fiesch, Goms VS). – Oberwald (Goms VS). – Gletsch (Goms VS). – Großtal (Ursern UR). – Gotthard-Straßentunnel (UR/TI): hier reichlich, sowohl in aarmassivischen Gesteinen wie im Fibba-Granitgneis. – Muota Naira (Val Nalps, Tavetsch GR). – Val Casatscha (Val Cristallina, Medels GR). – Albignagebiet (Bergell GR): mikroskopisches Umwandlungsprodukt auf Beryll.

Prehnit
$Ca_2Al_2Si_3O_{10}(OH)_2$
Orthorhombisch. Farblos, grünlich. Fächerartige, gerundete Aggregate, seltener tafelige Einzelkristalle. 1 cm. Ziemlich verbreitetes Kluftmineral intermediärer Gesteine, besonders im Gotthardmassiv und Penninikum neben Epidot, Titanit, Periklin. In den Tessiner Alpen auch neben Skolecit und Fluorit.
Großtal (Ursern UR). – Schattig Wichel (zwischen Etzli und oberem Tavetsch UR/GR). – Val Maighels (südlich Oberalppaß GR). – Muota

Prehnit, kugelig aggregiert. Monte del Forno, Bergell GR. Kugeln 1 cm. (Museum Ciäsa Granda Stampa GR).

Naira (Val Nalps, Tavetsch GR): neben Periklin, Adular, Calcit, Titanit, Epidot, Stilbit, Chlorit, schwarzem Turmalin. – Camperio (westlich Olivone, Bleniotal TI). – Zermatt–Saas Fee (VS). – Kriegalptal (südliches Binntal VS). – Mittlere Tessiner Alpen (TI). – Arvigo (Calancatal GR). – Bergell-Ostrand (GR): Sphärolithe von 1 cm auf Kluftflächen.

Stilpnomelan
$K(Fe^{+2},Fe^{+3},Al)_{10}Si_{12}O_{30}(OH)_{12}$

Monoklin und triklin. Schwarz, broncefarben. Schuppig. Bis 1 cm. Wichtiger Gemengteil niedrigmetamorpher Gesteine. In Eisen-Erzen. Im Handstück nicht von Biotit zu trennen, jedoch im Spaltblättchen durch die Sprödigkeit von Glimmer verschieden.

Gonzen (nördlich Sargans SG): in Adern der Eisen-Mangan-Erze. – Bovernier (zwischen Martigny und Sembrancher VS): hier besonders schön in freien Kristallrasen neben Epidot auf schmalen Klüften. – Mont Chemin (südöstlich Martigny VS): neben Epidot in den Begleitgesteinen der Magnetit-Erze.

Parsettensit
$KMn_6^{+2}AlSi_8O_{20}(OH)_8 \cdot 2H_2O$

Monoklin. Braun oder kupferrot, auch grünlich, durch Verwitterung schwarz. Derb, blättrig. 1 cm. Neben Rhodonit in Adern metamorpher Mangan-Erze.

Parsettens (Oberhalbstein GR). – Piz Corvatsch Westseite (Oberengadin GR).

Chrysokoll
$Cu_2H_2Si_2O_5(OH)_4 \cdot nH_2O$

Monoklin. Blaugrüne Krusten. Binntal (VS): lokal nachgewiesen.

Tektosilikate, Gerüststrukturen

Feldspatgruppe

Monoklin und triklin. Sehr gute Spaltbarkeit. Mischbarkeiten: K/Na (beschränkt), Na/Ca (gleichzeitig mit Si/Al), K/Ba (gleichzeitig mit Si/Al). Geordnete Verteilung von Al und Si (Tieftemperaturformen) oder ungeordnete Verteilung (Hochtemperaturformen) und alle Übergänge dazwischen (Ordnungsgrad). Mehrere Reihen mit komplizierten Entmischungen bei tieferen Temperaturen. Nie magnesiumhaltig. Mengenmäßig die häufigsten Mineralien der Erdkruste.

Alkalifeldspäte: Orthoklas (K, Na, nie völlig natriumfrei) mit Varietät Adular.

Plagioklase, Reihe (nicht streng kontinuierlich) von reinem Na-Feldspat zu reinem Ca-Feldspat: Albit (Na) mit Varietät Periklin; Oligoklas; Andesin; Labradorit; Bytownit; Anorthit (Ca).

Bariumfeldspäte, selten: Hyalophan (K, Ba); Celsian (Ba).

Orthoklas
$(K,Na)AlSi_3O_8$
Feldspatgruppe
Verschiedene Varietäten, durch Fein-

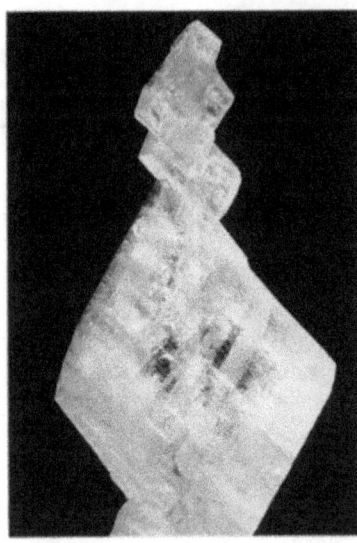

Adular, sägeförmig aggregiert. Großtal, Urseren UR. 7 cm. (P. Bonetti, Andermatt UR).

struktur, Habitus und Vorkommen unterschieden. In Granitdrusen: *Orthoklas* im engeren Sinn. Auf alpinen Zerrklüften: *Adular.*

Orthoklas

Triklin (pseudomonoklin). Weiß, rosa, ziegelrot. Prismatisch. 1 cm.

Carona (südlich Lugano TI): in Drusen im Granophyr.

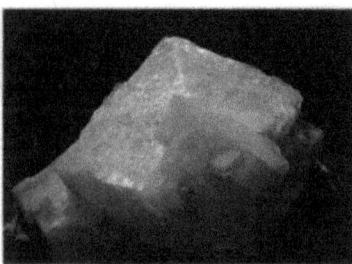

Adular mit Maderaner-Habitus. Baveno-Zwilling. Rhonegletscher VS. Kantenlänge 5 cm.

Adular (Varietät von Orthoklas)

Triklin (pseudomonoklin). Weiß, prozellanartig, selten farblos durchsichtig, manchmal mit festhaftendem Chlorit bedeckt und außen grün. Einfache Kristalle im typischen Fall pseudorhomboedrisch (Maderaner-Habitus), scharfkantig, sehr häufig Kontaktzwillinge, auch sägeartig aggregiert oder sattelförmig wie bei Dolomit. Bis 40 cm.

Für Adular charakteristisch die besondere Tracht mit Vorherrschen des Vertikalprismas (110). Bei Manebach-Zwillingen schmetterlingsartiger, bei Baveno-Zwillingen keilförmiger (deltoidförmiger) Habitus. Kombination der beiden Gesetze führt zu Vierlingen, da die Zwillingsfläche (021) des Baveno-Gesetzes nahezu exakt 45° gegen Basispinakoid und auch Seitenpinakoid geneigt ist.

Typisch ferner das besondere Vorkommen auf alpinen Zerrklüften. Im Gotthardmassiv auch Adular mit säuligem Habitus und höherem Natriumgehalt als beim Maderaner-Habitus, dabei Kristalle nach der a-Achse gestreckt (Fibbia-Habitus) wie bei Orthoklas, offenbar als Folge höherer Bildungstemperatur. Gelegentlich ist Adular auf dem seitlichen Pinakoid von Albit (Periklin) gesetzmäßig aufgewachsen.

Adular zweitwichtigstes alpines Zerrkluftmineral (nach Quarz). Hauptglied vieler Paragenesen neben Quarz, Chlorit, untergeordnet auch lila Apatit. In ultrabasischen Gesteinen fehlend, ebenso in Kalksteinen, nicht aber in Dolomitmarmoren. Hauptvorkommen im Aar- und Gotthardmassiv.

Stets natriumhaltig: 2,5 bis 17 Mol % Albit, im Maderanertal sehr natriumarm, gegen Süden (nördliche Tessiner Alpen) Natriumgehalt ansteigend (höhere Bildungstemperatur). Stets bariumhaltig: bis 6 Mol %

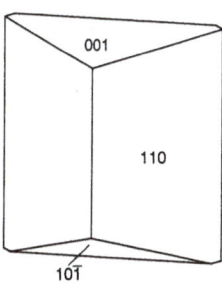

*Adular
Einkristall*

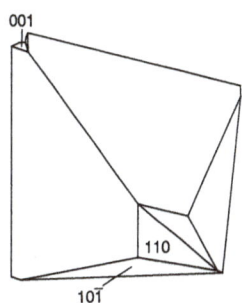

*Adular
Baveno-Zwilling*

Celsian, 3% BaO entsprechend. Jedoch kein Calcium (Anorthit) im Adular. Optisch deutlich triklin. Strukturell zwischen geordneter, trikliner Tieftemperaturphase (Mikroklin) und ungeordneter, monokliner Hochtemperaturform (Sanidin). Ordnungsvorgang und Triklinisierung führen zu milchiger Trübung.

Aarmassiv. Baltschiedertal (nördlich Visp VS): in Triasdolomit. – Burg (unter dem Fieschergletscher, Goms VS): chloritbedeckte Kristallgruppen von 40 cm. – Gauligletscher (Urbachtal, südlich Innertkirchen BE). – Kammegg (östlich Guttannen BE): grünlich durch Amianteinschlüsse. – Rhonegletscher (VS). – Furka (VS/UR). – Voralp (Göschenertal UR). – Großtal (Urseren UR): Fibbia-Habitus. – Maderanertal (UR). – Val Val und Val Giuv (Tavetsch GR).

Gotthardmassiv. Gotthard (TI): Fibbia-Habitus. – Cavradischlucht (unteres Val Curnera, Tavetsch GR): durchsichtige Kristalle neben Hämatit. – Piz Starlera (Val Cristallina, Medels GR): Riesenfund hervorragender Kristalle mit Maderaner-Habitus, 30 cm. – La Bianca (Val Cristallina,

Adular. Vierling, sowohl nach dem Baveno- wie nach dem Manebach-Gesetz verzwillingt. Etzli UR. Kantenlänge 10 cm. (X. Gnos, Amsteg UR).

Adular mit Fibbia-Habitus. Baveno-Zwilling. La Fibbia, Gotthard TI. 4 cm. (ETH-Sammlung Zürich).

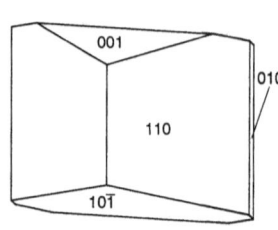
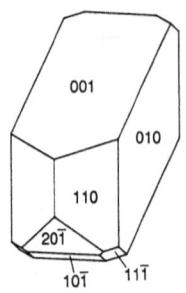

Adular
Binntal (VS)

Adular
La Fibbia (Gotthard TI)

Medels GR): Kristalle mit Fibbia-Habitus, 15 cm.

Penninikum. Binntal Triasdolomit (VS): Adular oft mit Hyalophankern. – Binntal Gneiszone (VS): Maderaner- und Fibbia-Habitus. – Cavagnoligletscher (oberstes Val Bavona TI): Riesenkristalle, 40 cm.

Hyalophan
$(K,Ba)Al(Si,Al)Si_2O_8$
Feldspatgruppe

Triklin (pseudomonoklin). Farblos, durchscheinend. Ähnlich Adular. Bis 5 cm. Kristalle inhomogen, bis 40 Mol% Celsian (Bariumfeldspat) im Kern.

Lengenbach (Binntal VS): in Drusen und eingewachsen, auch sonst im Dolomit des Binntals.

Celsian
$BaAl_2Si_2O_8$
Feldspatgruppe

Monoklin. Weiß. Derb. 1 cm.

Wasenalp (nordöstlich Simplonpaß VS): in einer Zoisitgneis-Linse, darin Klüfte mit Armenit.

Albit
$NaAlSi_3O_8$
Feldspatgruppe

Zwei Ausbildungsformen. Tafelig nach dem seitlichen Pinakoid, manchmal durchsichtig: *Albit* im engeren Sinn. Gestreckt nach der b-Achse, stets weiß, trüb: *Periklin*.

Albit

Triklin. Farblos, porzellanartig, durchscheinend bis durchsichtig. Tafelig nach (010), fast stets verzwillingt. Bis 5 cm. Sehr verbreitetes Kluftmineral in Gneisen, Glimmerschiefern, Grüngesteinen und Kalkschiefern. Hier auch häufiger Gesteinsgemengteil. Chemisch außerordentlich rein: kein Calcium (Anorthit), kein Kalium (Kaliumfeldspat) im Kluftalbit.

Intschi Tobel (Reußtal UR): neben Quarz, Brookit, Apatit. – Unteres Val Nalps (Tavetsch·GR): neben Quarz, Calcit, Ankerit, Hämatit. – Alp Rischuna (nördlich Vals, Valsertal GR): schöne Kristalle aus Klüften in Grünschiefern (Ophiolithen). – Piz Beverin und Nollaschlucht (südwestlich Thusis GR): schön kristallisiert, 5 cm, neben Quarz und Calcit in kalkigen Bündnerschiefern. – Oberhalbstein (GR): als Gangart in den Mangan-Erzen.

Periklin (Varietät von Albit)

Triklin. Weiß, porzellanartig, nie durchsichtig, oft chloritbedeckt. Nach der b-Achse gestreckt und nach der Basis abgeplattet, fast stets verzwillingt. Bis 20 cm. Sehr verbreitetes Kluftmineral in intermediären Gnei-

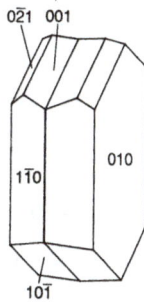

*Albit-Zwilling
Alp Rischuna (Vals GR)*

sen neben Adular, Chlorit, Titanit, Apatit. Stellenweise auch in glimmerreichen Gesteinen neben Calcit, Ankerit, Quarz, Rutil. Viele Vorkommen im Gotthardmassiv. Mit geringen Spuren von Calcium (Anorthit). Alpiner Periklin wird als Pseudomorphose von Albit nach Oligoklas gedeutet (Entkalkung von Oligoklas).

Fieschergletscher (nördlich Fiesch, Goms VS): neben Titanit. – Ernen und Rufibach (bei Steinhaus, Goms VS): neben Quarz, Calcit, Ankerit, Rutil, schwarzem Turmalin. – Hospental (Urseren UR): neben Carbonaten. – Val Tremola (südlich Gotthardpaß TI): neben Rutil, Amiant. – Pizzo Centrale (nordöstlich Gotthardpaß UR/TI). – Val Canaria (nordöstlich Airolo TI). – Oberes Medels (GR): neben Titanit und schwarzem Turmalin. – Piz Vallatscha (nordöstlich Lukmanierpaß GR): neben Axinit. – Val Casatscha (Val Cristallina, Medels GR): neben Apatit. – Simplontunnel (VS). – Mättital (Lengtal, Binntal VS): weiße Kristalle, 20 cm. – Ofenhorn (hinterstes Binntal VS). – Soglio (Bergell GR): 2 cm.

Plagioklase
$NaAlSi_3O_8$
$CaAl_2Si_2O_8$
Mischkristallreihe
Feldspatgruppe

Triklin. Weiß. Kurzsäulig. 2 cm. Als Gesteinsgemengteil allverbreitet. Von Albit abgesehen als Kluftmineral nur in Gebieten mit hoher Bildungstemperatur (Amphibolitfazies).

Nordwestliche Tessiner Alpen (TI): als Kluftmineral Oligoklas bis Labradorit nachgewiesen neben Quarz, Adular, Prehnit, Epidot, Aktinolith, Chlorit.

Danburit
$CaB_2Si_2O_8$

Orthorhombisch. Farblos durchsichtig, auch grün durch Chloriteinschlüsse. Langprismatisch. Bis 1 cm. Seltenes Kluftmineral. Lose oder auf Adular.

Piz Vallatscha und Piz Miez (nord-

Albit. Alp Rischuna, Valsertal GR. Kristalle 2 cm. (Naturhistor. Museum Bern).

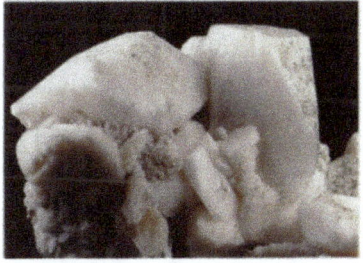

Periklin. Unteralp, Andermatt UR. 3 cm. (X. Gnos, Amsteg UR).

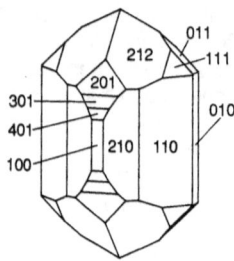

Danburit
Piz Vallatscha (Medels GR)

östlich Lukmanierpaß GR): stellenweise reichlich neben Adular, Periklin, Quarz, Apatit, Chlorit. – Plattenberg (südwestlich Lampertschalp, hinterstes Valsertal GR).

Danalith
$Fe_4^{+2}Be_3(SiO_4)_3S$
Kubisch. Braune Körner. 1 mm. Neben Beryll.
Pizzi dei Rossi (Forno, Bergell GR).

Skapolithe
$3NaAlSi_3O_8 \cdot NaCl$
$3CaAl_2Si_2O_8 \cdot CaCO_3$
Mischkristallreihe
wenn natriumreich: *Marialith*
wenn calciumreich: *Mejonit*
Tetragonal. Farblos, weiß. Langprismatisch, meist ohne Endflächen. Bis 8 cm. Seltenes Kluftmineral. Gemengteil von Kalksilikatfelsen und Marmoren. Nur südlich des Gotthards angetroffen (hohe Bildungstemperatur). Oft in Muskovit umgewandelt.

Camperio (westlich Olivone, Bleniotal TI): weiß, 8 cm, frisch oder in Muskovit umgewandelt, neben Quarz, Calcit, Muskovit, Rutil, Anatas in zerklüfteten Quartenschiefern. – Binntal (VS): im Dolomit eingewachsen, meist in Muskovit umgewandelt. – Gheiba (Val di Peccia, Maggiatal TI): am Kontakt mit Calcitmarmor, lokal gesteinsbildend neben Quarz, Calcit, Biotit, Epidot. – Lago Tremorgio (Leventina TI): klare, ganz schwach gelbliche, dünne Prismen, bis 7 cm, Carbonatskapolith mit 70% Mejonitanteil, lose in Glimmersand eingebettet in Klüften des Bündnerschiefers. – Campolungo (Leventina TI): im Dolomit eingewachsen. – Monte Piottino (Leventina TI): neben Quarz, Muskovit, Calcit in Klüften im Bündnerschiefer. – Castione (nördlich Bellinzona TI): in Kalksilikatfels eingewachsen. – Bergell-Ostrand (GR): farblos, 4 cm, in Kontaktmarmor eingewachsen.

Analcim
$NaAlSi_2O_6 \cdot H_2O$
Kubisch. Weiße Kristallgruppen. 1 cm.

Pollux (südöstlich Zermatt VS): neben Epidot und Chabasit in kalksilikatischem Grüngestein, Hauptvorkommen dicht jenseits der Landesgrenze.

Zeolithgruppe
Sehr locker gebaute, stark wasserhaltige Gerüstsilikate, die das Wasser abgeben und nachher wieder aufnehmen können; ohne daß das Kristallgitter zusammenbricht. Verbindungen mit Na, Ca, Al, seltener K, Ba. Nur beschränkte Mischbarkeit. Bei tiefen Temperaturen entstanden. Gesteinsbildend als Produkt schwacher Metamorphose (Heulandit, Laumontit).

Natrolith
$Na_2Al_2Si_3O_{10} \cdot 2H_2O$
Zeolithgruppe
Orthorhombisch. Farblos. Stenglig, faserig. 1 cm.

Mont d'Or (nordöstlich Aigle VD): in Kalkstein. – Geißpfad (südöstliches Binntal VS): auf Klüften in hornblendereichen Ganggesteinen des Serpentinits.

Skolecit. Kriegalp Wasserstollen, Binntal VS. Nadeln bis 2 cm.

Laumontit. Furka-Basistunnel VS/UR. 3 cm. (L. Volken, Fiesch VS).

Mesolith
$Na_2Ca_2(Al_2Si_3O_{10})_3 \cdot 8H_2O$
Zeolithgruppe

Monoklin. Weiß. Stenglig. 8 cm. Innig mit Thomsonit verwachsen.

Geißpfad (südöstliches Binntal VS): auf Klüften neben Calcit und Natrolith in hornblendereichen Ganggesteinen des Serpentinits.

Skolecit
$CaAl_2Si_3O_{10} \cdot 3H_2O$
Zeolithgruppe

Monoklin. Weiß, farblos, auch bräunlich. Prismatisch, nadelig, oft strahlig aggregiert. Bis 25 cm. Verbreitetes Kluftmineral, anderen Mineralien aufgewachsen. In intermediären Gesteinen im mittleren und südlichen Aar- und Gotthardmassiv sowie im Lepontin neben Prehnit und Epidot.

Lötschental (VS). – Großtal (Urseren UR). – Schattig Wichel (zwischen Etzli und oberem Tavetsch UR/GR): auch sonst im Giuvsyenit. – Kriegalp Wasserstollen (südliches Binntal VS): in weißen Rasen, 2 cm. – Geißpfad (südöstliches Binntal VS): schneeweiß, 5 cm, am Kontakt des Serpentinits. – Arvigo (Calancatal GR): radialstrahlig, 4 cm, neben Prehnit, Epidot, Titanit in plagioklasreichen Gneisen. – Bergell-Ostrand (GR): 25 cm, neben Prehnit und Epidot in Klüften in Amphibolit.

Thomsonit
$NaCa_2Al_5Si_5O_{20} \cdot 6H_2O$
Zeolithgruppe

Orthorhombisch. Weiß. Stenglig. 8 cm. Innig mit Mesolith verwachsen.

Geißpfad (südöstliches Binntal VS): auf Klüften neben Calcit und Natrolith in hornblendereichen Ganggesteinen des Serpentinits.

Gonnardit
$Na_2Ca(Al_2Si_3O_{10})_2 \cdot 7H_2O$
Zeolithgruppe

Orthorhombisch. Weiß. Kugelige Aggregate. 8 mm.

Bergell-Ostrand (GR): in Kalksilikatfels.

Laumontit
$Ca(AlSi_2O_6)_2 \cdot 4H_2O$
Zeolithgruppe

Monoklin. Weiß. Prismatisch, nadelig, bröcklig. 5 cm. Verbreitetes Kluftmineral, anderen Mineralien aufgewachsen. In intermediären Gesteinen im mittleren und südlichen Aar- und Gotthardmassiv, häufig im Lepontin. Nicht in den nördlichen Schieferzonen der Zentralmassive. Gesteinsbildend im Taveyannaz-Sandstein (beginnende Metamorphose). Zerfällt an trockener Luft unter Wasserabgabe.

Nordwestlich Fiesch (Goms VS). – Älpergenlücke (südlich Göscheneralp See UR). – Großtal (Urseren UR). – Schattig Wichel (zwischen Etzli und oberem Tavetsch UR/GR): auch sonst im Giuvsyenit. – Drun Tobel (nördlich Sedrun GR). – Gotthard-Straßentunnel (UR/TI). – Camperio (westlich Olivone, Bleniotal TI). – Zermatt–Saas Fee (VS). – Kriegalp Wasserstollen (südliches Binntal VS). – Val Bavona (TI): aus Stollen. – Osogna–Cresciano (Riviera TI). – Arvigo (Calancatal GR). – Soglio (Bergell GR): Klüfte im Tambo-Gneis.

Heulandit. Gibelsbach, Fiesch VS. 12 mm.

Heulandit
$CaAl_2Si_7O_{18} \cdot 6H_2O$
Zeolithgruppe

Monoklin. Farblos, weißlich. Dicktafelig, sehr vollkommen spaltend. 3 cm. Verbreitetes Kluftmineral, anderen Mineralien aufgewachsen. In intermediären Gesteinen im mittleren und südlichen Aar- und Gotthardmassiv sowie im Lepontin.

Lötschental (VS). – Gibelsbach (nordwestlich Fiesch, Goms VS): reichlich neben grünlichem Fluorit und weißem Stilbit. – Schattig Wichel (zwischen Etzli und oberem Tavetsch UR/GR): auch sonst im Giuvsyenit. – Val Maighels (südlich Oberalppaß GR). – Kriegalp Wasserstollen (südliches Binntal VS). – Val Bavona (TI). – Arvigo (Calancatal GR).

Stilbit
$NaCa_2Al_5Si_{13}O_{36} \cdot 14H_2O$
auch Desmin genannt
Zeolithgruppe

Monoklin und triklin. Weiß, farblos, auch bräunlich. Meist garbenförmig gebündelt, auch kugelig aggregiert, Einzelkristalle säulig, vollkommen

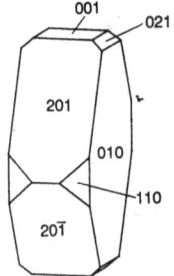

*Heulandit
Gibelsbach (Fiesch VS)*

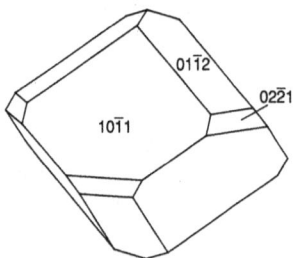

*Chabasit
Chrüzlistock (Tavetsch GR)*

Stilbit, garbenförmig aggregiert. Gibelsbach, Fiesch VS. 1 cm. (L. Volken, Fiesch VS).

Chabasit, chloritüberzogen und mit Zwillingsbildungen. Val Giuv, Tavetsch GR. Kantenlänge des großen Rhomboeders 1 cm.

spaltend. Bis 7 cm. Verbreitetes Kluftmineral, häufigster alpiner Zeolith, anderen Mineralien aufgewachsen. In intermediären Gesteinen im mittleren und südlichen Aar- und Gotthardmassiv sowie im Lepontin.

Lötschental (VS). – Gibelsbach (nordwestlich Fiesch, Goms VS): neben grünlichem Fluorit und farblosem Heulandit. – Großtal (Urseren UR). – Riental (östlich Göschenen UR): teils auf Hämatit, teils auf Rosafluorit. – Schattig Wichel (zwischen Etzli und oberem Tavetsch UR/GR): auch sonst im Giuvsyenit. – Drun Tobel (nördlich Sedrun GR): schneeweiße Garben. – Gotthardpaß (TI): neben Eisenrosen. – Gotthard-Straßentunnel (UR/TI). – Kriegalp Wasserstollen (südliches Binntal VS). – Val Bavona (TI). – Arvigo (Calancatal GR). – Soglio (Bergell GR): radialstrahlig, 7 cm, in Klüften im Tambo-Gneis.

Epistilbit
$CaAl_2Si_6O_{16} \cdot 5H_2O$
Zeolithgruppe

Monoklin. Weiß. 7 mm.

Gibelsbach (nordwestlich Fiesch, Goms VS).

Gismondin
$CaAl_2Si_2O_8 \cdot 4\frac{1}{2}H_2O$
Zeolithgruppe

Monoklin. Weiß. 5 mm.

Zermatt – Saas Fee (VS): lokal nachgewiesen.

Phillipsit
$(K,Ca)_{1-2}(Si,Al)_8O_{16} \cdot 6H_2O$
Zeolithgruppe

Monoklin. Weiß. 5 mm.

Oberalpstock (Val Strem, Tavetsch GR): Einzelfund.

Chabasit
$CaAl_2Si_4O_{12} \cdot 6H_2O$
Zeolithgruppe

Trigonal. Farblos durchsichtig, weiß, bräunlich, auch chloritig. Würfelähnliche Rhomboeder, oft Penetrationszwillinge. 3 cm. Verbreitetes Kluftmineral, zweithäufigster alpiner Zeolith (nach Stilbit), anderen Mineralien aufgewachsen. In intermediären Gesteinen im mittleren und südlichen Aar- und Gotthardmassiv sowie im Lepontin. Nicht in den nördlichen Schieferzonen der Zentralmassive.

Gredetschtal (westlich Brig VS): 3 cm. – Massa Stollen (nördlich Brig

VS). – Altbach (westlich Fiesch, Goms VS). – Furka (VS/UR). – Riental (östlich Göschenen UR): auf Hämatit. – Schattig Wichel und Chrüzlistock (zwischen Etzli und oberem Tavetsch UR/GR): auch sonst im Giuvsyenit. – Piz Lucendro (südwestlich Gotthardpaß TI): teils ganz durchsichtig, teils auf einzelnen Flächen chloritig, Pseudowürfel von 3 cm neben Quarz und Phenakit. – La Fibbia (südwestlich Gotthardpaß TI). – Gotthard-Straßentunnel (UR/TI): neben Quarz und Adular. – Kriegalp Wasserstollen (südliches Binntal VS). – Vergeletto (Onsernonetal TI): neben Prehnit, Epidot. – Monte Ceneri Autobahntunnel (TI): 3 mm, neben Laumontit, Pyrit. – Bergeller Massiv (GR): als zuckriger Überzug in Spalten.

Regionalübersicht der Fundgebiete

Jura und Mittelland

Tektonisch gliedert sich die Schweiz in drei Hauptzonen, die von Südwest nach Nordost verlaufen: Jura, Mittelland, Alpen. Die ersten beiden Gebiete sind an Mineralvorkommen nicht sehr reich. Relativ wenige Arten bieten sich dem Sammler an, im Jura hauptsächlich Calcit, Coelestin, Fluorit und Sphalerit, im Mittelland fast nur Calcit. Das Mineraliensammeln konzentriert sich auf Steinbrüche und ähnliche Aufschlüsse.

Jura
Das Jura-Gebirge besteht aus mesozoischen Kalksteinen, Mergeln und Lehmschichten ohne Anzeichen irgendwelcher magmatischer Bildungen. Mineralien treten vor allem in fossilreichen Schichten auf, so in den harten Kalkbänken des unteren Lias und in den ammonitenreichen Kalksteinen des unteren Doggers. Kristallisationen finden sich vorzugsweise im Innern von Versteinerungen wie Ammoniten, Nautiliden, Brachiopoden, Muscheln, Schnecken und Korallen, weiterhin auch in Septarien (Kalkkonkretionen mit radialen Schrumpfungsrissen), in Gesteinshohlräumen und auf schmalen Klüften.

Die eher kleinen Mineralien sind sedimentär und haben sich aus vagabundierenden, deszendenten (vom atmosphärischen Kreislauf genährten) Wässern abgeschieden. Die auskristallisierten Stoffe wurden dem Nebengestein entzogen, wo sich einzelne chemische Elemente schon vorher biogen etwas angereichert hatten. Dies gilt für Strontium im Coelestin, wohl auch für Fluor im Fluorit von Muttenz BL, der unter einem besonders fossilreichen Horizont von Kalkalgen und Nerineen erscheint.

Weitaus am häufigsten mit unzähligen Vorkommen im Jura ist Calcit in wechselnder rhomboedrischer oder skalenoedrischer Ausbildung. Auch Coelestin zeichnet sich durch eine große Zahl von Fundorten und verschiedenartigste Wuchsformen aus. Er ist wohl das auffallendste Mineral des Schweizer Jura und wird von Calcit, millimetergroßem Goethit und Pyrit begleitet. Die Grube Herznach AG, wo bis 1968 Eisenoolith im oberen Dogger mit 25–29% Fe abgebaut wurde, war eine bedeutende Mineralfundstelle speziell für Coelestin in Ammonitenhohlräumen. Reichhaltig war die Zone in der Nähe des Grundwasserspiegels. Besonders schöne, hellblaue Coelestinkristalle in Calcitdrusen lieferte die Zementfabrik La Reuchenette BE aus alten, heute verstürzten Stollen, die eine korallenreiche Kalkbank des Untersequan (unterer Malm) durchfuhren.

Bräunlicher, würfeliger Fluorit kommt neben Calcit in Drusen des unteren Hauptrogensteins (Dogger) 2 km südlich von Muttenz BL am Chlosterchöpfli (Lachenköpfli) vor. In der Umgebung sind weitere Fundpunkte bekannt, sonst ist Fluorit im Schweizer Jura eher eine seltene Erscheinung. Dagegen trifft man Sphalerit im unteren Lias und mittleren Dogger immer wieder an, stets aber nur in kleinen Kriställchen von dunkler, meist matter Beschaffenheit. Auch hier liegt eine sedimentäre, la-

Mineralien im Schweizer Jura

nur Nichtsilikate | *zusammen mit Gipslagern*

Amethyst	Gips	Anhydrit
Ankerit	Goethit	Epsomit
Aragonit	Hämatit (auch rosetten-	Glauberit
Azurit	förmig, 1 mm)	Halit
Baryt	Malachit	Mirabilit
Calcit	Markasit	Thenardit
Chalcedon	Pyrit	
Chalkopyrit	Quarz (Bergkristall)	
Coelestin	Siderit	
Dolomit	Smythit	
Fluorit	Sphalerit	
Galenit	Strontianit	

Fundstellen in Steinbrüchen des Jura

Baulmes VD	w. Yverdon	Coelestin
Cornaux NE	n.ö. Neuchâtel	Fluorit, Coelestin
Herznach AG	n. Aarau	Ammonitenhohlkammern
Liesberg BE	n.ö. Delémont JU	Calcit, Gips
Moutier BE	s. Delémont JU	Gipsrosen
Münchenstein BL	s. Basel	Calcit
Muttenz–Pratteln BL	s.ö. Basel	Calcit, Fluorit
Neuveville, La BE	s.w. Bieler See	Calcit
Oristal BL	Tal s.w. Liestal	Calcit, Fluorit
Reuchenette, La BE	n. Biel	Coelestin, Calcit
Röschenz BE	w. Laufen	Calcit
Schönthal BL	n. Liestal	Calcit, Pyrit
Vermes JU	s.ö. Delémont JU	Gipsrosen
Zeglingen BL	n. Olten SO	Gips, Calcit

n. = *nördlich* *s.* = *südlich* *s.w.* = *südwestlich*
n.ö. = *nordöstlich* *s.ö.* = *südöstlich* *w.* = *westlich*

teralsekretionäre Ausscheidung biogenen Ursprungs vor, ist doch Zink in dunklen Schiefern ein verbreitetes Spurenelement.

Mittelland
Im Mittelland treffen wir hauptsächlich auf Molasse und Eiszeitablagerungen als wichtigste geologische Formationen. Molasse umfaßt das oligozän-miozäne Abtragungsmaterial, das nach dem Höhepunkt der alpinen Gebirgsfaltung die Molassevortiefen auffüllte und jetzt eine bis 4 km mächtige Serie aus Konglomeraten (Nagelfluh), Sandsteinen und Mergeln bildet. Die eiszeitlichen Sedimente wie Schotter und ehemalige Moränen liegen an vielen Orten noch der Molasse auf.

Nennenswerte Mineralfunde beschränken sich praktisch auf Calcit, der in Spalten oft als hübsche, rhomboedrische Kristalle erscheint. Ein Beispiel unter vielen ist der Steinbruch in der Unteren Süsswassermolasse bei Nuolen SZ am oberen Zürichsee. Gold läßt sich in manchen Flüssen des Mittellandes herauswaschen, wenn auch nur in unrentablen Spuren, so vor allem im Napfgebiet LU/BE, wo gemäß den Chroniken der Ertrag von 1500–1800 rund 30 kg Gold betrug (im Entlebuch). Das Gold findet sich hier strenggenommen auf tertiärer Lagerstätte, da es zweifach umgelagert wurde, einmal bei der Erosion des Primärvorkommens während der Molassezeit und dann wieder bei der Abtragung der Molasse durch das jetzige Flußsystem.

Nördliche Kalkalpen

Die Nördlichen Kalkalpen säumen die kristallinen Kernzonen des Alpenbogens von Frankreich bis Österreich. Nicht nur Kalksteine, sondern in beträchtlichem Maße auch Mergel, Tonschiefer, Sandsteine, weniger dagegen Dolomite und vulkanogene Ablagerungen (Taveyannaz-Sandstein) nehmen am Aufbau teil. Die gewöhnlichsten Mineralien, aber lange nicht die einzigen der zerstreuten Fundstellen sind Calcit, Quarz und Fluorit.

Obschon auch die Kalkalpen von einer beginnenden alpinen Metamorphose erfaßt wurden, zeigen hier die Mineralvorkommen nicht immer die typischen Zerrkluftanzeichen und Zerrkluftparagenesen. Noch am deutlichsten sind die charakteristischen Kluftmerkmale in der Nähe zu den zentralen Kristallinmassiven. Wegen des plastischen Verhaltens neigen die Sedimentschichten weniger zum kluftartigen Aufreißen, und die chemische Eintönigkeit vorab der Kalksteine liefert nicht die mineralreichen Paragenesen kristalliner Schiefer. Untersuchungen von Flüssigkeitseinschlüssen an den weitverbreiteten, aber meist unscheinbaren Kluftquarzen lassen bei höheren Decken (Südhelvetikum, Préalpes, Klippen) eine Metamorphose schon vor der Überschiebung vermuten (transportierte Metamorphose), zumal in den oberen Deckenniveaus nicht selten die errechneten Bildungstemperaturen der Kluftquarze höher sind als in den unteren. Normalerweise

Mineralien im Schrattenkalk von Unteriberg SZ

Nichtsilikate		*Silikate*
Ankerit	Dolomit	Glaukonit
Aragonit	Fluorit	Muskovit
Baryt	Pyrit	
Calcit	Quarz	
Coelestin	Strontianit	

alle nur einige Millimeter groß

sollte die Temperatur mit der Tiefe zunehmen.

Ein anderer Fall transportierter Mineralbildung, aber diesmal aus geologisch fast rezenter Zeit, liegt östlich von Bonaduz eingangs Domleschg GR vor. Abgerutschtes Taminser Kristallin vom spätglazialen Bergsturz des Kunkelspasses liegt auf jungem Schotter über penninischem Bündnerschiefer und enthält in kleinen Klüftchen Quarz, Albit, Chalkopyrit (braunschwarz angelaufen), Hämatit, Turmalin, Baryt.

Calcitvorkommen

Calcit ist in Spalten und Höhlen der Kalkalpen weitverbreitet. Die größten schweizerischen Calcitfunde stammen vom Gasterntal (Kandertal BE), vom Gonzen (nördlich Sargans SG) und vom Wolfjos (Vättis, St. Galler Oberland). Im Gasterntal (untere Kreide) und bei Vättis (oberer Jura) sind die Calcitkristalle skalenoedrisch, über 10 cm groß, zu mächtigen Gruppen verwachsen und oft in der Randzone braun infolge Eisenhydroxid-Abscheidung. Für die Klüfte am alten Gemmiweg besitzt ein einheimisches Strahlerkonsortium eine Abbaukonzession, während Auswärtigen dort das Strahlen nicht erlaubt ist.

Aufsehenerregend war 1965 im ehemaligen Eisen-Bergwerk Gonzen (nördlich Sargans SG) die Entdeckung einer riesigen Calcithöhle kurz vor Stillegung der Grube. Die Kristalle sind von einfach-rhomboedrischem Habitus, weiß oder grau, die einzelnen Flächen oft mit Versetzungen (Stufenbau), Kantenlängen bis 80 cm. Wegen Einsturzgefahr mauerte man das ganze Spaltensystem zu, nachdem es nur kurze Zeit einem kleinen Kreis von Interessierten zugänglich war. Eine übermannsgroße Gruppe mit zahlreichen Einzelkristallen aus diesem Fund hat man im Naturhistorischen Museum der Burgergemeinde Bern naturgetreu zusammengebaut und ausgestellt.

Calcithöhle mit Kristallwand, die heute im Naturhistorischen Museum Bern steht. Bergwerk Gonzen, Sargans SG. Photo ETH Zürich.

Quarzvorkommen

Quarz findet sich allenthalben in den Kalkalpen, aber nicht alle Vorkommen liefern Stufen von erster Qualität. Oft sind die Quarzkristalle klein, lose, verzerrt, angeätzt, ungleichmäßig gewachsen (Fensterbildung) und trüb. Im Innern enthalten sie oft Methan und andere Kohlenwasserstoffe eingeschlossen, Zeichen niederer Bildungstemperatur in sedimentärem Milieu. Bemerkenswerte Funde scharen sich längs der Innenzone der Kalkalpen am Kontakt zum Kristallin, wo beim Kluftquarz der Dauphiné-Habitus mit der auffallenden Abschrägung der Kristallspitzen dominiert. Dem Aufbau nach erweisen sich diese Kristalle als Lamellenquarz, so benannt, weil dünne Platten bei Betrachtung im Polarisationsmikroskop als Mosaik von Lamellensystemen erscheinen (nicht mit Brasilianer-Zwillingen verwechseln!).

Bekannte Lokalitäten umfassen Choëx (südlich Monthey, eingangs Val d'Illiez, Unterwallis), Engstligenalp (südlich Adelboden BE), Wetterhorn (östlich Grindelwald BE), Rosenlaui (südlich Meiringen BE), Windgällenhütte (Maderanertal UR), Vättis (St. Galler Oberland), Taminser Calanda (westlich Chur GR). Das untere Val d'Illiez liefert hervorragende Fensterquarze, bis 20 cm große Individuen mit extrem versenkten Rhomboederflächen und lagenweisen Toneinschlüssen. Die wohl schönsten Dauphiné-Quarze der Schweiz, die aber in der Größe nicht an ausländische Funde heranreichen, stammen von der Windgällenhütte auf der Nordseite des Maderanertals. Die Kristalle sitzen in Hohlräumen von Quarzadern im Malmkalk, der dem Kristallin des Aarmassivs diskordant aufliegt. Das Sammeln ist an dieser Fundstelle verboten, und gute Stufen kennt man nur aus früherer Zeit.

Bei Vättis SG tritt das Aarmassiv in einem Erosionsfenster nochmals auf kurze Strecke zutage, bevor es ostwärts endgültig abtaucht. In dieser Zone durchsetzen Quarzgänge das randliche Kristallin und den aufliegenden triassischen Rötidolomit. Spalten und Drusen des Gangquarzes haben viele lose Doppelenderkristalle mit ungewöhnlichen Verzerrungen freigegeben, daneben auch vorzügliche Gruppen, die manchmal einen gelben, eisenhaltigen Überzug tragen. Der Quarz sieht dann äußerlich wie Citrin aus, wenngleich es sich um farblosen Bergkristall handelt.

Ebenfalls im Rötidolomit liegen die Fundstellen des Taminser Calanda über der Rheinebene, von dort aus gut erkennbar in den fast senkrechten, gelblichen Felswänden nordöstlich von Tamins. Die Größe der völlig klaren, zu unregelmäßigen Gruppen verwachsenen Dauphiné-Kristalle übersteigt 10 cm. Zur Paragenese gehören weißer Dolomit, farbloser Fluorit, untergeordnet Pyrit, Muskovit.

Eine bemerkenswerte Wachstumsform, die sich nicht auf die Nördlichen Kalkalpen beschränkt, tritt uns im Fadenquarz entgegen. Es sind abgeplattete, diagonal verlängerte Parallelverwachsungen mit einer trüben Mittelzone (Faden) längs der Hauptwachstumsrichtung. Die kristallographische Längsachse steht meist schief zum Faden. Klassisches Fundgebiet von Fadenquarzen ist der Flysch des Val d'Illiez (Unterwallis), doch erscheint die Wachstumsform mit Faden auch außerhalb der Nördlichen Kalkalpen-Zone, und zwar besonders typisch in den penninischen Bündnerschiefern des Domleschg GR.

Fluoritvorkommen

In den Nördlichen Kalkalpen treten verschiedentlich Fluoritmineralisationen auf, die an Spalten, Brüche oder Gänge gebunden oft schöne Stufen bergen. Der Fluorit erscheint in farblosen, grünen oder blauen Würfeln, aber niemals in rosa Oktaedern wie in den zentralalpinen Kristallingebieten. Die bekanntesten Vorkommen der Nördlichen Kalkalpen sind Alp Oltscheren (südöstlich Brienz BE) und Chobelwand–Dürrschrennenhöhle (Säntis AI). Die Fundstelle im Malm auf der Südostseite der Oltschiburg über der Alp Oltscheren lieferte sehr große Fluoritkristalle, die meist grün in verschiedenen Tönen, manchmal auch farblos und optisch schleifbar waren. Der letzteren Qualität wegen, die in der Industrie begehrt war, erlebte die Lokalität im 19. Jahrhundert eine nahezu bergmännische Ausbeutung. Heute werden kaum noch nennenswerte Stücke gefunden.

Dürrschrennen zählt ebenfalls zu den außergewöhnlichen Fluoritvorkommen wegen der leuchtend blaugrünen, mit dem Lichteinfall wechselnden Farbe des Minerals. Stufen sind heute allerdings unerreichbar, da die Kristallhöhlen unter Naturschutz stehen und die Sammelverbote rigoros durchgesetzt werden. Die Höhlen öffnen sich im senkrecht abfallenden Valanginienkalk (untere Kreide) hoch über dem Seealpsee.

Andere Vorkommen
Gips in ausgezeichneten Kristallen zusammen mit Halit und Anhydrit kam im letzten Jahrhundert aus dem Salz-Bergwerk zwischen Bex und Villars (Rhonetal VD) und ist noch in alten Museumssammlungen zu bewundern. Heute gewinnt man das Steinsalz durch Auslaugung in Bohrlöchern, nicht mehr durch Abbau in Stollen, und Mineralstufen fallen kaum noch an. Hingegen beherbergen die alten Anlagen jetzt ein sehenswertes Schau-Bergwerk mit unterirdischem Restaurant. In unmittelbarer Nähe von Bex wird ein Gips-Steinbruch betrieben, der aber nicht die klassische Fundstelle ist.

Riebeckit, ein blauer, gesteinsbildender Amphibol, tritt in den Nördlichen Kalkalpen als unerwartete alpinmetamorphe Neubildung auf, und zwar im mittleren Kieselkalk (untere Kreide) der Axen-Decke, so auf der Westseite des Urner Sees UR und am Glärnisch GL. Im allgemeinen war der Einfluß von Temperatur und Druck auf die Gesteine der randlichen Kalkketten zu gering, als daß so auffallende metamorphe Paragenesen wie in den kristallinen Schiefern des Alpeninnern entstanden.

Axinit als typisch alpines Zerrkluftmineral wurde früher auch nicht in den Nördlichen Kalkalpen gesucht, bis man ihn überraschend im Taveyannaz-Sandstein der Schächental Südseite UR und des hinteren Sernftals GL gefunden hat. Der Taveyannaz-Sandstein im eozänen Flysch stellt eine vulkanische Aschenablagerung dar, die das Bor für die Axinitkristallisation auf den engen Klüften geliefert hat. Das ungewöhnliche Mineral ist hellbräunlich mit lila Stich und weist die typisch scharfkantige, ausgeprägt trikline Form auf.

Hämatit, Magnetit, Hausmannit und Rhodochrosit in feinkörniger Verwachsung mit mehr oder weniger Calcit und Quarz stellen die Haupterze der Eisen-Mangan-Lagerstätte im Berg Gonzen nördlich von Sargans SG dar. Weitere Mineralien der sonst recht eintönigen Paragenese sind Pyrit, Manganosit, Stilpnomelan, Chlorit, Pyrochroit, Ankerit, Baryt, Wiserit. Drei Eisen-Erz Flöze sind dem Malmkalk schichtparallel eingelagert, das größte mit den ungefähren Ausmaßen 3000 × 300 × 2 m. Das Mangan-Erz ist in zwei schmäleren Streifen im Eisen-Erz eingebettet. Die Lagerstätte deutet man als untermeerisch-vulkanische Exhalation (Ausströmen metallhaltiger Dämpfe), wobei sich die Metalle auf dem damaligen Meeresgrund gleichzeitig mit dem Kalkstein niederschlugen und ansammelten. Seit Ende des 14. Jahrhunderts wurde mit Unterbrüchen abgebaut bis zur wirtschaftlich unausweichlichen Stilllegung 1966. Ein Teil der Anlage ist heute als eindrückliches und besuchenswertes Schau-Bergwerk zugänglich und bildet eine seltene Attraktion in einem bergbauarmen Land wie der Schweiz. Die große

Kluft- und Erzmineralien vom Ostabhang des Calanda (Chur)

Goldene Sonne (Taminser Calanda über Domat-Ems), Dogger

Arsenopyrit	Fluorit	Quarz
Azurit	Galenit	Scheelit
Brochantit	Goethit	Siderit
Calcit	Gold	Synchysit
Cerussit	Malachit	Tetraedrit
Chlorit	Muskovit	Wulfenit
Dolomit	Pyrit	

Plattenzüg (vis-à-vis Domat-Ems), permisches Kristallin

Adular	Chalkopyrit	Pyrit
Albit	Chlorit	Quarz (Blauquarz)
Apatit	Epidot	Titanit
Calcit	Hämatit	Turmalinasbest

Lascheintobel (Kupfergrüebli westlich Felsberg), Rötidolomit

Azurit	Gold	Sphalerit
Cerussit	Malachit	Stibiconit
Chlorit	Pyrit	Tetraedrit
Dolomit	Quarz (Japaner-	Wulfenit
Fluorit	Zwillinge)	Zinckenit
Galenit	Scheelit	

Chlitobel (nördlich Felsberg), Malm

Calcit	Malachit	Tetraedrit
Dolomit	Quarz	Zinckenit
Galenit	Stibiconit	

Hintertal (östlich unter Haldensteiner Calanda), Gault

Adular	Brookit (bis 15 mm)	Illit
Anatas	Calcit	Quarz
Apatit (rosa, tafelig, bis 2 cm)	Chlorit	Rutil

Mastrils (westlich Lanquart), tertiärer Flysch

Albit	Brookit	Quarz

Angaben nach W. Cabalzar, Chur

Calcithöhle allerdings ist nicht zu sehen, da man sie aus Sicherheitsgründen bald nach der Entdeckung zugemauert hat. Einbrecher plünderten später die Höhle.

Gold, als letztes der Spezialvorkommen in den Nördlichen Kalkalpen, wurde in einem heute ebenfalls verlassenen Bergwerk gewonnen, und zwar am Taminser Calanda (jedoch zur Gemeinde Felsberg gehörend westlich Chur GR). Die Erzadern setzen nordöstlich der Quarzvorkommen in Kalkschiefern des Doggers auf und enthalten gediegenes Gold in weißem Calcit eingewachsen neben Arsenopyrit und Scheelit. Auf Calanda-Gold Sammlungsstufen, die das Gold freigelegt zeigen, ist der Calcit ausnahmslos mit Säure weggelöst worden. Die alten Stollen und Schächte sind abgeriegelt und dem Zerfall überlassen. Betreten ist verboten.

Aarmassiv westlich der Reuß

Das Aarmassiv erstreckt sich als geschlossener Komplex kristalliner Gesteine (Granite und steilstehende Gneise, Schiefer, Amphibolite) vom Lötschberg VS bis zum Tödi GR. Im Querprofil von Nord nach Süd unterscheiden wir folgende Teile: nördliche Gneis- und Granitzone (zwischen oberem Gasterntal BE und Erstfeld UR), nördliche Schieferhülle, zentrale Granitzone (Aaregranit im weiteren Sinn zwischen Bietschhorn VS und Val Russein GR), südliche Mischgneis- und Schieferhülle. Schön erkennen läßt sich diese Gliederung entlang der Grimsel- und der Reusslinie.

Aus praktischen Gründen wird hier das Aarmassiv in eine Hälfte westlich und eine östlich der Reuß unterteilt. Die Linie entspricht nicht einer geologischen Grenze, obwohl das Reußtal mineralogisch ungleiche Gebiete scheidet. Rosafluorit ist hauptsächlich westlich der Reuß (Grimsel BE, Göschenertal UR), östlich noch im Fellital UR reichlich und typisch entwickelt, während sich Zeolithvorkommen östlich der Reuß besonders häufen (Fellital UR, Val Giuv GR). Auch setzt sich der Mineralreichtum des Maderanertals UR zwar westwärts in der nördlichen Schieferzone bis zum Lötschental VS fort, erreicht aber nicht ganz dieselbe Vielfalt. Charakteristische Mineralien des Aarmassivs als Ganzen sind Rauchquarz, Rosafluorit, Eisenrosen, Brookit, Zeolithe und Milarit.

Westlich der Reuß lassen sich im Aarmassiv die folgenden Schwerpunkte von Vorkommen aufzählen: Lötschental VS, Baltschiedertal VS, Fiesch VS, Reckingen VS, Gauli BE, Guttannen BE, Trift BE, Grimsel BE, Rhonegletscher VS, Tiefengletscher UR, Göschenertal UR, Großtal UR. Die Fundpunkte häufen sich in den südlichen und östlichen Teilen des Gebietes, während die nördliche Gneis- und Granitzone (Gastern-Innertkirchner-Granit, Erstfelder-Gneis) verhältnismäßig mineralarm bleibt.

Die wichtigsten Kluftparagenesen sind:
(1) Quarz, Fluorit, Calcit, Adular, Chlorit.
(2) Quarz, Hämatit, Adular, Albit, Chlorit.
(3) Quarz, Adular, Apatit.
(4) Ankerit, Quarz, Muskovit, Sphalerit.
(5) Adular, Quarz, Epidot, Amiant, Titanit.

Während die Nebengesteine von Paragenese (1) bis (4) allgemein granitisch oder granodioritisch sind, tritt (5) meist in Amphiboliten auf. Die Paragenesenliste ist als bloßes Schema zu werten, das sich auf die allgemeinen Züge der Mineralassoziierung beschränkt. Viele Vorkommen haben lokale Besonderheiten, sei es, daß ein typisches Glied einer Paragenese fehlt oder daß ungewöhnliche Mineralarten hinzutreten. Ausgezeichnete Beispiele der Fluoritparagenese (1) stammen aus den Stollen der Kraftwerke Oberhasli BE und Göschenen UR. Hervorragende Eisenrosen (2) lieferten Fundstellen bei Fiesch und Reckingen VS, an der Furka VS/UR und in der Schöllenen UR. Adular und Apatit (3) kommen in sehr schöner Ausbildung am Rhonegletscher VS vor. Ankerit (4) wurde reichlich im Oberaar Kraftwerkstollen BE sowie am oberen Lauteraargletscher BE gefunden. Paragenese (5) mit Epidot und Amiant tritt seit langem bekannt bei Guttannen BE auf.

Nichts hat wohl dem Aarmassiv westlich der Reuß mineralogisch einen solchen Ruf eingetragen wie die riesigen Bergkristall- und Rauchquarzfunde früherer und neuester Zeit bei Naters–Brig VS (Druckstollen des Massa-Kraftwerks), im Grimselgebiet BE (Zinggenstock, Gerstenhörner), am Rhonegletscher-Ende VS und am Tiefengletscher UR, wo man 1868 die größten heute noch erhaltenen Quarze der Schweizer Alpen geborgen hat. Schöner Quarz wird immer wieder in verborgenen Klüften entdeckt, wenn auch nicht allzu oft, da das harte Gestein nur langsam verwittert und dabei die tiefruhenden Schätze freigibt. Viel seltener, hochbegehrt und teuer bezahlt ist der ebenfalls berühmte Rosafluorit.

Einige ungewöhnliche Mineralien, die eher sporadisch erscheinen, sind: Amethyst (mittlerer Fieschergletscher VS, Galmihorn VS, Zinggenstock BE), Milarit (Oberaar Kraftwerkstollen BE, Galenstock VS/UR), Phenakit (unterer Fieschergletscher, Reckingen, Furka UR), Axinit (Goppenstein VS), Titanit (Gletsch VS), Heyrovskyit (Furka Belvédère VS), Monazit, Xenotim, Kainosit und Bazzit (Kraftwerke Oberhasli BE). Erwähnenswerte Erzvorkommen gibt es bei Goppenstein VS (Galenit, Sphalerit) und im oberen Baltschiedertal VS (Molybdänit), unbedeutende, aber sammlungswürdige Vererzungen treten immer wieder bei Stollenarbeiten zutage.

Lötschental

Dieses Fundgebiet des Aarmassivs gehört größtenteils zur nördlichen Schieferhülle, die sich als mineralreiche Zone ostwärts über Guttannen BE, Sustenpass BE/UR und Amsteg UR bis zum Maderanertal UR fortsetzt. Das Lötschental ist das westliche Gegenstück zum berühmteren Maderanertal und liefert vorzüglichen Bergkristall, wohingegen die klassischen Mineralien des Maderanertals, Rutil, Anatas und Brookit, im Lötschental kaum Bedeutung erlangen. Wichtige Vorkommen von farblosklarem Quarz, Adular, Calcit, Epidot, Amiant, Titanit, Stilbit, Skolecit sind im mittleren und hinteren Teil des Tales an die Amphibolite gebunden.

Axinit erscheint auf der westlichen und östlichen Talflanke unterhalb von Goppenstein. Unmittelbar östlich hoch über diesem Ort am Südportal des Lötschbergtunnels streichen Galenitgänge aus, die in der Zeit vor dem Ersten Weltkrieg abgebaut wurden. Alpine Remobilisate dieser voralpinen Vererzungen lagerten sich in Klüften wieder ab, wobei sich gleichzeitig Silber und Wismut anreicherten

Mineralien aus dem Straßentunnel Mittal–Hohtenn VS

Nichtsilikate		Silikate
Anatas	Molybdänit (S)	Adular
Apatit	Monazit	Albit
Arsenopyrit (S)	Pyrit (S)	Allanit
Äschynit	Pyrrhotin (S)	Almandin-Spessartin
Brookit	Quarz	Amiant
Calcit	Rutil	Bazzit
Cannizzarit (S)	Scheelit (Einzelkorn)	Chlorit
Chalkopyrit (S)	Siderit	Epidot
Cosalit (S)	Sphalerit (S)	Gadolinit
Galenit (S)	Violarit (S)	Laumontit
Goethit	Xenotim	Muskovit
Heyrovskyit (S)		Prehnit
Ilmenit		Titanit

(S) = Sulfidmineral

und als Sulfosalze ausschieden. Viel Untersuchungsmaterial entnahm man dem Aushub des Straßentunnels Mittal–Hohtenn im unteren Lötschental. Perfekte Kristalle von Pyrargyrit, einem seltenen Silbermineral, entdeckte ein glücklicher Mineraliensucher im mittleren Lötschental, ohne aber den Fundort preiszugeben.

Baltschiedertal

Dieser abgelegene und wilde Kessel wird vom Rhonetal aus durch einen anderthalb Kilometer langen Wasserleitungstunnel (Bisse) erreicht. Mineralvorkommen finden sich nicht nur im Kristallin, sondern auch im Triasdolomit, wo eine früh untersuchte Lokalität fälschlich als Steinbruchgraben in die Literatur eingegangen ist. Mit diesem Namen bezeichnen die Einheimischen eine andere Stelle als den klassischen, durch Fellenberg beschriebenen Fundort im Dolomit nordöstlich von Oberi Matte. Hier finden sich Dolomit, Calcit, Fluorit, Quarz, Adular, Coelestin, Baryt, Anatas, Brookit, Galenit, Cerussit, eingewachsen noch andere Erzmineralien. Auch sonst enthält der Dolomit dieser Gegend Mineralklüfte, so im Blyschgraben (westlich des Äußeren Senntums und 1,3 km nördlich der Fellenberg Fundstelle), an der Schiltfurgge und bei St. German (westlich Visp).

Westlich von Tuntscheten erscheint in Sericitschiefern die Paragenese Quarz, Calcit, Adular, Hämatit, Anatas. Im oberen Baltschiedertal sind Einzelfunde von Rosafluorit und von Kainosit bekannt geworden. Größere Berühmtheit verleihen dem Gebiet indessen die außergewöhnlichen Anreicherungen von Molybdänit, deren heute als unrentabel geltende Ausbeutung im letzten Weltkrieg in Angriff genommen wurde. Die Molybdänit-Quarzgänge durchziehen den Baltschieder-Granodiorit auf der Alpjahorn Nordseite.

Fiesch und Goms Nordseite

Fiesch, moderner Fremdenverkehrsort vor den Toren des Binntals, hat sich in neuester Zeit zu einem der bedeutendsten Strahlerzentren der

Schweiz entwickelt. Wie das Tavetsch hat die Region sowohl an den Gneisen des Aarmassivs wie an den Schiefern des Gotthardmassivs Anteil, was eine beeindruckende Vielfalt der Mineralfunde mit sich bringt. Hier behandeln wir die aarmassivische Zone, das Gebirge nördlich der Rhone.

Zu den beiden bekanntesten Fundlokalitäten um Fiesch gehören Gibelsbach, eine Runse westlich über dem Ort, und Burg, ein Felsbollwerk neben der Gletscherzunge des Fieschergletschers. Der Gibelsbach ist das klassische Vorkommen in der Schweiz von schön kristallisiertem Heulandit, der hier neben grünlichem (aber nie rosa) Fluorit und weißem Stilbit, ferner Laumontit, Skolecit, Epistilbit, Chabasit, Quarz (häufig rasenförmig), Pyrit, Wulfenit (winzig) erscheint. Nach Südwesten schließen sich weitere mineralführende Runsen an, zuerst Bärfetgraben mit bemerkenswerten Funden von Eisenrosen und Phenakit, dann Altbach mit Adular, Albit, Apatit, Eisenrosen (kompakten und offenen), Ilmenitrosen, Rutil, Titanit, Xenotim, Zeolithen. Das steile, kluftreiche Anrißgebiet des oberen Altbachs heißt Gorpi.

In den gletschergeschliffenen Felsen der Burg treten als häufige Kluftmineralien Quarz, Adular und Apatit, als Seltenheiten Phenakit, Milarit und Bavenit auf. Ein drittes Schwerpunktgebiet der Fiescher Strahler ist in der hochalpinen Region des Wasenhorns und Galmihorns zwischen mittlerem Fieschergletscher und oberem Bieligertal (westlich vom Bächital) hinzugekommen, von wo wir Rosafluorit, Milarit und vor allem Amethyst aus verschiedenen Kluftvorkommen hervorheben. Viel von sich reden gemacht haben die ergiebigen Amethysthöhlen am östlichen Rand des Fieschergletschers unter dem Wasenhorn, wo große Mengen lichtgefärbter Amethystgruppen geborgen wurden. Die Kristalle enthalten winzige Hämatiteinschlüsse, was mit der Erfahrung in Einklang steht, daß geringe Spuren von Eisen nach Bestrahlung den Quarz violett verfärben können.

Im Obergoms gilt Reckingen seit dem Ersten Weltkrieg als außergewöhnliches Fundgebiet für weit auf-

Typische Kluftmineralien vom Fieschergletscher (Goms VS)

Nichtsilikate	*Silikate*
Apatit	Adular
Calcit	Amiant
Fluorit (rosa)	Bavenit
Hämatit (Eisenrosen)	Chabasit
Ilmenit	Epidot
Pyrit	Heulandit
Quarz (Bergkristall, Rauchquarz, Amethyst)	Laumontit
Sphalerit	Milarit
Synchysit	Phenakit
	Skolecit
	Stilbit
	Titanit

geblätterte Eisenrosen und prismatischen Phenakit in garbenförmiger Verwachsung. Die Vorkommen befinden sich in den Runsen des Bächitals nordwestlich von Reckingen und führen auch Quarz, Adular, Apatit. Im Gebiet des Galmihorns hoch über dem Bächital erscheint wiederum Amethyst, der als aufgewachsene Kappen auf Bergkristall eine späte Bildungsphase repräsentiert.

Gauli, Guttannen und Trift
Vom Nordostende des Gauligletschers (südwestlich von Guttannen) stammen bemerkenswerte Funde von Quarz, farblos oder leicht milchig, in vortrefflichen Gruppen neben chloritisiertem Adular, Titanit, Anatas und Brookit.

Die Talschaft von Guttannen, Haslital oder Oberhasli genannt, hat seit alters bei Sammlern einen guten Ruf. Viel wird die Lokalität im Zusammenhang mit den Scheelitfunden von 1887 und 1918 an der Kammegg erwähnt, einem steilen Felssporn östlich über dem Tal, wo das seltene Mineral in Amiant gebettet mit Epidot und Adular zusammen aufgetreten ist. Der größte Kristall mißt 10 cm und wiegt 930 g. Seither hat man Scheelit vergeblich wieder zu finden gehofft, während Epidot weiterhin als meist lose Kristalle neben Amiant zum Vorschein kommt. Am Südabhang der Kammegg heißen sowohl die Alp wie die ganze Runse Rotlaui. Titanite von hier in blassen, rhombenförmigen Zwillingen und seltene Ilmenitrosen erinnern an ähnliche Vorkommen im Maderanertal.

Guttannen besitzt ein privates Kristallmuseum, wo vor allem die Rauchquarze vom Zinggenstock südwestlich des Grimsel-Stausees, aber auch weitere Funde des Haslitals in ungewöhnlicher Vielfalt und Vollständigkeit zur Schau gestellt sind.

Grimselgebiet und geschützte Kluft
Das Grimselgebiet ist für die schönen Bergkristall- und Rauchquarzfunde weltberühmt, ebenso für die viel selteneren Vorkommen von rosafarbenem, oktaedrischem Fluorit. Die kennzeichnende Paragenese umfaßt Quarz, Fluorit, Calcit und Chlorit, meist aber erscheinen Quarz und Chloritsand praktisch allein in den Klüften. Fluorit wird oft lose angetroffen, dafür gelten aufgewachsene und ungeleimte Exemplare um vieles mehr. Neuere Lokalitäten für Rosafluorit sind Zinggenstock (hier auch Amethyst), die Kraftwerkstollen im Juchli, Nollen und Sommerloch, ferner Gerstenhörner und Hintere Gelmerhörner.

Der Zinggenstock ging in die mineralogische Erforschungsgeschichte der Schweizer Alpen durch einen beispiellos dastehenden Riesenfund ein, der zwischen 1719 und 1740 wohl 50 Tonnen farblosen Bergkristall erbrachte, darunter angeblich ein 400 kg schweres Individuum. Die meiste Ausbeute wanderte nach Mailand, vorab zum Schleifen. Äußerst wenig ist bis zu unserer Zeit von jenen Schätzen erhalten geblieben, so vor allem drei mittlere, aber immer noch bedeutende Stücke im Naturhistorischen Museum der Burgergemeinde Bern, eine Zehntenabgabe an den Staat von dazumal.

Eine beträchtliche Zahl anderer Mineralien wurde im Laufe der Zeit im Grimselgebiet gesammelt. Schwach silberhaltige Galenitmassen sind in einer Kluft auf der Südostseite der Gerstenhörner aufgetreten, wo man in quarzreichen Gesteinspartien eingesprengt auch Molybdänit findet. Hämatit kommt in kleinen Rosetten am Trübtensee neben Quarz, Albit, Apatit und Kainosit vor. Der sehr seltene Kainosit ist zuerst aus einem Stollen zwischen Handegg und Gut-

Große Quarzkluft unter Naturschutz, 1,8 km im Berginnern. Werkstollen der Kraftwerke Oberhasli, Gerstenegg, Grimsel BE. Größe des Gwindels an der Decke 10 cm. Photo P. Vollenweider.

tannen in zwei kleinen Einzelkristallen beschrieben worden.

Besonders schöne und reichhaltige Funde stammen aus dem Druckschacht Oberaar (um 1950) direkt südlich des Grimsel-Stausees, wo ein reichverzweigtes Kluftsystem angefahren wurde. Die wichtigsten Mineralien sind Ankerit, Quarz, Muskovit und Sphalerit, dazu treten Calcit, Siderit, Chlorit, Galenit, Pyrit, Ilmenit, Rutil, Anatas, Brookit, Apatit, Fluorit, Monazit, Xenotim und Synchysit. Dagegen fehlt Adular. Sehr kennzeichnend ist der Quarz, der eine dichte Chloritbedeckung und aufgewachsene Ankeritkrusten trägt. Milarit und Bazzit sind weitere Seltenheiten aus den Stollen.

Geschützte Kluft. Ein einzigartiges Naturwunder von überwältigender Schönheit ist die vollständig erhaltene, riesige Kristallhöhle im Berginnern neben einem Werkstollen der Kraftwerke Oberhasli am Fuß des Räterichsboden-Stausees. 1974 hatte man beim Stollenvortrieb gegenüber der Gerstenegg den Rand eines großen Bergkristallvorkommens angefahren. Dem sofortigen Eingreifen der Kraftwerksleitung, des Naturhistorischen Museums der Burgergemeinde Bern und des kantonalbernischen Naturschutzinspektorats ist zu danken, daß diese Mineralkluft vor Ausbeutung bewahrt und im ursprünglichen Zustand erhalten worden ist. Das seltene geologische Schaudenkmal steht heute unter Naturschutz.

Die alpine Mineralkluft an der Gerstenegg ist eine der schönsten und eindrucksvollsten, die man in den Schweizer Alpen geöffnet hat. Der

Klufthohlraum und die darin ausgeschiedenen Bergkristalle besitzen optimale Größe. Die Kristalle zeigen völlig ungestörtes Wachstum, während sonst größere Klüfte infolge von Erdbeben in den letzten 10 bis 15 Millionen Jahren verstürzt und die größeren Kristalle von der Decke heruntergefallen sind. Die Gerstenegg-Kluft ist auch nicht durch die Oberflächenverwitterung verändert worden. Nur sehr wenige mineralogische Objekte hat man auf der Erde unter wirksamen Schutz gestellt, eine alpine Mineralkluft gehörte bis anhin nicht dazu.

Die geschützte Kluft befindet sich gutgesichert durch Stahltüren und Panzerscheiben bei Kilometer 1,86 im Zugangsstollen zum Umwälzwerk Grimsel-Oberaar ungefähr 500 m unter der Erdoberfläche. Der Kristallkeller zieht 14 m quer zum Werkstollen in den Grimsel-Granodiorit hinein. Von vorn und von der Seite aus einem eigens erstellten Besichtigungsstollen ist die künstlich beleuchtete, märchenhafte Höhle mit ihren intakten, farblosen Riesenquarzen dem staunenden Besucher sichtbar gemacht. Lediglich eine lose Steinplatte und angehäuften Chloritsand mußte man entfernen. Aus betrieblichen Gründen ist die geschützte Kluft nicht ohne weiteres zugänglich, da der Weg durch die Werkstollen der Kraftwerke führt. Auskunft kann der Verkehrsverein Meiringen erteilen.

Die Hauptmineralien der geschützten Kluft an der Gerstenegg sind Quarz, Chlorit, Calcit, Fluorit. Bei der genauen Durchsuchung fanden sich noch Galenit, Pyrit, Adular, Epidot, Titanit, Apatit, Biotit, Milarit. Einschlußuntersuchungen legen eine Bildungstemperatur von 400° nahe und einen Druck während der Kristallisation von 2,8 Kilobar. Die geschützte Kluft gehört zu den bestuntersuchten Zerrklüften der Schweizer Alpen und ist eingehend beschrieben worden (Stalder H. A., Mitteilungen der Naturforschenden Gesellschaft Bern, 1985, Seite 41–60).

Rhonegletscher

Unterhalb der stark zurückgewichenen Zunge des Rhonegletschers sind immer wieder bedeutende Vorkommen von Quarz, Adular und lila Apatit ausgebeutet worden. 1960 barg ein Strahler außergewöhnlich schöne, ganz leicht rauchig gefärbte, völlig klare Bergkristalle von Halbmetergröße aus einer tiefen Kluft. Der ganze Fund ist im Naturhistorischen Museum der Burgergemeinde Bern in loser Gruppierung zur Schau gestellt und bildet ein vollendetes Beispiel alpiner Quarzkristallisation.

Aus der Umgebung bleiben einige andere Mineralvorkommen kurz zu erwähnen: Titanit in oft großen, manchmal dünntafeligen Kristallen bei Gletsch; rosa Apatit, Hämatit und Phenakit ebenfalls Gletsch; Hämatit in gehäuften Aggregaten unter dem Nägelisgrätli (Westrand des Rhonegletschers); Rosafluorit und Milarit am Südwestsporn des Galenstocks.

Tiefengletscher

Am Tiefengletscher nordöstlich des Furkapasses wurde 1868 einer der berühmtesten Großfunde in der Geschichte der Schweizer Alpen ausgebeutet. Auf der Südwestseite des Gletschhorns enthielt hoch in einer Felswand eine durch wenige Löcher angedeutete Kluft von 6 × 4 × 2 m zahlreiche gutentwickelte Riesenmorione, die bis 135 kg wogen. Die Kristalle waren alle von den Kluftwänden gelöst und lagen regellos im Lehm, der den Raum bis zur Decke füllte und die Kristalle vor Verletzung bewahrte. 40 kg Galenit und etwas Fluorit fanden sich als Begleiter. Die glücklichen Entdecker waren gewiegte Guttanner Strahler, die unter Mithilfe ihrer Dorfgenossen den schwierigen Abtransport der wertvollen Kristalle raschmöglichst bewerkstelligten, noch bevor die Urner Behörden Wind bekamen. Die schönsten der klassischen Tiefengletscher-Quarze können heute im Naturhistorischen Museum der Burgergemeinde Bern bewundert werden.

In neuerer Zeit sind wieder große Quarze nördlich des Büelenhorns vorgekommen. Andere Mineralfunde der Gegend umfassen Hämatit einzeln und als Eisenrosen vom Furkahorn, Phenakit mit Adular und Apatit vom Sidelenbach, Milarit vom Gletschhorn. Seit je wird das Gebiet wegen seiner vorzüglichen Mineralvorkommen eifrig abgesucht. Das Strahlen ist hier wie in ganz Uri und in vielen andern Teilen der Schweizer Alpen gebührenpflichtig, nur daß die Urner ihren Gesetzen besonders strenge Nachachtung verschaffen.

Göschenertal

Der granitene Bergkranz, der das Göschenertal und die jetzt überflutete Göscheneralp südlich umschließt, birgt die wohl feinsten und dunkelsten Rauchquarze der Schweizer Alpen, ausgesprochene Morione. Prachtvoll glänzende, nahezu schwarz erscheinende Kristallgruppen von ungewöhnlicher Schönheit hat man am Spitzberg gewonnen. Die einzelnen Individuen erreichen hier zwar nur 5 cm, aber bilden einen unerhörten Kontrast zum weißen, ausgebleichten Muttergestein. Derart dunkler Rauchquarz ist auch im Göschenertal eine Seltenheit, wo er sich zudem ausschließlich in den Gipfelregionen findet. Lange nicht alle Quarze aus dieser Meereshöhe sind jedoch von schwarzbrauner Farbe. Die Morionfarbe ist eine Strahlungsverfärbung, die bei Temperaturen oberhalb 200° wieder verschwindet.

Ein anderes klassisches Mineral des Göschenertals ist der Rosafluorit, der hier und im Grimselgebiet die Zentren seines Vorkommens in der Schweiz besitzt. Hervorragende Fluoritstufen, mit unzähligen perfekten Oktaedern über und über besetzt, wurden beim Kraftwerkbau aus dem Umlaufstollen Göscheneralp heimlich abtransportiert und fanden ihren Weg in öffentliche und private Sammlungen. Auch die Rosafarbe des Fluorits ist eine typische Strahlungsfarbe, an Fehlstellen im Kristallgitter gebunden, die durch Strahlung angeregt wurden.

Eine kurze Liste lokaler Fundpunkte umfaßt Planggenstock, Blauberg, Feldschijen, Mittagstock, Bratschi (Göscheneralp), Gwüest, Sandbalm. Bei der Sandbalm am Eingang zum Voralptal war früher ein mächtiges Kluft- und Höhlensystem seit dem 17. Jahrhundert hauptsächlich auf Quarz im Abbau. Auch Calcit und Fluorit traten auf. Von der Voralp kommen schöne Adulargruppen mit sattelförmig gekrümmten Flächen, ähnlich wie man es sonst vom Ankerit gewohnt ist. Ganz unerwartet für das Gebiet ist Hämatit mit Monazit und Xenotim vom Feldschijen, was zeigt, daß sich Zerrkluftparagenesen nicht an ein starres Fundortschema halten.

Großtal und Gotthard-Straßentunnel

Ein ergiebiger Bezirk ist dank der starken Erosion die steile Runse des Großtals zwischen Realp und Hospental in Urseren, wo häufig Klüfte zum Vorschein kommen. Bemerkenswerte Stufen von Adular mit kurzsäuligem, an Orthoklas erinnerndem Fibbia-Habitus, lila Apatit,

Kluftmineralien aus dem Gotthard-Straßentunnel UR/TI

Nichtsilikate	Am	Pk	Fg	Ts
Anatas	×	×		×
Anhydrit		×		
Ankerit	×	×		×
Apatit	×	×	×	×
Arsenopyrit	×	×		×
Baryt	×	×		
Brookit	×			
Calcit	×	×	×	×
Chalkopyrit	×	×		
Cobaltit/Gersdorffit		×		
Cosalit		×		
Fluorit	×		×	×
Galenit	×	×		
Gips		×	×	
Hämatit	×	×	×	×
Ilmenit	×	×		
Magnetit	×	×		
Monazit		×		
Pyrit	×	×	×	×
Pyrrhotin	×	×		
Quarz (nie rauchig)	×	×	×	×
Rutil	×	×		×
Siderit		×		
Sphalerit	×	×	×	
Ullmannit		×		
Xenotim		×	×	

Silikate	Am	Pk	Fg	Ts
Adular	×	×	×	×
Aktinolith				×
Albit	×	×	×	×
Allanit		×	×	
Andradit	×			
Apophyllit	×			×
Bavenit	×		×	
Biotit	×	×	×	×
Chabasit			×	×
Chlorit	×	×	×	×
Dickit				×
Epidot	×		×	×
Heulandit	×		×	×
Kainosit	×			
Laumontit	×	×	×	×
Milarit	×			
Muskovit	×	×	×	×
Phenakit			×	×
Prehnit	×			×
Skolecit	×	×		
Stilbit	×		×	×
Titanit	×	×	×	×
Turmalin		×		×
Zirkon	×			

Am = Aarmassiv, Aaregranit und südliche Gneise
Pk = Gotthardmassiv, Permokarbon und Gurschengneis
Fg = Gotthardmassiv, Fibbia-Granitgneis
Ts = Gotthardmassiv, Tremola-Serie

Quarz, Titanit, Epidot, Prehnit, Stilbit, Chabasit, Heulandit, Skolecit sind auf verschiedenen Fundstellen im mittleren und oberen Talabschnitt gefunden worden und belegen den Mineralreichtum der südlichen Gneis- und Schieferzone des Aarmassivs.

Der Gotthard-Straßentunnel sei hier angeführt, weil die Baustelle Göschenen der Hauptumschlagplatz für Tunnelmineralien war. Nur die ersten 4 km liegen im Aarmassiv, die restlichen 12 km im Gotthardmassiv, aber von den Funden der Tessiner Seite ist weniger bekannt.

Die Mineralvorkommen im Gotthard-Straßentunnel spiegeln mit guter Übereinstimmung die Oberfläche wider; denn die West-Ost streichenden Gesteinszonen stehen sowohl im Aar- wie im Gotthardmassiv durchweg steil und werden im Tunnelprofil an fast der gleichen Stelle wie über Tag angetroffen. Viele der schönen Stollenmineralien sind heute in alle Winde zerstreut, aber gute Belegsammlungen fanden auch den Weg in die Museen (Naturhistorisches Museum der Burgergemeinde Bern, Museo cantonale di storia naturale Lugano TI, Schloß A Pro in Seedorf UR). Typische Funde umfassen Bergkristall in jeder Menge, völlig frischen Ankerit der Carbonatparagenese, faustgroßen Arsenopyrit, seltenen Kainosit und losen Rosafluorit mit Apophyllit bestreut. Demgegenüber fehlt Rauchquarz völlig wie meist auf dieser Meereshöhe, ebenso Gold, das man nur vom Eisenbahntunnel kennt (südlicher Abschnitt, Tremola-Serie).

Aarmassiv östlich der Reuß

Östlich der Reuß ist die Verteilung der Mineralvorkommen im Aarmassiv besonders augenfällig durch die geologische Großgliederung in zentralen Granitkern und umhüllende Schieferzonen bestimmt. Die nördliche Gneis- und Granitzone (Gastern-Innertkirchner-Granit, Erstfelder-Gneis) schrumpft im Osten des Reußtals zu unbedeutender Mächtigkeit zusammen und verschwindet schließlich ganz. Eine besonders kluftreiche und ergiebige Zone im östlichen Aarmassiv wird vom Giuvsyenit gebildet, der im Aaregranit eingelagert auf einer Länge von 12 km zwischen Rientallücke UR (über Göschenen) und Piz Ault im Val Strem GR als dünne, beidseitig auskeilende Linse erscheint. Dieses metamorphe Gestein gleicht einem mikroklinreichen Amphibolit und leitet seinen Namen von Piz Giuv UR/GR ab, wo die ungewöhnliche Formation die größte Mächtigkeit erreicht.

Obschon das Aarmassiv östlich der Reuß nur noch einen Teil der Ausdehnung westlich davon erreicht, ist doch die Zahl wichtiger und interessanter Mineralvorkommen im östlichen Abschnitt ganz bedeutend. Im folgenden sind die hauptsächlichsten Fundbezirke hervorgehoben: Reußtal UR, Felltal UR, Maderanertal UR, Etzli UR, Val Val GR, Val Giuv GR, Val Strem GR, Drun Tobel GR, Val Russein GR, Val Punteglias GR. Das Gebiet umfaßt manche klassische Lokalität vor allem im Maderanertal mit Bristen UR und in den nördlichen Seitentälern des Tavetsch mit Sedrun GR als Strahlerzentren. Die mindestens so wichtigen Vorkommen im südlichen Einzugsgebiet des Tavetsch gehören zum Gotthardmassiv.

Die wichtigsten Kluftparagenesen

147

des Aarmassivs östlich der Reuß gliedern sich in:
(1) Quarz, Anatas, Brookit, Rutil, Ilmenit, Monazit.
(2) Quarz, Albit, Brookit, Apatit.
(3) Quarz, Adular, Calcit, Amiant, Titanit, Epidot.
(4) Quarz, Fluorit, Hämatit, Stilbit.
(5) Quarz, Adular, Calcit, Chlorit, Amiant, Apatit, Titanit, Epidot, Stilbit, Chabasit, Milarit, Scheelit.

Die Paragenesen (1) bis (3) kommen in der nördlichen Schieferzone vor, (4) im Aaregranit und (5) im Giuvsyenit. Titanoxid-Mineralien (1) kennzeichnen die Kluftvorkommen auf der Südseite des Maderanertals UR in den weitverbreiteten Sericitschiefern. Brookit und Apatit (2) sind früher sehr schön im Rieder Tobel, der Reußschlucht südwestlich von Amsteg UR, gefunden worden. Mineralgesellschaft (3) hat im Maderanertal ausgezeichneten Amiant geliefert und hält sich an eingeschaltete Amphibolitlagen, tritt aber auch weiter im Osten noch auf (Alp Cavrein und Val Punteglias GR). Fluorit (4), obwohl westwärts der Reuß verbreiteter, erscheint im Granit des oberen Fellitals UR neben reichlich Zeolithen. Hier ist auch Hämatit zu schönen Eisenrosen aggregiert. (5) umfaßt als Sammelparagenese all die Mineralien, denen man in oft zeolithreichen Teilgesellschaften im kluftdurchsetzten Giuvsyenit begegnet.

Die bemerkenswertesten Mineralien des östlichen Aarmassivs sind Brookit, Anatas, Ilmenitrosen, Eisenrosen, Rauchquarz, Zeolithe, Milarit und Scheelit. Der Quarz steht sowohl in der Größe als auch in der Farbtiefe den Funden westlich der Reuß etwas nach. Überhaupt zeichnen sich die Kluftvorkommen zwischen Maderanertal und Tavetsch weniger durch die Dimensionen als vielmehr durch den Artenreichtum und die schöne Entwicklung aus. Sehr seltene Mineralien sind im Maderanertal Monazit, Xenotim und Apophyllit, im Giuvgebiet Amethyst, Datolith und Scheelit. Eine sonderbare Erscheinung, auch im Gotthardmassiv und Binntal bekannt, bilden Quarzkristalle vom Riental UR und oberen Fellital UR mit nadelartigen Hohlformen, die von herausgelösten Anhydritprismen herrühren. Ein Schwarm kleiner Erzkörper auf der Nordwestseite des Bristen UR (Berg südlich des Ortes Bristen) führt derben Chalkopyrit, Galenit, Sphalerit, Pyrrhotin, mikroskopischen Stannit, Alabandin, Rhodonit.

Reußtal
Im Reußtal zwischen Andermatt und Amsteg gibt es eine Reihe von Fundstellen teils im Flußeinschnitt, teils in der Bergflanke gegen Osten. Adular, Fluorit, Apatit und große Eisenrosen sind am Südeingang der Schöllenen bei Stollenbauten gefunden worden. Rauchquarz mit Anhydritröhren, ferner Hämatit und Stilbit werden vom Riental beschrieben, einer steilen Runse, die ostwärts über die Rientallücke ins mineralreiche Fellital hinüberführt. Die Vorkommen von Quarz, Adular, Amiant, Epidot und Apatit im Teiftal bilden ein Gegenstück zu den Amiantfunden des Maderanertals und zum Epidot des Sellener Tobels (Etzli UR) wie auch zu analogen Funden im Oberhasli (BE).

Quarz, Albit, Brookit und rosa Apatit, der die Farbe wie andere alpine Apatite am Licht verliert, bilden ganz vorzügliche Stufen in der Reußschlucht bei Intschi südwestlich Amsteg; bei den Strahlern heißt der westliche Abhang über dem Fluß Intschi Tobel, der östliche Rieder Tobel. Heute wird kaum noch viel gefunden, weil das Strahlen und Sprengen unter der nahen Gotthard-Bahnlinie verboten sind. Alte Namen wie Schniderblätz, Stuben und Schmitte erinnern an den ehemaligen Silber-Kupfer-Blei-Bergbau auf der Nordwestseite des Bristen.

Fellital und Etzli
Das Fellital zeichnet sich durch ausgezeichnete Vorkommen von Rauchquarz, Zeolithen, Eisenrosen und himbeerrotem Fluorit aus. Fundpunkte sind die Berge im hinteren Teil des Tales: Bächistock, Schijenstock, Schneehühnerstock, Fedenstock und Schattig Wichel. Letzterer Name bezeichnet die Westabstürze des Piz Giuv gegen das Fellital, aber von der Urnerseite her auch die höchste Spitze des Berges, der auf der Tavetscher Seite Piz Giuv genannt wird. Am Schattig Wichel liegen bekannte Fundstellen von Skolecit und Chabasit in der Giuvsyenit-Zone.

Das Etzli ist das größte Seitental des Maderanertals, in dieses von Süden mündend und bekannt für schönen Bergkristall und Rauchquarz. Wichtig sind auch die Vorkommen von Epidot und Amiant im Sellener Tobel, erwähnenswert die von Scheelit am Mutsch aus dem letzten Jahrhundert. Scheelit ist in neuester Zeit wieder auf der Tavetscher Seite (Val Giuv GR) gefunden worden.

Maderanertal
Das Maderanertal ist eines der klassischen Mineralfundgebiete der Schweizer Alpen. Heerscharen von Sammlern, Strahlern und Liebhabern durchkämmen seit je die abschüssigen Hänge nach unerschlossenen Klüften, und zahllose ausgeräumte Löcher geben Zeugnis vom einstigen Kristallreichtum. Solche Spuren ergiebiger Strahlertätigkeit deuten in vielen mineralogisch wichtigen Regionen der Alpen auf die sich ehemals leichter anbietenden Fundmöglichkeiten. Heute ist heller Bergkristall im Maderanertal immer noch häufig, der von den Einheimischen zu Hause und auf alljährlichen Börsen feilgehalten wird. Die seltenen Mineralien hingegen wie Anatas, Brookit, Ilmenit, Titanit, Amiant, die der Gegend weltweite Berühmtheit verschafften, bekommt man in ausgewählten Stufen nur mehr selten zu Gesicht oder gar zum Kauf geboten.

Fast alle Vorkommen des Maderanertals liegen auf der südlichen Talseite, an die Sericitschiefer und Amphibolite gebunden, welche die mittleren und unteren Teile der Berghänge aufbauen. Eine Reihe steiler Runsen hat sich tief in das Gebirge zwischen Etzli im Westen und Brunnital im Osten eingeschnitten (man beachte, daß ein südliches Seitental des Schächentals UR ebenfalls Brunnital heißt). Diese mineralreichen Seitentäler auf der Südflanke des Maderanertals sind von West nach Ost Lungental, Farlauital, Griessertal, Staldental, Chästal, Bändertal und Steintal. Sie beherbergen einen Großteil der Fundstellen, sind aber außerordentlich steinschlaggefährdet.

Auf der Nordseite des Maderanertals bestehen die Berge außer am Fuß aus jüngeren Sedimenten sowie aus Windgällen-Porphyr, einem spätpaläozoischen Ergußgestein. Nur in unmittelbarer Nähe der Windgällenhütte am Kontakt der Kalksteine mit dem nordwärts abtauchenden Kristallin ist ein größeres, stark abgesuchtes Quarzvorkommen bekannt, das seine Zugehörigkeit zu den Kalkalpen schon durch den markanten, einseitig abgeschrägten Dauphiné-Habitus verrät. Mineralsuchen ist aber rund um die Windgällenhütte verboten.

Zwei Hauptparagenesen lassen

sich auf der Südseite des Maderanertals entsprechend den beiden wichtigsten Gesteinen auseinanderhalten: in den Sericitschiefern Quarz, Adular, Calcit, Chlorit, Anatas, Brookit, Rutil, Apatit, Ilmenit, Galenit, Monazit, Xenotim; in den Amphiboliten Quarz, Adular, Calcit, Chlorit, Amiant, Titanit, Apophyllit. Demgegenüber treten Epidot und Albit im engeren Maderanertal zwischen Lungental und Steintal zurück, erst recht Prehnit, der sich dafür südlich des Gotthards reichlich in Klüften intermediärer Gesteine findet. Anatas stellt im Maderanertal die häufigste, faseriger Rutil die seltenste der drei Titanoxid-Modifikationen. Brookit, der Dritte im Bund, ist vom Lungental in vielen Stufen bekannt. Manchmal kommen alle drei zusammen nebeneinander vor, jedoch selten gesellt sich Titanit dazu.

Angewitterter Galenit erscheint da und dort als akzessorisches Begleitmineral, Xenotim hingegen nur sehr selten und nicht über 3 mm groß. Ausgezeichnete, scheibenförmige Ilmenitrosetten finden sich im Staldental und Griessertal mit Durchmessern bis 4 cm. In dünnen, schuppigen Blättchen ist Ilmenit recht verbreitet, im Gegensatz zu Hämatit, der den Kluftparagenesen des engeren Maderanertals fehlt. Calcit bildet große Tafeln, die den bezeichnenden Namen Tafelspat führen.

Im Griessertal, der bekanntesten und wohl ergiebigsten unter den verschiedenen Runsen, heißt ein Amiantvorkommen Kaffeebalm und eine Apophyllit-Fundstelle Hoher Schnabel. Ungewöhnlich ist nadeliger, 4 cm langer Phenakit in der Kluft eines Aplites im mittleren Griessertal. Schöne Quarze hat auch das Brunnital im südlichen Quellgebiet des Maderanertals, worauf Bergnamen wie Straligenstöckli hindeuten.

Nördliche Seitentäler des Tavetsch
Die vier nördlichen Seitentäler des Tavetsch umfassen Val Val, Val Giuv, Val Milà und Val Strem. Zwei kleinere Runsen folgen talab, Drun Tobel und Val Bugnei. Von allen diesen Bezirken sind Val Giuv und Val Strem die ergiebigsten für den Mineraliensucher, während das Drun Tobel, früher für Titanitfunde bekannt, heute wegen der Steinschlaggefahr nicht mehr gern aufgesucht wird. Val Milà und Val Bugnei gelten als weniger mineralreich, obwohl das Val Milà, wenn auch irrtümlicherweise, dem seltenen Mineral Milarit seinen Namen geliehen hat.

Das ursprüngliche, heute noch ergiebige Fundgebiet des seltenen Berylliumsilikats Milarit ist vielmehr das oberste Val Giuv, aber der Entdecker des neuen Minerals wollte die Herkunft geheimhalten und gab als Lokalität das Val Milà an. Die typischen Vorkommen des Val Giuv liegen alle im Verbreitungsgebiet des Giuvsyenites meist in Höhen über 2000 m. Die Sammelparagenese umfaßt Quarz (sehr selten als Amethyst), Adular, Calcit, Chlorit, Amiant, Apatit, Titanit, Epidot, Stilbit, Chabasit, Milarit, Fluorit, Datolith, Scheelit. Von ganz hervorragender Ausbildung ist der Rauchquarz, oft als Gwindel verdreht, in der Farbtiefe aber nicht an die dunkelsten Morione des Göschenertals heranreichend. Der Amiant ist kürzer als der im Maderanertal. Fluorit, Datolith und Scheelit kennt man nur von wenigen Einzelfunden, dafür Scheelit aber in ausgezeichneten, farblosen Kristallen von 5 cm Höhe.

Die Strahler gebrauchen viele Lokalitätennamen, die auf offiziellen Karten fehlen. Giuvstöckli bezieht sich auf die 6 unbedeutenden Erhebungen im Grat nördlich des Crispalts. Sie sind von Nord nach Süd

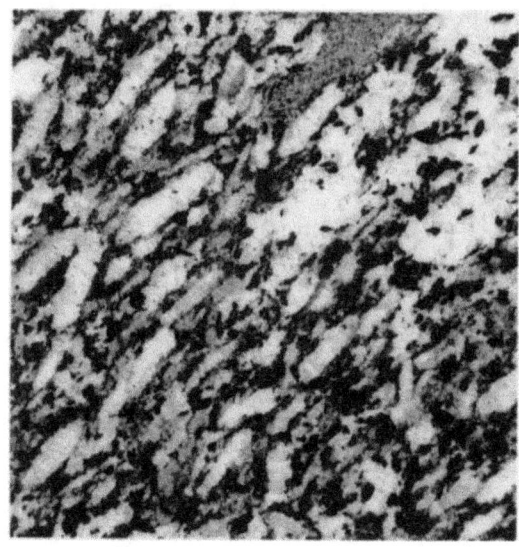

Metamorpher Syenit, Giuvsyenit. Hauptgemengteile: Orthoklas, Plagioklas, Hornblende, Quarz. Val Giuv, Tavetsch GR. Ausschnitt 6 cm. Anschliff.

numeriert. Kalkspatlücke wird der Einschnitt zwischen 3. und 4. Giuvstöckli genannt, Val dils Milarits die Runse zwischen 5. und 6. Giuvstöckli. 1., 2. und 3. Muota sowie Muota dadens sind mächtige Felsbuckel, die aus dem stark zusammengeschrumpften Giuvgletscher herausragen. Sie lieferten viele der schönsten Mineralfunde des Gebietes.

Fast so mineralreich wie das Val Giuv ist das weiter östlich gelegene Val Strem, das bei Sedrun ausmündet. Beachtenswert ist hier Milarit von der Nordwestflanke des Piz Ault im östlichen Ausläufer des Giuvsyenites. Die kurzprismatischen Kristalle erreichen 2 cm und sind durch Amianteinschlüsse undurchsichtig grün. Neben vielen Quarzfunden weist das Val Strem auch reiche Zeolithvorkommen auf wie Chabasit und Stilbit vom Chrüzlistock. Das seltene Scandiummineral Bazzit hat man mehrmals in heruntergestürzten Aplitblöcken im obersten Val Strem gesammelt; Anatas und Rosafluorit sind von den Stremhörnern bekannt, nadeliger Milarit vom Piz Gendusas und Monazit vom unteren Talabschnitt.

Der Wildbachtrichter des Drun Tobels über Sedrun schneidet die stark zerscherte südliche Gneis- und Schieferzone des Aarmassivs an. Da die Erosion sehr kräftig arbeitet, treten hier ab und zu ganz ungewöhnliche Funde zutage, so neulich ein 4,5 cm großer Phenakit als völliger Einzelgänger. Der früher häufige, manchmal zweifarbig rot-grüne Titanit ist an eingeschaltete Amphibolitlagen gebunden.

Ostende des Aarmassivs

Nordöstlich von Disentis im Val Sogn Plazi findet sich in einer Kalksilikatlinse des Aarmassivs grüner, eisenhaltiger Grossulargranat (fälschlich als Topazolith bezeichnet), teils eingewachsen, teils aufgewachsen, bis 1 cm groß. Weiter gegen Osten sind ebenfalls noch Fundmöglichkeiten für den ausdauernden Strahler gegeben. Quarz und Anatas bietet das Val Cavardiras, das westliche Seitental des Val Russein. Quarz, olivfarbener Epidot und Amiant erscheinen an einer klassischen Lokalität am Cuolmet de Muster über der Alp Cavrein im Zentrum des Val Russein. Schließlich birgt auch das wenig bekannte Val Punteglias ganz im Osten des Aarmassivs über Trun GR sporadische Kristallschätze, die dem wilden Tal allerdings nicht leicht abzugewinnen sind.

Gotthardmassiv

Ähnlich wie beim Aarmassiv bezeichnet hier der Ausdruck Gotthardmassiv eine weitgefaßte geologische Einheit, von der das Gotthardgebiet nur den zentralen Teil umfaßt. Das Gotthardmassiv schmiegt sich südlich an das Aarmassiv an und reicht von der Binntalmündung VS im Westen bis zum Piz Sezner GR im Osten. Die beiden Kristallinmassive sind durch eine schmale, nicht überall gut erkennbare Zone mesozoischer Sedimente entlang der Rhone-Rhein-Linie voneinander getrennt.

Aar- und Gotthardmassiv werden als alte, später angehobene kristalline Sockel betrachtet, über die im Tertiär die Decken der Nördlichen Kalkalpen hinweggeschoben wurden. Ein Teilkomplex zwischen Aar- und Gotthardmassiv wird im Vorderrheintal vom Oberalppaß UR/GR bis Trun GR hinunter als Tavetscher Zwischenmassiv ausgeschieden, das hauptsächlich die südliche Talseite einnimmt. Das Tavetscher Zwischenmassiv enthält zu wesentlichen Teilen ehemals vulkanische, später metamorph umgewandelte Gesteine, mit denen auch die häufige Erzführung des Gebietes in Zusammenhang gebracht wird.

Das Gotthardmassiv mit Einschluß des Tavetscher Zwischenmassivs besteht aus Schiefern, Amphiboliten und granitähnlichen Gesteinen. Letztere bilden keine zusammenhängende Kette wie der Aaregranit im Aarmassiv, sondern mehrere isolierte Stöcke, von denen zwei durch besonders schöne Kluftmineralien auffallen, der Fibbia-Granitgneis beim Gotthardpaß TI und der Cristallina-Granodiorit im oberen Medels GR. Die Vielfalt der Gesteine im Gotthardmassiv spiegelt sich im Reichtum der Kluftmineralarten wider.

Wir können im Gotthardmassiv folgende Fundzentren ausscheiden: Südseite des Goms VS, Hospental UR, Gotthardpaß TI, südliche Seitentäler des Tavetsch GR, Lukmanierschlucht GR, Val Cristallina GR, Olivone TI. Der östlichste Ausläufer des Gotthardmassivs weist in den gotthardmassivischen Liasschiefern des Lugnez zahlreiche interessante Quarzvorkommen auf.

Anschließend sind die hauptsächlichen Kluftparagenesen stark schematisiert zusammengestellt:
(1) Quarz, Albit oder Periklin, Muskovit, Calcit, Ankerit, Siderit, Hämatit, Ilmenit, Rutil, Anatas, Apatit, Monazit, Turmalin, Pyrit.
(2) Quarz (selten Amethyst), Hämatit, Rutil, Adular, Strontianit.
(3) Quarz, Adular, Hämatit (Eisenrosen), Stilbit, Muskovit.
(4) Adular, Periklin, Apatit, Axinit, Danburit.
(5) Quarz, Albit, Ilmenit, Apatit, Fluorit, Anatas, Monazit, Xenotim, Synchysit, Gadolinit.

(6) Periklin, Adular, Titanit, Prehnit.
(7) Talk, Dolomit, Magnesit.

Paragenese (1) hält sich meist an schiefrige Gesteine, (2) ist an einen permischen Konglomeratgneis-Zug gebunden, (3), (4) und (5) kommen in granitisch-granodioritischer Umgebung vor, (6) in etwas basischerer (Granodiorite und Amphibolite) und (7) ausschließlich in ultrabasischer (Serpentinite). Die weitverbreitete Carbonatparagenese (1) findet sich entlang dem ganzen Nordrand des Gotthardmassivs mit Einbezug des Tavetscher Zwischenmassivs, aber auch im südlichen Bereich (Val Canaria–Unteralp Stollen TI/UR), wobei immer wieder unterirdische Bauten besonders frisches und reichhaltiges Material zutage gefördert haben. Neben den Carbonaten erscheinen nicht selten Anatas und Monazit, wenn auch kleingewachsen. Der Quarz kann feinhaarige, goldglänzende Rutileinschlüsse enthalten, in der südlichen Schieferzone im Val Tremola TI auch grobfaserigen, grünen Amiant.

Paragenese (2), insgesamt sehr artenreich, umfaßt die weltberühmten Hämatitvorkommen der Cavradischlucht GR, wo der Hämatit überaus komplexe Einzelkristalle bildet, während er in (3) typischerweise als Eisenrosen auftritt, manchmal von Seltenheiten wie Bertrandit, Phenakit und Xenotim begleitet. Das Gotthardmassiv zwischen Gotthardpaß TI und Val Cristallina GR enthält auch die ergiebigsten schweizerischen Fundstellen von Adular und Apatit (4). Diese Kluftmineralien sind hier groß und vollkommen entwickelt. Gleiches gilt von Quarz und Fluorit (5), die aber im Vergleich zum Aarmassiv zurücktreten. Als bedeutendstes Titanitvorkommen (6) nennen wir die Muota Naira im Val Nalps GR, als Fundstellen von Talk (7) die zahlreichen isolierten Serpentinitlinsen am Nordrand des Gotthardmassivs und des Tavetscher Zwischenmassivs.

Südlich der Linie Binntal VS – Gotthard TI – Greina GR/TI weicht der Normal-Habitus des Quarzes dem spitzpyramidalen Tessiner-Habitus. Sehr mächtige Tessiner-Quarze hat man im hinteren Val Canaria TI und im hintersten Val Nalps GR gefunden, im Val Canaria ein 73 kg schweres Exemplar. Vor allem das östliche Gotthardmassiv wartet mit einer beachtlichen Liste sehr seltener Mineralien auf, wozu Synchysit, Gadolinit, Bertrandit, Bavenit, Kainosit, Äschynit und Crichtonit gehören.

Im Tavetscher Zwischenmassiv und im anschließenden Bereich des Gotthardmassivs erscheinen in den Kluftparagenesen oft Erzmineralien wie Pyrit, Sphalerit, Boulangerit, Jamesonit, Galenit, Pyrrhotin, Arsenopyrit, Chalkopyrit, Gold, dies alles Zeichen einer beginnenden Metallmobilisierung, aber größere Lagerstätten kennt man noch nicht. Dafür stellen manchenorts die Gesteine selbst und ihre vorzüglich entwickelten Gemengteile lohnende Sammelobjekte dar, vor allem auch in der metamorphen autochthonen Sedimentumrandung des Massivs. Wir erwähnen Hornblende als Garben am Cornopaß VS/TI und im Val Tremola TI, Almandin im Val Canaria TI, Kyanit bei Frodalera TI (Lukmanierpaß), Chloritoid auf Alp Nadels südlich von Trun GR.

Goms Südseite
Die südliche Talseite des Goms mitsamt der Rhoneschlucht bei Fiesch gehört zum Gotthardmassiv und besteht aus metamorphen permischen Sedimenten (Sandsteinen, Konglomeraten), Schiefern, Gneisen, im hintersten Gerental auch Rotondo-Granit. Das Altkristallin des Gotthard-

massivs wird am Nordrand von den permischen Ablagerungen der Garvera-Urseren-Furka-Zone begleitet, die wir hier mit zum Gotthardmassiv rechnen. In dieser sedimentären Zone liegt die tiefeingeschnittene Rhoneschlucht oberhalb Fiesch, die Lamme, mit bedeutenden Fundstellen der Carbonatparagenese.

Die im ganzen nördlichen Bereich des Gotthardmassivs weitverbreitete Carbonatparagenese stellt mit Quarz, Ankerit, Calcit, Siderit, Periklin, Muskovit, Apatit, Sagenitrutil, Anatas, Monazit, Pyrit die wichtigste Fundklasse auf der Goms Südseite dar, wobei die Carbonatmineralien stark überwiegen können oder auch gegenüber Quarz und Periklin zurücktreten. Wichtige Vorkommen befinden sich in der Rhoneschlucht (Lamme) oberhalb Fiesch, im Blinnental südöstlich von Reckingen, im Äginental südöstlich von Ulrichen und im Gerental südöstlich von Oberwald. Während in oberflächennahen Klüften die eisenhaltigen Carbonate angewittert oder ganz zersetzt sind, liefern Stollenbauten hervorragend frische Stufen vor allem von crèmeweißem Ankerit. Die beiden größten Untertagfunde stammen aus dem Binna Stollen südlich von Ernen und dem Gasleitungsstollen südlich von Obergesteln. Diese Vorkommen haben viel Ähnlichkeit mit dem weiter südwestlich im Penninikum gelegenen Simplontunnel.

Andere Mineralfunde der Goms Südseite umfassen: Titanit im Gebiet von Längis nordöstlich von Oberwald; Anatas, Brookit, Monazit in kleiner Ausbildung im ganzen westlichen Gotthardmassiv; große, grünliche Fluoritoktaeder zwischen Nufenenpaß und Gerental; Quarz, Adular, Titanit, Monazit, Phenakit, Milarit, Turmalin im hintersten Gerental, wo granitenes Nebengestein vorherrscht.

Viele Proben, speziell aber Kleinstufen, sind beim Bau des Furka-Basistunnels (Oberwald VS – Realp UR mit Seitenstollen ins Bedrettotal TI) mehrheitlich im Aushub gesammelt worden. So verdanken wir der umfangreichen Strahlertätigkeit einen guten Überblick über die Mineralarten im Tunnel insgesamt, doch fehlt oft die lokale Feinzuordnung zu den einzelnen Gesteinen. Wie bei allen Stollenbauten handelte es sich auch hier um eine kurzfristige, beschränkte Sammelmöglichkeit, die mit dem Bauabschluß verschwand, die aber dennoch unser Wissen wesentlich bereichert hat.

Hospental

Oberhalb Hospental lenkt der Steinbruch der Kemmleten, wo der Gotthard-Serpentin in einer lokalen Serpentinitlinse gebrochen wird, die Aufmerksamkeit auf sich. Eingewachsen in den Talkadern des Serpentinits erscheint die Paragenese Talk (grobblättrig), Dolomit (linsenförmig), außerdem seltener Apatit (gelber Spargelstein), Ilmenit, Rutil, Magnetit, Scheelit (in kleinen, spärlichen Körnern). Derartige Serpentinitvorkommen gibt es zahlreiche entlang der Nordbegrenzung des Gotthardmassivs vom Goms zum Tavetsch. Nur noch wenige werden zur Materialgewinnung für Ofenbau und Kunsthandwerk genutzt.

Schöne Titanitstufen mit den länglichen, visierartig eingekerbten Zwillingsbildungen stammen von Klüften südwestlich von Hospental. Beim Bau des kleinen Tunnels der jetzigen Gotthard-Paßstraße hat man in den Glimmerschiefern über Hospental wieder die typische Carbonatparagenese angetroffen und reiches Material davon geborgen, mit Bergkristall, Periklin, Calcit, Ankerit, sagenitischem Rutil und gelbem Anatas.

Furka-Basistunnel (Oberwald VS – Realp UR)
Kluftmineralien aus dem Haupttunnel:
Permokarbon, Altkristallin, ohne Rotondo-Granit

Nichtsilikate		Silikate
Anatas	Ilmenit (oft in Rutil	Adular
Ankerit (riesige	umgewandelt)	Albit
Aggregate)	Magnetit	Apophyllit
Apatit	Mimetesit (selten)	Bazzit (ausgezeichneter
Arsenopyrit	Monazit	Fund)
Brookit (selten)	Pyrit	Chlorit (Klinochlor,
Calcit	Pyrrhotin	Orthochamosit)
Chalkopyrit	Quarz	Epidot
Cobaltit /	Rutil (Sagenit)	Muskovit
Gersdorffit	Siderit	Stilbit
Dolomit	Sphalerit	Titanit
Galenit	Synchysit (selten)	Turmalin (schwarz)
Giessenit/Izoklakeit	Ullmannit	
(selten)	Xenotim	

Furka-Basistunnel (Oberwald VS – Realp UR)
Kleinmineralien aus dem Bedretto-Fenster (Ronco Stollen):
Rotondo-Granit, hydrothermal verändert

Nichtsilikate		Silikate
Anatas (pseudomorph	Molybdänit (E)	Adular
nach Ilmenit)	Monazit	Albit
Apatit	Pyrit (E)	Allanit
Aragonit	Pyrrhotin (E)	Almandin (her)
Arsenopyrit (E)	Quarz	Beryll (her)
Äschynit	Rutil (pseudomorph	Biotit
Bassanit	nach Ilmenit)	Chabasit
Bastnäsit	Sphalerit	Chlorit
Brookit (pseudomorph	Synchysit	Epidot
nach Ilmenit)	Xenotim	Gadolinit
Calcit		Heulandit
Cannizzarit (E)		Laumontit
Chalkopyrit (E)		Muskovit
Fluorit		Sepiolith
Galenit (E)		Skolecit
Gips		Stilbit
Hämatit (E)		Titanit
Ilmenit (her)		Uranophan-β
Magnetit (her)		Zirkon (her)

(E) = Erzadern   (her) = gesteinsbildend, aus dem Gesteinsverband herausgelöst

Vom Simplon über den Gotthard zum Tavetsch und in die Leventina kehrt diese Mineralgesellschaft in glimmerreichen Gesteinen mit großer Stetigkeit wieder.

Gotthardpaß

Am Piz Lucendro, auf La Fibbia und am Monte Prosa finden sich altbekannte Vorkommen von Eisenrosen, Apatit, Adular, Quarz und Begleitmineralien wie Stilbit, Muskovit, Titanit, Phenakit, Bertrandit. Die Eisenrosen zeigen sowohl den kompakten sechsseitigen wie den offenblättrigen runden Habitus. Apatit ist milchigweiß oder wasserklar. Adular erscheint orthoklasähnlich verlängert, was zur Namengebung Fibbia-Habitus Anlaß gab. Quarz kristallisiert südlich des Gotthardpasses im Tessiner-Habitus. Phenakit in vielen losen Stengeln entstammt einem Einzelfund östlich des Lucendro-Stausees, und V-förmige Bertrandit-Zwillinge sitzen manchmal den Eisenrosen auf. Alle diese Funde sind an den Fibbia-Granitgneis des zentralen Gotthardmassivs gebunden.

In der südlich anschließenden Schieferzone der Tremola-Serie kommen gesteinsbildender Almandingranat und Hornblende in großen, rundum ausgebildeten, eingewachsenen Kristallen vor. Die Gesteine wie Granat-Glimmerschiefer und Hornblendegarben-Schiefer sind sehr dekorativ und für sich schon sammlungswürdig. Gute Fundmöglichkeiten bieten das Val Tremola und das Val Canaria, wo die Tessiner-Quarze beachtliche Größe erreichen und nicht selten typische Einschlüsse von Amiant und Rutil enthalten. Der Tessiner-Habitus variiert in allen Übergängen vom vertikalen Prisma des Normaltyps über eine leichte Abschrägung der Seitenkanten bis zur spitz zulaufenden Keilform.

Tessiner-Quarze ungewöhnlicher Dimension fanden einheimische Strahler am Piz Alv im hintersten Val Canaria. Ebenfalls aus dem Val Canaria stammen eigenartige Zepter- und Skelettquarze. Bei einzelnen Individuen sitzt ein kleiner Amethyst mit Normal-Habitus zepterartig einem größeren Tessiner-Quarz oben auf. Ganz allgemein entspricht das Amethystwachstum einer späteren Phase der Kristallbildung bei niedrigerer Temperatur, als sie für die Entstehung des Tessiner-Habitus erforderlich ist. Tessiner-Quarze finden wir bevorzugt in Zonen mit relativ hochtemperierter Gesteinsmetamorphose. Weitere bemerkenswerte Kluftmineralien der Gotthard Südseite sind Pyrit (oft angerostet), Anatas, Turmalin (schwarz), Rosafluorit (selten). Zum Strahlen ist gleichzeitig eine Bewilligung des Kantons Tessin und des Patriziats Airolo notwendig.

Südliche Seitentäler des Tavetsch

Die politische Gemeinde Tavetsch (Tujetsch) umfaßt das Einzugsgebiet des Vorderrheins mit allen Seitentälern oberhalb der Talenge zwischen Sedrun und Disentis. Wir betrachten hier den Talabschnitt, der zum Tavetscher Zwischenmassiv und Gotthardmassiv gehört, also das Gebirge vom Lauf des Vorderrheins südwärts mit den drei Tälern Val Maighels, Val Curnera und Val Nalps. Die berühmtesten und ergiebigsten Mineralfunde dieser Zone sind ohne Zweifel die Hämatitvorkommen der Cavradischlucht, des klammartigen Talausganges des Val Curnera zum Vorderrhein unterhalb des Curnera-Stausees. Hier arbeiten die Strahler sozusagen im Steinbruchbetrieb, und man muß beim Besuch der Schlucht vor Felsschlag auf der Hut sein.

Die Cavradischlucht birgt die bedeutendsten Klüfte mit Hämatit in der

Kluftmineralien aus der Cavradischlucht (Tavetsch GR)

Nichtsilikate		Silikate
Amethyst	Fluorit	Adular
Anatas	Gold	Turmalin (schwarz)
Apatit	Hämatit	
Äschynit	Malachit	
Azurit	Monazit	
Baryt	Quarz (Bergkristall,	
Bergslagit	Rauchquarz,	
Bornit	Amethyst)	
Brookit	Rutil	
Chalkopyrit	Silber	
Digenit	Strontianit	
Djurleit	Xenotim	

Schweiz. Typische Eisenrosen kommen zwar nicht vor, aber dafür sind die Einzelkristalle bei Größen bis 6 cm von unerhörtem Flächenreichtum und Glanz wie sonst weltweit kaum anderswo. Oft zeigen einzelne Flächen eine charakteristische trigonale Kombinationsstreifung, die durch den treppenartigen Wechsel der Basis mit einem der Rhomboeder entsteht. Abgeflachte, rotbraune Rutilprismen sind dem Hämatit orientiert aufgewachsen oder eingelagert. Das artenreiche Mineralvorkommen der Cavradischlucht ist an einen sericithaltigen, bläulichen Konglomeratgneis-Zug gebunden, der sich vom Goms VS bis zum Somvix GR verfolgen läßt und als metamorphes Perm am Gotthardmassiv-Nordrand gedeutet wird.

Die Gesteinsvielfalt des östlichen Gotthardmassivs trägt mit dazu bei, daß dieses Gebiet neben dem Binntal VS zu den reichsten an verschiedenen Kluftmineralarten in den Schweizer Alpen zählt. Zwischen Gotthard und Medels dürften es 70–80 Spezies sein, nichts Außergewöhnliches im Vergleich mit ausländischen Erzlagerstätten, recht beachtlich aber angesichts der Monotonie vieler Zerrkluftparagenesen. Wir nennen nur kurz die weiteren Hauptvorkommen im südlichen Tavetsch.

Carbonatparagenesen mit Albit, Ankerit, Rutil, Anatas und Monazit stellen die typische Gesellschaft der glimmerreichen Gesteine im stark verschieferten Tavetscher Zwischenmassiv dar. Die Mineralien sind oft klein, aber sehr vollkommen. Ähnlichkeiten bestehen mit entsprechenden Funden des Maderanertals UR, doch auch Unterschiede wie das weitgehende Fehlen von Brookit im Tavetsch und das von Ankerit im Maderanertal. Besonders reich erweist sich das untere Val Nalps, dessen Ausgang zum Vorderrhein in Strahlerkreisen Val da Claus genannt wird. Eine Besonderheit von hier sind rutilhaltige Quarze und solche mit Einschlüssen von nadeligem Jamesonit. Allgemein kommen Erze auf Klüften des Tavetscher Zwischenmassivs öfters vor, so auch Pyrit, Sphalerit, Arsenopyrit, Chalkopyrit, Boulangerit, ja selbst gediegen Gold. Eigentliche Erzlagerstätten (Uran, Zink) finden sich talabwärts von Disentis im östlichen Teil des Tavetscher Zwischenmassivs (Trun, Alp Nadels).

In der Nähe von Selva im oberen Tavetsch stieß man auf das ungewöhnliche Oxidmineral Crichtonit in flächenreichen, über 1 cm großen Individuen neben Bergkristall. Die Zerrkluft war an einen voralpinen Muskovitpegmatit gebunden. Weitverbreitet ist Titanit, der oft auf Klüften hornblendereicher, amphibolitischer Gesteine erscheint, manchmal schön durchsichtig, manchmal auch chloritdurchsetzt. Die bekannteste Lokalität ist die Muota Naira im Nordwestsporn des Piz Lai Blau im hinteren Val Nalps, wo hervorragende Stufen aus dem sehr zähen Muttergestein herausgeholt wurden, nicht selten in Gesellschaft von Prehnit. Zwischen die Gneise eingeschaltete Kalksilikatlinsen führen hübschen Grossulargranat, so an der vielbesuchten Fundstelle am Piz Tagliola im Val Maighels.

Zu den ungewöhnlichsten Mineralbezirken zählt im Tavetsch außer der Cavradischlucht wohl das hinterste Val Nalps mit den Bergen Piz Blas und Piz Rondadura. Hier fand man in den Klüften der hellen Gneise wiederholt höchst seltene Mineralarten in millimetergroßen Kristallen, darunter Synchysit, Xenotim, Gadolinit, Äschynit, die anderswo in Pegmatiten wohl größer, aber ohne gute Kristallbegrenzung auftreten. Auf den Zerrkluftvorkommen sind diese ausgefallenen Mineralien zwar winzig, aber in der Form vorzüglich. Auch vom Piz Blas stammt ein durchsichtiges Fluoritoktaeder mit 9 cm Kantenlänge und 850 g Gewicht, im Kern rot, nach außen in Grün übergehend, die Flächen vielfach gestuft. Der Kristall stellt eine der Sehenswürdigkeiten des Naturhistorischen Museums der Burgergemeinde Bern dar.

Lukmanierschlucht

So heißt der eingeengte, unterste Talabschnitt des Medels, wo der Medelserrhein das verschieferte Tavetscher Zwischenmassiv durchschneidet und wo sich steile Seitenrunsen bis hoch in den Berghang hinaufgefressen haben. Die Zone gilt als ergiebig wie auch als steinschlägig, beides Folgen der starken Erosion im brüchigen Gestein. Die Carbonatparagenese ist reich vertreten, aber nur selten frisch erhalten. Meist sind die Carbonate angerostet oder auch völlig pseudomorphosiert und in Goethit umgewandelt. Solche schwarzbraunen, manchmal halbmetallisch glänzenden Kristalle lassen sich nur schwierig deuten und können aus Ankerit wie aus Siderit hervorgegangen sein. So wie sie jetzt vorliegen, muß man sie als Goethitpseudomorphosen nach Ankerit oder nach Siderit bezeichnen. Eisenhaltige Carbonate verwittern meist zu Goethit und nicht zu Lepidokrokit. Behelfsmäßig spricht man von Limonit, der aber als Mineralart nicht definiert ist.

Die Carbonatmineralien der Lukmanierschlucht werden von Bergkristall, Rutil (auch als Einschluß in Quarz), lila Apatit, Pyrit, Jamesonit, Boulangerit, schwarzem Sphalerit begleitet. Unter den Carbonaten erscheint auch weißer, spießiger Aragonit, der aber als Ausblühung der jüngsten geologischen Zeit nicht zu den eigentlichen Zerrkluftbildungen gehört. Neben dem Ausgang der Lukmanierschlucht am Vorderrhein bei Mompé-Medel zeigt eine Serpentinitlinse große Ähnlichkeit mit der Kemmleten bei Hospental UR. Talk, Magnesit und Dolomit kommen ein- und aufgewachsen vor.

Die Sericit-Muskovitschiefer des Tavetscher Zwischenmassivs in der Lukmanierschlucht haben sich allerneuestens als goldhaltig erwiesen. Das Gold ist an Pyrit gebunden, daneben treten vereinzelt freigewachsene Goldkristalle auf. Aus den Flußsanden läßt sich ebenfalls Gold in Flitterchen und kleinen Nuggets herauswaschen.

Val Cristallina

Eine Tal- und Bergbezeichnung Cristallina gibt es auch im oberen Tessin südlich des Bedrettotals. Die Rede ist hier aber vom rechten Quelltal des Medels. Das Medelser Val Cristallina durchschneidet den kluftreichen Cristallina-Granodiorit, einen Fundbezirk, der klassische Vorkommen von Adular, Rauchquarz, lila Apatit, Scheelit, Axinit, Datolith und Danburit beherbergt. Weitere Mineralien dieser Zone nordöstlich des Lukmanierpasses sind Periklin, Titanit, schwarze Turmalinnadeln, Synchysit, Anatas, Monazit, Bavenit.

Eine 20 m lange Riesenkluft am Piz Starlera gehört zu den größten Adularvorkommen überhaupt und hat unvergleichlich schöne Stufen mit Einzelkristallen von 30 cm Größe geliefert. Eine 80 cm messende Platte, reich mit verzwillingten Adulargruppen besetzt, ist als einmaliges Fundstück in der Mineralogischen Sammlung der Eidgenössischen Technischen Hochschule Zürich zur Schau gestellt. Während die Adulare vom Piz Starlera im reinen Maderaner-Habitus entwickelt sind, also die typische Adularform zeigen, kommen nur 5 km südlich davon auf La Bianca große, orthoklasähnliche Kristalle von ausgeprägtem Fibbia-Habitus vor, die bei durchscheinender Beschaffenheit pseudoprismatisch nach der a-Achse langgestreckt sind. So haben auf kurze Distanz die Bildungsbedingungen markant gewechselt.

Bedeutende weitere Funde umfassen halbmetergroße Einzelkristalle von Rauchquarz auf La Bianca. Ebenfalls vom südlichsten Teil des Val Cristallina, vom Val Casatscha, stammen die wohl schönsten alpinen lila Apatite, die hier bis 3 cm groß werden, im Habitus von kurzprismatisch bis nadelig variieren, dabei völlig durchsichtig und außerordentlich flächenreich sind. Die Farbe ist nicht lichtbeständig. Scheelit von beiger Farbe tritt sehr sporadisch als loser Einzelgänger auf.

Klassische Axinitfundstellen birgt der Grat zwischen Medels und Val Cristallina mit dem Piz Vallatscha und dem Piz Miez, wo Axinit in Gruppen von scharfkantigen, violetten, oft chloritbedeckten Kristallen erscheint. Zwei weitere Borsilikate sind charakteristisch für die Zone: Datolith und Danburit. Heute ist das Val Cristallina Militärübungsplatz, und das Strahlen unterliegt Einschränkungen.

Olivone

Das Einzugsgebiet des oberen Bleniotals im Bereich der südlichen Sedimentbedeckung des Gotthardmassivs birgt unerwartete Mineralvorkommen. Die Südostgrenze des Massivs verläuft bei Olivone in einer spitzen Schleife, indem das Valle del Lucomagno noch das gotthardmassivische Mesozoikum anschneidet, der nördliche Gebirgszug (Costa, Toira, Sosto) hingegen aus einer Aufschiebung von penninischem Mesozoikum besteht. Im bloßen Handstück sind gotthardmassivischer Liasschiefer und penninischer Bündnerschiefer schwer oder gar nicht zu unterscheiden. Die Bündnerschiefer enthalten stets Calcit, die Liasschiefer nur ab und zu.

Die drei wichtigsten Zerrkluftvorkommen umfassen die Muzo-Quarze von der Greina, die Scheelite von Campo Blenio und die reichhaltigen

Mineralien von Camperio (oberes Bleniotal TI)

Nichtsilikate		Silikate
Anatas	Rutil (nadelig)	Albit
Ankerit	Siderit (zersetzt)	Allanit
Apatit	Xenotim	Amiant (Einschluß in Quarz)
Aragonit		
Brookit (selten)		Biotit
Calcit		Chlorit
Erythrin		Heulandit
Gersdorffit		Laumontit
Goethit		Muskovit
Ilmenit (Einschluß in Quarz)		Prehnit
Monazit		Skapolith (meist in Muskovit umgewandelt)
Pyrit		
Pyrrhotin (Einschluß in Quarz)		Stilbit
		Titanit
Quarz		Turmalin

Funde von Camperio westlich von Olivone. Die wasserklaren Quarze vom Piz Coroi am Greinapaß kontrastieren auffallend mit dem kohlenschwarzen Liasschiefer, in welchem sie lose eingebettet sind. Die dünnstengligen Kristalle verjüngen sich nach oben und zeigen auf dem Prisma eine feine Kombinationsstreifung. Ähnlich wie bei den Nadelquarzen vom Bedrettotal (Bündnerschiefer-Zone) liegt eine außergewöhnliche, abweichende Form alpiner Quarzkristallisation vor. Die braungelben Scheelitkristalle aus Klüften in Quartenschiefern westlich Campo Blenio beweisen, daß mit einer guten Portion Glück auch in wenigversprechenden Gebieten spektakuläre Funde möglich sind.

Beim Ausbau der Lukmanier-Paßstraße sind oberhalb Olivone bei den Weilern Camperio und Piera sehr kluftreiche Zonen angetroffen worden, denen wir neben vielen kleinen und unauffälligen Mineralien auch erstklassige Stufen mit Zepterquarz, Rutil, Prehnit und Laumontit verdanken. An die Stelle von Adular tritt reichlich Muskovit, was für saures Bildungsmilieu spricht. Umwandlungen von Titanit in Anatas und Rutil, aber auch umgekehrte Reaktionen kommen vor. Die Bildungsbedingungen umfassen einen weiten Bereich von 500° bis 170° herunter mit einer Druckverringerung von 5 auf 2 Kilobar. Daraus errechnet sich ein Zeitraum von über 8 Millionen Jahren, während deren die Kluftkristallisation stattgefunden hat. Im Gebiet von Camperio sind hellgrüne Quartenschiefer und schwarze Liasschiefer (metamorphe Tonschiefer) innig miteinander verfaltet, und eine Aufteilung der Klüfte nach dem Nebengestein ist nicht möglich.

Wallis vom Mont Blanc zum Simplon

Die Betrachtung erstreckt sich auf den schweizerischen Teil des Aiguilles-Rouges- und des Mont-Blanc-Massivs sowie auf das Penninikum südlich der Rhone bis zum Simplon. Die beiden kristallinen Massive Aiguilles Rouges und Mont Blanc stellen ein Gegenstück zum Aar- und Gotthardmassiv dar und sind gleicherweise voneinander durch einen schmalen Sedimentzug getrennt (Zone von Chamonix). Entsprechend werden hier ähnliche Paragenesen wie in den zentralen Schweizer Alpen angetroffen, oft mit erstaunlicher Größenentwicklung einzelner Glieder (Brookit, Axinit).

Östlich vom Mont-Blanc-Massiv tauchen die Schichtserien steil ab, so daß wir im Zentrum der Walliser Hochalpen sogar ostalpine Deckenelemente vorfinden (Dent-Blanche-Decke). Ein großes Areal nehmen die kristallinen Gesteine der penninischen Bernhard-Decke ein, deren Sedimenthülle an der Deckenstirn Richtung Rhonetal zusammengeschoben ist. Zwischen Bernhard-Decke und Dent-Blanche-Decke schaltet sich ein ausgedehnter Komplex mesozoischer Bündnerschiefer und ehemals vulkanischer Grüngesteine, den man als Bündnerschiefer-Ophiolith-Decke ausgegliedert hat. Beides sind typische Ablagerungen des penninischen Raumes, wobei die Ophiolithe von Zermatt–Saas Fee ganz besonderes Interesse wegen ihrer ungewöhnlichen Mineralbildungen verdienen.

Der Mineralreichtum verteilt sich ungleich über das Gebiet, und während Zermatt bei den Mineralogen zu den klassischen Lokalitäten zählt, hat sonst das Strahlen im Mittel- und Unterwallis nicht dieselbe Tradition wie in den zentralen Teilen der Schweizer Alpen. Die Kluftvorkommen konzentrieren sich auf folgende Bezirke: Mont-Blanc-Massiv, Zermatt–Saas Fee, Simplon. Daneben tragen viele, wenn auch unwirtschaftliche Vererzungen, die sich im Kristallin der Bernhard-Decke häufen, zur Mineralvielfalt des Wallis bei.

Hier fassen wir die hauptsächlichen Kluftparagenesen zusammen:
(1) Quarz (Rauchquarz, Amethyst), Fluorit.
(2) Quarz, Axinit, Calcit, Datolith.
(3) Quarz, Brookit, Monazit.
(4) Vesuvian, Grossular, Andradit, Diopsid, Chlorit (Pennin).
(5) Quarz, Calcit, Ankerit, Magnesit, Siderit, Anhydrit, Rutil, Goyazit.

Paragenese (1) kommt in granitischem Nebengestein vor und (2) im Altkristallin des Mont-Blanc-Massivs, (3) ist an muskovitreiche Schiefer des Karbons gebunden, (4) an Grüngesteine und deren kalksilikatische Linsen, schließlich (5) an Gneise und mesozoische Einschaltungen aus dem Simplontunnel. Die Paragenesen des Mont-Blanc-Massivs (1) bis (3) entsprechen denen der zentralschweizerischen Kristallinmassive von Aar und Gotthard. Die Hauptvorkommen von Rauchquarz und Fluorit (1) befinden sich auf französischem Gebiet, dagegen hat das auf Schweizer Gebiet liegende Nordende des Massivs mit einem sensationellen Axinitfund (2) am Berg Le Catogne von sich reden gemacht. Die scharfkantigen, abgeplatteten Axinitkristalle sind die größten der Alpen bei Durchmessern bis 17 cm, aber in der Durchsichtigkeit kommen sie nicht an die klassischen Axinite der Dauphiné (Frankreich) heran.

Die Karbonmulde innerhalb des

Aiguilles-Rouges-Massivs erlaubt, zwischen Val du Trient und Zone von Chamonix das kleine Arpillemassiv abzugrenzen, ganz analog dem Tavetscher Zwischenmassiv am Gotthardmassiv-Nordrand. Diese Karbonmulde enthält glimmerreiche Schiefer, die mit ihren Mineralbildungen an die Schieferzonen der zentralschweizerischen Massive erinnern. Berühmt sind die Brookitvorkommen (3) der Tête Noire gegenüber Finhaut und von Salvan. Mit (4) beziehen wir uns auf die wohlbekannten Mineralvorkommen im Umkreis von Zermatt und Saas Fee, wo die stark glänzenden, zentimetergroßen Vesuviankristalle am außergewöhnlichsten und begehrtesten sind. Sie verdanken ihre Entstehung den zahlreichen kleinen Klüften, die in anderen Ophiolithgebieten meistens fehlen (nicht jedoch im Piemont, Italien). (5) umfaßt die Hauptparagenese des Simplontunnels, die sich durch das massenhafte Auftreten von großen, lilagefärbten Anhydritkristallen vor ähnlichen Stollenfunden auszeichnet.

Im mittleren Wallis gibt es viele zerstreute Erzvorkommen, deren Abbau sich nicht lohnt, wo aber für den Sammler Fundmöglichkeiten existieren. Die meisten dieser Kleinlagerstätten sind früher lokal genutzt worden. Sie enthalten auch mannigfaltige Verwitterungsparagenesen mit Carbonaten, Sulfaten, Phosphaten, Arsenaten, die bei mikroskopischen Dimensionen oft ideale Kristallisation zeigen, während man große Stufen ausländischen Standards nicht erwarten darf. Im Aiguilles-Rouges- und Mont-Blanc-Massiv finden sich als wichtigste dieser Lagerstätten Salanfe (Gold), Les Marécottes (Uran), Mont Chemin (Eisen) und Les Trappistes (Fluorit). In den Kristallinschiefern der Bernhard-Decke erwähnen wir Isérables (Uran), Pra Jean im Val d'Hérens (Zink), Val d'Anniviers (Kupfer) und Turtmanntal (Kobalt). Daß auch ganz exotische Mineralien unerwartet einmal auftauchen, zeigt der Fund von Stibioniobit bei Embd im Mattertal.

Mont-Blanc- und Aiguilles-Rouges-Massiv

Das Mont-Blanc-Massiv ist verhältnismäßig reich an bedeutenden Mineralvorkommen, aber die Mehrheit liegt auf französischem Gebiet, oft extrem schwer zugänglich in den steilen und vergletscherten Granitabstürzen. Unmittelbar über der Landesgrenze erinnern topographische Namen wie Glacier des Améthystes und Pointe des Améthystes an glanzvolle Funde.

Für den Mont-Blanc-Granit sind Rauchquarz und rosa Fluorit die bezeichnendsten Kluftmineralien, die man in vorzüglichen Exemplaren ausgebeutet hat. Die Klüfte sind allerdings im Vergleich zum zentralschweizerischen Kristallin eher dünn gesät. Ein neuerer Fund im Altkristallin hat am Catogne bei Sembrancher 17 cm große Axinitkristalle geliefert, zusammen mit Quarz, Calcit, Amiant, Datolith, Muskovit. Vom Nordende des Aiguilles-Rouges-Massivs kennt man ebenfalls Rosafluorit, ferner das komplexe Oxidmineral Senait (Crichtonitgruppe).

Die muldenartige Karbonzone, die sich im Nordwesten des Mont-Blanc-Massivs von Vallorcine über Salvan gegen die Dent de Morcles erstreckt, beherbergt wichtige Brookitvorkommen. Die bekannteste Lokalität ist die Tête Noire südlich gegenüber Finhaut an der Straße von Martigny nach Chamonix. Dieses altbekannte Fundgebiet liefert neben ausgezeichnetem Brookit flächenarmen Bergkristall, klar oder trüb und phantomartig, Albit und Monazit. Brookit ist ein Mi-

Mineralien vom Mont Chemin (südöstlich Martigny VS)

Nichtsilikate		Silikate
Ankerit	Hämatit	Amiant
Baryt	Magnetit	Chlorit
Calcit	Pyrit	Epidot
Chalkopyrit	Quarz	Hornblende
Fluorit	Scheelit	Stilpnomelan
Galenit	Sphalerit	Talk

neral, das in den letzten Jahren mehrfach außerhalb des zentralschweizerischen Hauptfundgebietes nachgewiesen wurde, so im Helvetikum bei Elm GL und bei Mastrils (Lanquart GR). Die Bildung erfolgt offenbar bis in den niedrigthermalen Bereich hinunter.

Zermatt–Saas Fee
In der tektonischen Muldenzone, die sich von Zermatt nach Saas Fee hinüberzieht, bilden mesozoische Ophiolithgesteine die Träger bedeutender Mineralklüfte im Gegensatz zum eher kluftarmen Altkristallin. Die Ophiolithe umfassen Serpentinite mit calciumreichen Gängen und Schollen, gabbroide Gesteine und mannigfaltige Grünschiefer wie Albit-Chlorit-Epidotschiefer (Prasinite), Eklogite, Amphibolite, Glaukophanschiefer. Sowohl die eigentlichen Kluftmineralien wie einzelne gesteinsbildende Komponenten stellen lohnende Objekte für den Sammler dar. Typische Proben findet man stets auf den Moränen von Findelngletscher (Zermatt), Allalingletscher (Saas Fee) und Schwarzberggletscher (Mattmark). Die Untertagarbeiten der Grande Dixence Kraftwerke und die

Mineralien der Ophiolithzone Zermatt–Saas Fee (VS)

Nichtsilikate	Silikate	
Apatit	Albit	Klinochlor
Cuprit	Amiant	Klinozoisit
Kupfer	Analcim	Kyanit (G)
Magnetit	Andradit	Laumontit
Perowskit	Chabasit	Lawsonit (G zersetzt)
Rutil	Chloritoid (G)	Pennin
	Chrysotil	Prehnit
	Diopsid	Talk
	Epidot	Titanit
	Glaukophan (G)	Titan-Klinohumit (G)
	Grossular	Uwarowit
	Heulandit	Vesuvian

(G) = gesteinsbildendes Mineral

Metamorpher, granatführender Gabbro, Allalin-Gabbro. Hauptgemengteile: Zoisit, Albit, untergeordnet Jadeit (zusammen grauen Saussurit bildend), smaragdgrüner Omphacit, Aktinolith, Talk (zusammen grüne Smaragdit-Pseudomorphosen nach Augit bildend), Almandin. Saas Fee VS. Ausschnitt 6 cm. Anschliff.

Bodeninstallationen der Seilbahnen haben viele Mineralfunde gebracht, die nicht alle immer bekannt geworden sind.

Als klassische Kluftmineralien von Zermatt gelten Pennin, Andradit, Vesuvian, Diopsid und Perowskit. Das Chloritmineral Pennin ist von hier Mitte letzten Jahrhunderts erstmals beschrieben und seither nirgends in besseren Kristallen gefunden worden. Daneben erscheint auch der Chlorit Klinochlor, der äußerlich schwer von Pennin zu unterscheiden ist. Andradit bildet schwarze Einzelkristalle oder hellgrüne Knollen, die man wegen der Farbe als Demantoid bezeichnet. Die Granatfamilie ist außerdem durch Grossular (lokal Hessonit genannt) vertreten. Vesuvian ist auf den ausgezeichneten alten Stufen meist gedrungen, schwarzgrün und hochglänzend, findet sich aber auch in schlanken, hellgefärbten Säulen. Diopsid wurde in einem Kraftwerkstollen als gelber, edelsteinartiger Einzelkristall von 5 cm Größe angetroffen, manch anderer Fund ist aber nie veröffentlicht worden. Wenn auch selten, bildet Perowskit in der Gegend Zermatt–Saas Fee ungewöhnlich große, rotbraune Würfel, sowohl eingewachsen wie auch seltener aufgewachsen.

Die Kluftvorkommen der Ophiolithzone Zermatt–Saas Fee umfassen mehr als eine einzige Paragenese, wie das Auftreten sich gegenseitig ersetzender Mineralarten zeigt: Chrysotil/Amiant, Pennin/Klinochlor, Andradit/Grossular. Mannigfaltiger Wechsel und komplizierte Lagerung der Gesteine, auch lückenhafte Kenntnis der Funde erschweren eine genaue Zuordnung der Mineralgesellschaften zum Nebengestein.

Im allgemeinen sind die Klüfte klein und tragen mehr den Charakter von Spalten. Großfunde von der Art derjenigen in den Zentralmassiven kennt man nicht, und das Kristallsuchen ist mühsam. Eine der bekanntesten Lokalitäten des Gebietes ist die Rimpfischwäng, eine steile Felsbastion auf der Nordseite des Findelngletschers, von wo einige der schönsten Vesuvianstufen kommen. Hervorragende Proben zeigt das Naturhistorische Museum Basel. Als Beispiel einer Kluft im altkristallinen Gneis erwähnen wir den Fund von Axinit, Titanit, Adular, Albit beim Stockchnubel unter dem Stockhorn am Nordostrand des Gornergletschers.

Zwischen Zermatt und Saas Fee verdienen die grobkörnigen basischen Gesteine spezielles Augenmerk. Lokal kommen eingewachsener Chloritoid, Kyanit und Glaukophan in Größen vor, die weit über der Regel sind, so etwa im oberen Täschtal nördlich des Findelngletschers. Jadeit, der in diese metamorphe Umgebung (Fazies) hineinpaßt, ist mikroskopisch nachgewiesen, aber nirgends in größeren Ansammlungen, die als Ausgangsmaterial für die neolithischen Beilklingen in Frage kämen. Eine andere metamorphe Bildung, aber nicht in den Ophiolithen, sondern im Altkristallin, ist der hellblaue Lazulith, der auf dem Stockhorn über dem Gornergletscher in kleinen Linsen zwischen Glimmerschiefern ausgebeutet und als einheimischer Edelstein zu Schmuck verarbeitet wurde.

Simplon

Das Simplongebiet hat besonders im Bereich des Gantertals (in der südwestlichen Verlängerungslinie des Binntals) wichtige Funde von Titanit und Armenit geliefert. Die überragende Bedeutung erhält der Simplon aber von der enorm reichhaltigen Mineralausbeute beim Durchstich des Eisenbahntunnels in den Jahren 1898–1905. In verschiedenen Schweizer Museen existieren Sammlungen von Simplontunnel-Mineralien aus dem nördlichen, schweizerischen Bauabschnitt. Von Nordwest nach Südost durchfährt man bis zur Tunnelmitte hintereinander Mesozoikum (Gotthardmassiv, Penninikum), Granat-Glimmerschiefer (Berisal-Decke), Gneise (Monte-Leone-Decke) und wiederum penninisches Mesozoikum (Veglia-Mulde, Hülle der Monte-Leone-Decke).

Kluftmineralien aus dem Simplontunnel VS (Schweizer Teil)

Nichtsilikate *Silikate*

Aikinit	Gips	Adular
Anatas	Goyazit	Aktinolith
Anhydrit	Hämatit	Albit
Ankerit	Magnesit	Biotit
Arsenopyrit	Pyrit	Chlorit
Baryt	Pyrrhotin	Epidot
Calcit	Quarz	Hyalophan
Coelestin	Rutil	Muskovit
Dawsonit	Schwefel	Titanit
Dolomit (meist eisenhaltig)	Siderit (stets magnesiumhaltig)	Turmalin (schwarz)
Fluorit	Smythit	
Galenit	Sphalerit	

Einmalig an den Mineralfunden des Simplontunnels ist der Reichtum an großen, schön kristallisierten Anhydritkristallen und an vielfältigen, absolut frischen Carbonaten (Calcit, Dolomit, Ankerit, Siderit, Magnesit, Dawsonit), wie man sie in dieser Vollständigkeit selten antrifft. Vorzügliche Anhydritkristalle sind im Naturhistorischen Museum Basel und im Museum Bally-Prior Schönenwerd SO ausgestellt. Auch Quarz zeichnet sich hauptsächlich in den Berisal-Schiefern durch die Menge wasserklarer Individuen mit Tessiner-Habitus aus. Die Monte-Leone-Gneise, ganz besonders aber die Dolomite der Veglia-Mulde in der Mitte des Tunnels (schon auf italienischem Gebiet), haben die meisten und größten Anhydritkristalle geliefert, violette Individuen bis 30 cm lang. Die Vorkommen im Simplontunnel haben nur eine mäßige Analogie zu den Oberflächenfunden des Gebietes, was den Simplontunnel mineralogisch noch einzigartiger macht.

Binntal

Das Binntal ist die berühmteste, vielfältigste und bestuntersuchte Fundregion der Schweizer Alpen. Über 25 Mineralien sind hier als neue Arten zum ersten Mal gefunden, studiert und beschrieben worden. Das innere Binntal verläuft zwischen Goms und Landesgrenze nahezu im Alpenstreichen und umfaßt anstoßend an die mesozoische Hülle des Gotthardmassivs mehrere ungefähr Südwest-Nordost gelagerte Zonen innerhalb der penninischen Stirnregion: Bündnerschiefer, Triasdolomit, Monte-Leone-Gneis, Geisspfad-Serpentinit. Dieser Gliederung in scharfgeschiedene, unterschiedlich mineralisierte Gesteinskomplexe entsprechen 4 Hauptschwerpunkte in der Mineralverteilung: nördliche Talseite, Lengenbach, Lengtal – Binneltini, Geisspfad.

Eigentliche Großfunde sind im Binntal ausgeblieben, eher ist es die Vielzahl weitverstreuter Einzelvorkommen, die zusammen mit der weltbekannten Sulfosalz-Lagerstätte am Lengenbach den Ruhm des Tales begründet. Mineralreich ist auch der italienische Abhang des Grenzkammes, so weit wie die Monte-Leone-Decke reicht. Zusätzlich haben die Kraftwerkbauten im Lengtal die Fundlisten verlängert.

Im folgenden sind die Einzelvorkommen als Sammelparagenesen zusammengefaßt und die Haupttendenzen sichtbar gemacht:
(1) Quarz, Calcit, Muskovit, Rutil.
(2) Dolomit, Hyalophan, Pyrit, Sphalerit, Sulfosalze (Realgar, Sartorit und viele andere).
(3) Quarz, Albit, Magnetit, Hämatit, Anatas, Rutil, Monazit, Xenotim, Turmalin (schwarz), stellenweise Arsenite, Wismut-Erze.
(4) Calcit, Diopsid, Epidot, Andradit, Natrolith (und andere Zeolithe).

Die Nebengesteine von (1) sind Kalkglimmerschiefer (Bündnerschiefer, Jura bis Kreide), von (2) Dolomite (stellenweise als Marmor, Trias), von (3) Gneise verschiedener Art (Kristallin der Monte-Leone-Decke) und von (4) Ultramafitite (Geisspfad-Serpentinit mit Randgesteinen). Die Bündnerschiefer (1) stoßen im Nordwesten an die Liasschiefer des Gotthardmassiv-Südrandes, von denen sie im Handstück gelegentlich schwer zu unterscheiden sind. Der zuckerkörnige Dolomit (2) zieht sich als helles, tektonisch verschupptes Band durch das Tal und trennt die Bündnerschiefer von den Gneisen. Der Dolomit ist an zahlreichen Stellen vererzt, wobei höchst seltene und außergewöhnliche Paragenesen auftreten. Hinter dem Weiler Feld schneidet der Lengenbach, ein von Gorb herunterkommender, südlicher Zufluß der Binna, das weiße Dolomitgestein an. Dieser Aufschluß, kurz Lengenbach genannt, macht das Tal weltberühmt; denn hier findet sich eine völlig einmalige Konzentration seltener Sulfosalzmineralien.

Die Monte-Leone-Gneise (3) umfassen eine wechselnde Serie sehr quarzreicher Gesteine bis zu metamorphen Glimmerschiefern. Hier haben einzelne Kluftvorkommen große Ähnlichkeit mit solchen des Aar- und Gotthardmassivs, was den Einfluß des Nebengesteins auch bei unterschiedlicher tektonischer Stellung zeigt. Im südlichen Teil der Gneisregion stehen lokal Kupfer-Arsen-Vererzungen an, von denen man heute die ungewöhnlichen, ja einmaligen Arsen-Mineralisationen der Gneise und des Dolomits herleitet. Die Mineralien im Ultramafititkörper des Geisspfads (4) kann man in zweierlei Hinsicht klassieren, einerseits danach, ob sie auf Klüften abgesetzt oder im Gestein eingewachsen, anderseits danach, ob sie an den Serpentinit-Hauptkörper oder an calciumreiche Gang- und Randgesteine gebunden sind.

Bündnerschiefer-Zone

Die Bündnerschiefer nehmen praktisch die ganze nördliche Seite des Binntals ein und setzen sich südwestwärts über den Saflischpaß zum Rhonetal fort. Wichtigste Mineralien für den Sammler sind in diesen kalkigen, sandigen und tonigen, oft granatführenden Schieferserien Quarz und Rutil. Der Quarz erscheint sehr selten als Zepter, vielmehr meist im typischen Tessiner-Habitus (hier lokal als Binntaler-Habitus bezeichnet), und Kristalle bis ausnahmsweise 60 cm Größe sind am Turbhorn in der nordöstlichsten Ecke des Binntals gefunden worden. Der Rutil tritt sowohl dickstenglig, dabei oft knieförmig verzwillingt, wie auch nadelförmig auf. Die Bündnerschiefer des hintersten Binntals führen als gesteinsbildende Mineralien sporadisch Zoisit und Kyanit.

Lengenbach

Dieses berühmteste Mineralvorkommen der Schweiz liegt im senkrechtgestellten Triasdolomit 3 km östlich von Binn und 140 m über der Binna am Weg zum Geisspfad. Hier dient ein kleiner, nur im Sommer unterhaltener Bergwerksbetrieb nicht der Gewinnung von Rohstoffen, sondern von Mineralstufen speziell der seltenen Sulfosalze. Die großen, weißen Abraumhalden und die darin herumstöbernden Sammler verraten die Lokalität von weitem. Für das Abbaugelände ist eine private Konzession vergeben. Die ausgebeuteten Stufen gelangen teils in Museen und Hochschulinstitute, teils in den Verkauf, doch existieren von einzelnen Seltenheiten nur ganz wenige Belegstücke. Der Privatsammler ist zum eigenen Suchen auf die Abraumhalde verwiesen, wo er immer noch wertvolle, vorher übersehene Stücke finden kann.

Die Zeit vom 19. Jahrhundert bis zum Ersten Weltkrieg war die klassische Epoche der wissenschaftlichen Bearbeitung durch Descloizeaux, Marignac, vom Rath, Baumhauer, Solly, Desbuissons. Später deckte Lawinenschutt die Fundstelle zu, bis eine Arbeitsgemeinschaft 1958 die

Mineralien im Lengenbach-Dolomit (Binntal VS)

Elemente

Arsen	Arsenolamprit	Silber

Sulfide

Akanthit	Galenit	Pyrit
Arsenopyrit	Greigit	Sphalerit
Bornit	Markasit	Tennantit
Chalkopyrit	Molybdänit-3R	Tetraedrit
Enargit	Nowackiit	Wurtzit

Sulfosalze

Auripigment	Lengenbachit	Seligmannit
Baumhauerit	Liveingit	Sinnerit
Baumhauerit-2a	Lorandit	Smithit
Dufrénoysit	Marrit	Stalderit
Edenharterit	Pararealgar	Stephanit
Erniggliit	Proustit	Trechmannit
Hatchit	Pyrargyrit	Wallisit
Hutchinsonit	Rathit	Xanthokon
Imhofit	Realgar	
Jordanit	Sartorit	

Halogenide, Oxide

Fluorit	Brannerit	Quarz
	Magnetit	Rutil

Carbonate

Calcit	Dolomit	Magnesit
Cerussit	Hydrozinkit	Malachit

Sulfate, Molybdate, Phosphate, Arsenate

Baryt	Apatit	Goyazit
Wulfenit	Gorceixit	Mimetesit

Silikate

Adular	Hyalophan	Skapolith
Albit	Kaolinit	Turmalin
Dickit	Muskovit	
Hemimorphit	Phlogopit	

Seltene Mineralien des Binntals, bisher nur von hier bekannt

Nur im Lengenbach-Dolomit gefunden

Baumhauerit-2a	Lengenbachit	Sinnerit
Edenharterit	Liveingit	Stalderit
Erniggliit	Marrit	Trechmannit
Hatchit	Rathit	Wallisit
Imhofit	Sartorit	

Nur in der Gneisregion gefunden (einschließlich Grenzkamm gegen Italien)

Asbecasit	Cervandonit
Cafarsit	Gasparit

Grube wieder freilegte und abbaute. In den folgenden 30 Jahren ist dann eine enorme wissenschaftliche Arbeit am neugefundenen Material, vor allem an den Sulfosalzen, geleistet worden. 1987 kam das Ende der klassischen Grube, als sich zeigte, daß eine weitere Abteufung des offenen, von der Talseite angebohrten Loches nicht mehr verantwortbar war. Sicherheit und Funderwartung hatten nachgelassen. So verlagerte man die Abbautätigkeit 50 m südostwärts aus dem Lawinenzug hinaus an eine vorsondierte, vielversprechende, neue Stelle. Mit dem anfallenden Aushub hat man die alte Grube aufgefüllt.

Die Mineralien im Lengenbach-Dolomit treten entweder in drusenartigen Lösungshohlräumen auf oder direkt eingewachsen im zuckerkörnigen, weißen Muttergestein. Typische Zerrkluftanzeichen fehlen im Dolomit. Das häufigste Mineral auf den Stufen ist Dolomit selbst, der sich manchmal in klaren, flächenreichen, chemisch völlig reinen Kristallen präsentiert. Das Hauptinteresse gilt indessen der arsenreichen Erzparagenese, die vorab Pyrit, roten Realgar und Sphalerit, dann zahlreiche komplexe Arsen-Schwefelverbindungen sowie weitere Sulfide umfaßt. 14 der Lengenbacher Erzmineralien kommen nur hier oder sonst noch im Triasdolomit des Binntals vor, aber nirgendwo anders auf der Erde. Darin zeigt sich die außergewöhnliche, weltweit einzigartige Stellung des Binntals, die durch 8 seltene Thalliumverbindungen besonders unterstrichen wird (Edenharterit, Erniggliit, Hatchit, Hutchinsonit, Imhofit, Lorandit, Stalderit, Wallisit).

Man unterscheidet Sulfide (mit tetraedrischer Koordination) von Sulfosalzen (mit trigonal-pyramidaler Koordination). Diese Einteilung beruht auf der Atomstruktur und ist auf Grund der chemischen Formel allein nicht möglich. So sind Nowackiit und Tennantit nach heutiger Definition Sulfide, während Realgar und Proustit zu den Sulfosalzen gehören.

Eines der häufigsten Sulfosalze am Lengenbach ist der Sartorit, den man bisher dennoch nur hier gefunden hat. Unter den stengligen Sulfosalzen sind etliche einander äußerlich derart ähnlich, daß sich auch die wenigen spezialisierten Fachleute keine sichere Bestimmung ohne langwierige Laborarbeit zutrauen. Rundum

Neue Grube Lengenbach, Binntal VS. Stand Juli 1989.

gleichmäßig entwickelte Kristalle sind selten, und so muß sich der Liebhabersammler manchmal damit abfinden, daß eine genaue Identifizierung seiner Lengenbacher Stufen unerfüllter Wunsch bleibt. Unangenehm wirkt sich auch aus, daß einzelne Arsenmineralien nach dem Ausgraben allmählich zerfallen, am Licht rascher als im Dunkeln. Besonders berüchtigt sind Realgar und Lorandit. Selbst das Dolomitgestein kann mit der Zeit zerbröckeln.

Die Entstehung der Lagerstätte Lengenbach scheint an drei Umstände gebunden: eine Blei-Zink-Vererzung im Triasdolomit, eine Kupfer-Arsen-Vererzung im Monte-Leone-Gneis, schließlich die alpine metamorphe Mineralneubildung. Im Triasdolomit waren bei der Ablagerung gleichzeitig (syngenetisch) Pyrit, Galenit und Sphalerit gebildet worden. In der rückwärtigen Monte-Leone-Decke gibt es lokale Vererzungen mit Tennantit und Chalkopyrit, die als Stofflieferanten für den Dolomit in Frage kommen. Bei der alpinen Erzmobilisation entstanden auf Zerrklüften des Gneises zusätzlich seltene Arsenit- und Arsenatmineralien. Die Sulfosalze im Dolomit deutet man als Reaktionsprodukte des vorhandenen Galenits mit zugeführtem Arsen, Schwefel, Kupfer, Silber, Thallium. Die Mobilität des Arsens manifestiert sich heute in arsenhaltigen Quellen auf der italienischen Seite jenseits des Binntals.

Verwandte, aber weniger reiche Erzansammlungen gibt es viele weitere im Triasdolomit des Binntals. Manchmal überwiegt unter den chemischen Elementen Antimon über Arsen, während der Lengenbach eine fast ausschließliche Arsenlagerstätte ist. Am interessantesten erweist sich Turtschi unmittelbar östlich von Binn am Weg zwischen Binn und Giessen. Hier kommen als Erze, die man vom

Lengenbach nicht kennt, Geokronit, Giessenit/Izoklakeit und Bournonit vor. Südöstlich von Binn hat der Rekkibach die einzige Realgarfundstelle im Dolomit außerhalb des Lengenbachs freigelegt. Begleiter ist schwachgrünlicher Fluorit.

Gneiszone und Geisspfad

Mit Gneiszone erfassen wir neben den hellen Gneisen granitischer Zusammensetzung auch die glimmerreichen Gesteine ursprünglich sedimentärer Herkunft (Paragneise), die sich als besonders reich an Mineralklüften erwiesen haben. Beide Serien bilden zusammen das Kristallin der Monte-Leone-Decke. Die von Paragesteinen aufgebauten südlichen Abhänge des oberen Binntals, Lärcheltinizone und Binnettini, zählen neben dem Lengenbach zu den klassischen Fundgebieten des Tals. Viele Lokalnamen (von West nach Ost: Gorb, Spissen, Riggi, Kohlergraben, Balmen) erinnern an reiche Mineralvorkommen von Anatas, Magnetit, Rutil und Hämatit. Von hier stammen die formenreichen, honigbraunen, über 2 cm großen Anataskristalle, die in solcher Vielfalt nirgendwo mehr auftreten. Der Habitus variiert von spitzpyramidal bis tafelig. Monazit, sowohl als Monazit-(Ce) wie als Monazit-(Nd), Xenotim, schwarzer Turmalin, Ilmenit (äußerlich nicht von Hämatit unterscheidbar) sind seltene Begleiter.

Etwas anders sind die Mineralgesellschaften in der unwegsamen Gneisregion des südlichsten Binntals mit Schwerpunkt Wannigletscher (zwischen Wannihorn und Scherbadung). Hier fallen die weltweit auf das Binntal beschränkten, komplexen Arsenitmineralien Cafarsit und Asbecasit aus dem Rahmen. Außerdem treten die seltenen Arsenat-Analoga zu Monazit und Xenotim, nämlich Gasparit und Chernovit, auf und belegen die Arsen-Mobilisierung, der auch die Lengenbach-Mineralien ihre Entstehung verdanken. Cafarsit ist noch verhältnismäßig reichlich gefunden worden, vor allem auf der italienischen Seite des Grenzkammes, die andern sind Seltenheiten.

Auch an Vorkommen der bekannteren alpinen Kluftmineralien fehlt es dem südlichsten Binntal nicht. Hier erscheint der Quarz häufig wieder als Normaltyp, seltener mit Tessiner-Habitus, im Gegensatz zur Bündnerschiefer-Zone des nördlichen Binntals. Amethyst kennt man vom Mättital, von hier auch die größten Periklinkristalle der Schweiz. Weitere typische Zerrkluftmineralien vor allem aus dem Umkreis des Kriegalptals umfassen Fluorit (rosa und grünlich), Apatit, Eisenrosen, Titanit, Phenakit, Stilbit. Viele Neufunde verdankt man den Stollenbauten der Gommerkraftwerke im Lengtal, so den Galenobismutit.

Im Geisspfad-Ultramafititkörper interessieren vor allem die hornblendereichen Gang- und Randgesteine (darunter Rodingite) als Ziel des Sammlers. Einerseits enthalten diese Gesteine selber eine Reihe größenmäßig auffallender Gemengteile, so Aktinolith, Ilmenit, Titanit, gelben Apatit, andererseits führen gelegentlich auftretende Klüfte bemerkenswerte Kristallisationen von Zeolithen, Calcit, Dolomit und Diopsid. Die Zeolithe bestehen aus eng miteinander verwachsenen Gemengen, an denen sich Natrolith, Mesolith, Skolecit und Thomsonit beteiligen können. Bei den Kluftmineralien zeichnet sich der Diopsid vom Scherbadung, einem Gipfel am Rand des Serpentinits, durch schwarzgrüne, mit dem Weiß des Calcits kontrastierende Farbe und vorzügliche, stenglige Wuchsform aus.

In Binn gibt es ein sehenswertes Museum, das die Mineralien der Region gebührend berücksichtigt und eine kleine Monographie des berühmten Tales bereithält (Graeser S., Binn – Tal der Mineralien, Führer zur mineralogischen Ausstellung im Museum in Binn, 1989).

Tessin südlich des Gotthards sowie Misox

Vom Nufenenpaß bis zur Talenge unterhalb Rodi-Fiesso (Monte Piottino, Dazio Grande) erstreckt sich auf der Südseite des oberen Tessintals eine breite Zone mit mesozoischen, metamorphen Bündnerschiefern (Kalk-Glimmerschiefern) und einzelnen Triasdolomit-Zügen. Südlich und östlich schließen sich die alpinmetamorphen Tessiner Gneise an, deren mächtige, manchmal monotone Kristallinserien oft durch andere Gesteine mit interessanten Gemengteilen unterbrochen sind wie Kalksilikatmarmore, Eklogite, Kyanitschiefer und Serpentinite. Südlich von Bellinzona betritt man das Seengebirge, altkristallines Gebiet, das von der alpinen Metamorphose wenig erfaßt wurde und wo typische Zerrklüfte nicht bekannt sind. Der Luganer See liegt mit Ausnahme des äußersten Nordwestens in Perm (Granophyre, Porphyre), Trias und Lias.

Die Mineralfunde lassen sich in eine alpine Gruppe nördlich und eine präalpine Gruppe südlich der Insubrischen Linie (Palagnedra – Ascona – Giubiasco – Joriopaß) teilen. Die alpinen Vorkommen, die hier den Sammler interessieren, gliedern wir nach dem geologischen Auftreten in: Zerrklüfte, Pegmatite, gewöhnliche Gesteine und Campolungo-Dolomit. Diesen Fundgruppen im mittleren und oberen Tessin stellen wir die voralpinen Mineralbildungen des Südtessins gegenüber: voralpine Pegmatite, Erzlagerstätten und Drusen in den permischen Vulkaniten.

Das Tessin südlich des Gotthardmassivs steht in der Menge der Funde hinter den Zentralmassiven zurück, nicht aber in der Mineralvielfalt. Werden auch die Klüfte vom Quellgebiet der Maggia und vom Bleniotal südwärts immer spärlicher, so weist doch die Region zahlreiche ausgezeichnete und außergewöhnliche Mineralbildungen auf. Zu nennen sind an Zerrkluftvorkommen: Igelquarz (Bedrettotal), Titanit (oberes Maggiatal), Skapolith (Lago Tremorgio); an Gesteinsgemengteilen: Kyanit (Alpe Sponda), Korund (Val d'Arbedo); an Pegmatitmineralien: Brannerit (Iragna – Lodrino), Graftonit (Brissago).

Zerrkluftvorkommen

Typisch alpine Zerrklüfte finden wir nur nördlich der Insubrischen Linie (Centovalli – Giubiasco), wo die alpine Metamorphose eine durchgreifende Umkristallisation der Gesteine bewirkte. Das Gebiet südlich der großen Verwerfungslinie besteht zwar auch aus metamorphen Gesteinen, aber viel älteren, die von den Einwirkungen der alpinen Gebirgsbildung auffallend verschont wurden. Im mittleren Tessin mit Annäherung an die Insubrische Linie werden Rutschharnische und späte Bruchflächen in den Gneisen zu Ansatzpunkten bescheidener Calcit-, Zeolith-, Chlorit- und Epidotkristallisationen. Eigentliche Klüfte mit großen Hohlräumen treten völlig zurück.

Stark vereinfachend können wir

die Zerrkluftvorkommen in 4 Hauptparagenesen ordnen, wobei Sonderfälle und Übergänge wiederum außer acht bleiben müssen:
(1) Quarz, Calcit, Muskovit, Pyrit, Rutil.
(2) Quarz, Adular, Chlorit (Rosetten), Anatas (auch rot), Rutil, Monazit.
(3) Quarz, Adular, Prehnit, Epidot, Titanit, Fluorit (rosa, farblos), Laumontit, Skolecit.
(4) Quarz (auch Amethyst), Muskovit, Ankerit, Siderit, Calcit, Gips, Rutil, Pyrit, Hämatit.

Die meist artenarme Paragenese (1) ist für die Bündnerschiefer-Formation des nördlichen Tessins bezeichnend, während (2) bis (4) in den Gneisen auftreten, (3) als Titanit-Teilparagenese auch in Amphiboliten. Der Quarz kommt reichlich und schön auf der Bedrettotal-Südseite (1) und am Cavagnoligletscher im obersten Val Bavona (2) vor, ist farblos oder rauchig und weist in der Regel den spitzpyramidalen Tessiner-Habitus auf. Weiter südwärts nehmen die Zahl der Klüfte und die Größe der Kristalle rasch ab. Außergewöhnlich sind die Nadel-, Igel- und Sprossenquarze aus dem Bedrettotal (1) und dem Campolungogebiet (1).

Schöne Funde der Paragenese (2) werden auch sonst aus dem oberen Val Bavona gemeldet. Für Paragenese (3) ist der Steinbruch bei Arvigo im Calancatal GR ein Beispiel. Die Carbonatparagenese (4) erscheint mehrfach in den Tessiner Gneisen und ist reichlich im Monte Piottino Stollen auf der Westseite der mittleren Leventina aufgetreten, wo sie ihre Entstehung stark kohlensäurehaltigen Wässern verdankt. Die Ähnlichkeit der Monte Piottino Paragenese mit der vom Simplontunnel ist unverkennbar.

In den Kalk-Glimmerschiefern der mesozoischen Bündnerschiefer-Formation, die sich auf der Südseite des oberen Tessintals bis zum Lago Tremorgio oberhalb Faido hinunterzieht, sind viele Quarzvorkommen ausgebeutet worden. Zum einen Teil handelt es sich um typische Tessiner-Quarze, die mit Muskovit und angewittertem Pyrit dem Bündnerschiefer aufsitzen. Zum andern Teil liegen abweichende Bildungen vor, und zwar in Hohlräumen mächtiger Quarzgänge innerhalb der Bündnerschiefer. Der Habitus dieser auffallenden Bergkristalle wird mit den Namen Nadelquarz und Igelquarz anschaulich

Kluftmineralien von Arvigo (Calancatal GR)

Nichtsilikate	Silikate	
Apatit	Adular	Hornblende
Calcit	Amiant	Laumontit
Fluorit	Apophyllit	Muskovit
Ilmenit	Babingtonit	Prehnit
Molybdänit	Beryll	Skolecit
Monazit	(Aquamarin)	Stilbit
Pyrit	Chlorit	Titanit
Quarz	Epidot	
Rutil	Grossular	
Sphalerit	Heulandit	

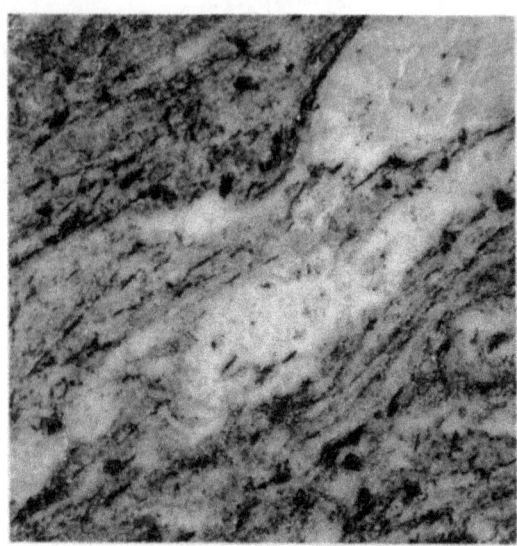

Augengneis. Hauptgemengteile: Quarz, Plagioklas, Orthoklas, Biotit, Muskovit. Unteres Bleniotal TI. Ausschnitt 6 cm. Anschliff.

umschrieben. Die wichtigsten Fundstellen sind Alp Paltan im hinteren Bedrettotal und Pizzo Meda am Campolungopaß. Zu den Bündnerschiefer-Vorkommen gehört auch das einmalig gebliebene Auftreten von losen, wasserklaren Skapolithprismen am Ufer des Lago Tremorgio.

Weitere bedeutende Quarzvorkommen mit sehr dunklen Tessiner-Quarzen gibt es rund um den Cavagnoligletscher im obersten Val Bavona, einer Gegend, die als Folge des überdimensionierten Kraftwerkbaus heute leicht erreichbar ist und die sich zu einem bedeutenden Strahlergebiet entwickelt hat. Auch Seltenheiten sind von hier aus Klüften in Konglomeratgneisen beschrieben worden wie Monazit, Xenotim und Phenakit, die auf Ähnlichkeiten mit dem nahen Gotthardmassiv hinweisen. Weiter im Süden hat man selten einmal ganz unerwartet größere Quarze angetroffen, so in der Nähe von Semione (Bleniotal) und bei Stollenbauten westlich von Biasca. Aber solche Funde sind die Ausnahme.

Typisch für die Tessiner Gneise, speziell die plagioklasreichen, sind Kluftparagenesen mit Calciummineralien wie Prehnit, Epidot, Titanit, Laumontit, Skolecit. Schöne Laumontitstufen, die man zur Konservierung meist mit einem Lack besprizt, stammen von Stollenbauten im obersten Val Bavona, aber auch von vielen anderen Fundpunkten im Tessin. Am artenreichsten ist die Prehnit-Epidot-Zeolithparagenese im Steinbruch von Arvigo im unteren Calancatal GR aufgetreten, wo dunkle Biotitgneise abgebaut werden. Insgesamt bieten die zahlreichen Steinbrüche, sofern der Zutritt erlaubt ist, die aussichtsreichste Möglichkeit zum Mineraliensammeln im Tessin.

Pegmatite und Gesteine nördlich der Insubrischen Linie

Die Gneisregion der Tessiner Alpen ist reich an Pegmatitgängen und pegmatitischen Schlieren, wie man Peg-

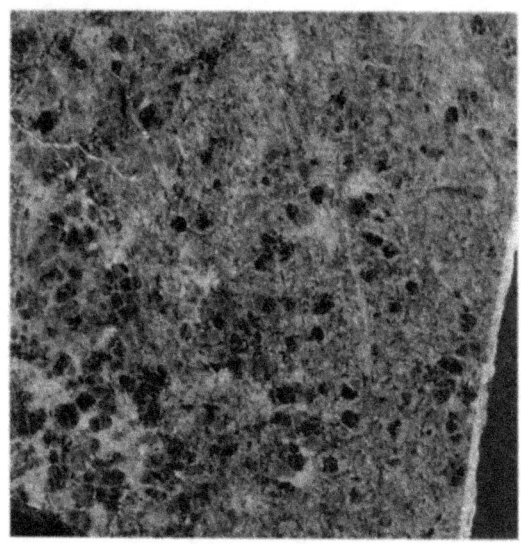

Eklogit.
Hauptgemengteile:
Omphacit (grün), Pyrop (rot). Vedreta Trescolmen westlich Mesocco GR.
Ausschnitt 6 cm.
Anschliff.

matitbildungen mit verschwommenem Übergang zum Nebengestein nennt. Sehr grobkörniger Quarz, Plagioklas, Mikroklin, Muskovit und Biotit sind die Grundmineralien, denen sich schwarzer Turmalin und bläulicher Beryll als häufigste pegmatitische Nebengemengteile anschließen. Dazu kommen lokal und vereinzelt weitere Begleiter, von denen wir einige auffallende nennen: Ilmenit (Castro, Bleniotal), Tapiolit (Cresciano, Riviera), Dumortierit (untere Riviera und unteres Misox), Brannerit mit sehr artenreicher Paragenese (zwischen Iragna und Lodrino, Ri-

Gesteinsbildende Mineralien in Tessiner Gesteinen

Campolungo westlich Faido	Dolomitmarmor	Tremolit
Alpe Sponda südlich Faido	Quarzknauer in Schiefer	Kyanit, Staurolith
Loderio nördlich Biasca	Enstatitfels	Enstatit
Claro Riviera	Kalksilikatfels	Grossular
Alpe Arami nordwestlich Bellinzona	Pyrop-Olivinfels	Pyrop
Castione nördlich Bellinzona	Kalksilikatfels	Diopsid
Val d'Arbedo und Val Traversagna nordöstlich Bellinzona	Pargasitschiefer	Korund

Mineralien von Iragna–Lodrino TI

Eingewachsen in Pegmatiten

Nichtsilikate		Silikate
Brannerit	Niobit	Albit
Ferrimolybdit	Powellit	Almandin
Ilmenit	Quarz (farblos, rauchig)	Biotit
Magnetit	Rutil	Hornblende
Molybdänit	Scheelit	Mikroklin
Monazit	Uraninit	Muskovit
		Phenakit
		Titanit
		Topas
		Turmalin
		Zirkon (uranhaltig)

Aufgewachsen in Drusen

Nichtsilikate		Silikate
Anatas	Galenit	Adular
Bismuthinit	Pyrit	Beryll
Bornit	Pyrrhotin	Chlorit
Brookit	Quarz (farblos)	Epidot
Calcit	Tetraedrit	Eulytin
Fluorit		Laumontit
		Prehnit
		Skolecit
		Titanit

Ferner mikroskopisch nachgewiesen
Arsenopyrit, Chalkopyrit, Löllingit, Markasit

viera). Diese Pegmatitbildungen werden ausnahmslos als alpin, das heißt jung, betrachtet. Die intensive Gesteinsmetamorphose führte während der Alpenfaltung in den zentralen Tessiner Alpen zu einer vollständigen Umkristallisation, wobei pegmatitische Lösungen direkt im Nebengestein remobilisiert wurden.

Bei der Metamorphose entstanden oft auch auffallende Gesteine, in denen einzelne Gemengteile besonders groß und sammlungswürdig ausgebildet sind. Sicher das bekannteste derartige Vorkommen ist der kyanit- und staurolithführende Glimmerschiefer der Alpe Sponda auf der Südseite des Pizzo Forno im Val Chironico (mittlere Leventina, nicht mit dem Fornogebiet im Bergell GR zu verwechseln), eine Lokalität, die mit mehr oder weniger richtiger Bezeichnung in jedes Mineralogiebuch eingegangen ist. Die schönsten Proben finden sich in weißen, glimmerreichen Partien oft am Rand der zahlreichen Quarzlinsen (Knauer). Der Glimmer ist sowohl Paragonit (Natriumglimmer) als auch Muskovit (Kaliumglimmer).

Campolungo

Der zuckerkörnige, weiße und graue Triasdolomit südlich und südöstlich des Lago Tremorgio in der oberen Leventina (Alpe Campolungo, Venett, Alpe Cadonighino) enthält akzessorische Mineralien von großem Interesse sowohl für den Sammler wie für den Wissenschaftler. Die Mineralien sind meist eingewachsen, kommen aber auch auf kleinen Drusen vor und umfassen als berühmteste Arten Tremolit, Turmalin und Korund, von denen Tremolit leicht, Turmalin schwierig und Korund wohl gar nicht mehr zu finden sind.

Tremolit erscheint in zwei Generationen. Eine erste umfaßt stenglige, oft grün oder grau gefärbte Kristalle. Sie enthalten bis 5 % Al_2O_3 und liegen in der alpinen Hauptschieferung. Die grüne Farbe rührt von einigen Zehntelprozent V_2O_3. Zu einer späteren, aluminiumarmen Generation gehören die radialstrahligen, weißen Tremolite, die von der alpinen Faltung nicht mehr mechanisch beansprucht wurden und manchmal zu hübschen Sonnen aggregiert sind. Turmalin bildet auf alten Stufen bis 2 cm große, grünliche Säulchen, häufiger kommt er bräunlich vor. Auf ein enges Gebiet am Venett (Übergang von der Alpe Campolungo zur Alpe Cadonighino) beschränken sich die Funde von rotem und blauem, trübem Korund, die heute praktisch erschöpft sind.

Man ist geneigt, im Campolungo ein Gegenstück zum Lengenbach im Binntal VS zu sehen. Tektonisch ist die Analogie vorhanden, in der Mineralführung kaum. Am Campolungo fehlen die Sulfosalze, am Lengenbach Tremolit und Korund. Das Mineralsuchen erfordert hier wie überall im Tessin eine Konzession.

Südtessin

Die Südalpen jenseits der Insubrischen Linie, in der Schweiz das Sottoceneri umfassend, sind von der alpinen Gesteinsmetamorphose nur geringfügig betroffen und enthalten keine alpinen Zerrklüfte. Altkristalline Gneise bauen das Gelände nördlich und westlich von Lugano auf, vulkanisches Perm, Trias und Lias die südlich und östlich angrenzenden Berge. Erwähnenswerte Mineralbildungen finden wir in Pegmatiten der hochmetamorphen Gneise (Kinzigitgneise) am Langensee, in Vererzungen des Malcantone – Val Colla und in Dru-

Mineralien im Campolungo-Dolomit (Leventina TI)

Nichtsilikate		*Silikate*
Apatit (e)	Malachit (S)	Kyanit (e)
Azurit (S)	Pyrit (e)	Muskovit (e)
Calcit (D)	Quarz (D, e)	Phlogopit (e)
Diaspor (e)	Rutil (D, e)	Skapolith (e)
Dolomit (D)	Tennantit (e)	Talk (e)
Fluorit (e)		Titanit (e)
Graphit (e) ·		Tremolit (e)
Korund (D, e)		Turmalin (farbig) (D, e)

(D) = auf Drusen
(e) = eingewachsen
(S) = Sekundärmineral

Mineralien aus miarolithischen Hohlräumen von Carona TI

Nichtsilikate		Silikate
Äschynit	Markasit	Albit
Anatas	Molybdänit	Anthophyllit
Arsenopyrit	Pyrit	Bertrandit
Baryt	Quarz	Biotit
Bastnäsit	Samarskit	Chlorit
Calcit	Siderit	Gadolinit
Chalkopyrit	Sphalerit	Muskovit
Dolomit	Synchysit-(Ce), -(Y)	Orthoklas
Fluorit	Todorokit	Phenakit
Galenit	Xenotim	Pyrophyllit
Hämatit		Titanit
Hyalit		Turmalin
Löllingit		Zirkon

senhohlräumen der permischen Vulkangesteine südlich von Lugano.

Relativ wenig Besuch haben wegen des schwierigen Zuganges die Pegmatite erhalten, die im oberen Val di Ponte (Val di Vantarone) zwischen 1000 und 1300 m anstehen. Das Val di Ponte, das früher Valle della Madonna hieß, mündet zwischen Brissago und der Landesgrenze in den Langensee. Die Pegmatite bilden konkordante Lagergänge von 5–10 m Mächtigkeit in biotitreichem Granat-Sillimanitgneis, doch stammen die meisten, wenn nicht alle Funde aus niedergeschwemmten Blöcken im Bachbett. Die günstigste Zeit zum Begehen des wilden Geländes ist der trockene Winter.

Diese Pegmatite führen keinen Beryll, dafür das seltene Phosphatmineral Graftonit. Die Hauptgemengteile sind Quarz, Albit, Muskovit, Turmalin, Almandin-Spessartin; die Nebengemengteile Mikroklin, Apatit, Biotit, Graftonit, Pyrit, Uraninit, Vivianit, Zirkon. Im Mikroskop beobachtet man, daß der Graftonit in zahlreiche, schwer unterscheidbare Eisensulfate (Coquimbit, Jarosit, Melanterit, Römerit, Rozenit, Siderotil) und Eisen-Manganphosphate (Huréaulith, Jahnsit, Landesit, Messelit, Mitridatit, Phosphosiderit, Rockbridgeit, Strunzit) übergeht.

Die Vererzungen im insubrischen Kristallin des Tessins lassen sich in eine gangförmige Gruppe und eine schichtgebundene Formation gliedern. Die Gänge sind an Störungszonen gebunden und enthalten einerseits etwas jüngere, antimonreiche Paragenesen mit Tetraedrit, Antimonit, Jamesonit, gediegenem Antimon, anderseits wenig ältere Vergesellschaftungen mit Pyrit, Arsenopyrit, Pyrrhotin, Chalkopyrit. Beide Mineralfolgen führen Spuren von Silber und gediegenem Gold, was im Malcantone zeitweise ein leichtes Goldfieber erregte. Davon zeugen alte Stolleneingänge zwischen Aranno und Miglieglia, wirtschaftliche Bedeutung hingegen erlangten die Vorkommen nie. Den Ausklang der Erzbildung stellen die Baryt-Fluoritadern des Luganer Porphyrgebietes dar, wie etwa der im letzten Weltkrieg abgebaute Barytgang bei Serpiano südlich von Brusino-Arsizio. Die Gangvererzungen des Südtessins werden in Zusammenhang mit dem permischen Vulkanismus gebracht. Weniger eindeutig ist die Stellung der erst neulich entdeckten, schichtgebundenen Scheelit-Vererzungen im nördlichen Malcantone und im oberen Val Colla. Auch hier handelt es sich nicht um wirtschaftliche Anreicherungen, dafür aber um interessante Sammelobjekte. Der feinkörnige Scheelit kann am einfachsten mit der Ultraviolettlampe nachgewiesen werden. Schließlich erinnern die Drusenvorkommen von Carona im Luganer Granophyr an ähnliche, weit umfangreichere Mineralbildungen im Granit von Baveno am unteren Langensee (Italien). Stengliger Orthoklas ist das auffallendste Mineral, während die zahlreichen Begleiter winzig bis mikroskopisch bleiben. Die Vorkommen bei Carona sind heute überwachsen oder überbaut.

Zentral-, Süd- und Ostbünden

Graubünden ostwärts von den kristallinen Zentralmassiven schließt den größten Teil des Kantonsgebietes ein. Sowohl Zahl der Mineralfunde als auch Art der Vorkommen zeigen große Unterschiede, über die ganze Region betrachtet, entsprechend der wechselvollen Geologie. Östlich von Prättigau und Oberhalbstein stehen die ostalpinen Decken an, die als tektonisch höchste Einheiten auf das Penninikum überschoben sind. Das Baumaterial umfaßt einerseits Eruptivgesteine von sauer bis ultrabasisch, anderseits Sedimente jeder Art, auch ausgedehnte Dolomitformationen. Im Süden reicht als tektonisch außergewöhnliches Element das tertiärzeitliche Bergeller Massiv von Italien auf die südliche Hälfte des Bergelltales herüber. Dieses granodioritische Intrusionsmassiv ist ein junges Gegenstück zu den geologisch alten Intrusionskörpern in den Zentralmassiven.

Die kluftreichen Zonen des östlichen Gotthardmassivs setzen sich in die Adula-Decke hinein fort. So finden sich alpine Zerrklüfte lokal verbreitet westlich der Linie Chur–Oberhalbstein–Maloja, verschwinden dann aber rasch nach Osten. In den Adula- und Tambo-Gneisen der Valserregion und der Bergell-Nordseite treten Kluftparagenesen beispielsweise mit Rosafluorit auf, die sich kaum von den zentralalpinen Mineralbildungen unterscheiden. Im ostalpinen Julier-, Bernina- und Silvretta-Kristallin fehlen derartige Bildungen, was vor allem mit der geringen alpinen Metamorphose dieser Zonen zusammenhängt. Die Fundgebiete gliedern wir nach den Hauptschwerpunkten: Vals, Domleschg, Schams, Oberhalbstein, Bergell, Puschlav, Samnaun.

Die wichtigsten Zerrkluftparagenesen sind:
(1) Quarz (auch Rauchquarz, auch Tessiner-Habitus), Fluorit (rosa), Calcit.
(2) Quarz, Rutil (faserig), Brookit, Anatas, Monazit, Turmalin.
(3) Quarz (auch Fadenquarz), Albit, Calcit, Anatas, Brookit, Apatit, Sphalerit.
(4) Albit, Titanit, Epidot.

Paragenese (1) erscheint in den Adula-Gneisen im oberen Valsertal, aber auch in den Tambo-Gneisen auf der Bergell-Nordseite, (2) in schiefrigen Paragneisen südwestlich und südlich von Vals, (3) in den Bündnerschiefern bei Vals und bei Thusis, schließlich (4) in ophiolithischen Grüngesteinen bei Vals und im Unterengadiner Fenster. Eine Reihe weiterer Mineralien charakterisiert die einzelnen Lokalparagenesen, die eine überraschend bunte Palette ergeben. Wir zählen die wichtigsten Akzessorien auf: Synchysit, Danburit, Cosalit (Adula-Gneis im hinteren Valsertal); Prehnit, Zeolithe (Tambo-Gneis im Bergell); Topas (Triasdolomit im Lugnez); Baryt, Chalkopyrit, Millerit (Bündnerschiefer im Domleschg).

Die Mineralvorkommen im penninischen und ostalpinen Bünden stehen zu Unrecht etwas im Schatten der zentralmassivischen Fundgebiete, etwa des Tavetsch. So zählen die Rutilquarze von Vals und die Bergkristalle der Region Thusis zu den bedeutendsten Funden dieses Minerals in der Schweiz, die Lamellenquarze von Thusis mit besonders schönen Phantom- und Fadenbildungen. Auch die schwarzbraunen Anatase von Thusis sind zwar kristallographisch sehr einfach und zeigen nur eine Dipyramide mit der Basis, aber hinsichtlich Größe müssen sie einen Vergleich mit den Funden vom Binntal VS nicht scheuen. An Spezialvorkommen mit vorwiegend eingewachsenen Mineralien erwähnen wir die seltenen Mangan-Erzgesellschaften des Oberhalbsteins und die Pegmatitparagenesen des Bergells mit Beryll an oberster Stelle.

Mittel- und Ostbünden sind reich an lokalen Vererzungen. Eisen-Erze: Ausser- und Innerferrera (Siderit und Hämatit im Rofna-Gneis, Hämatit in Dolomit); Val Tisch bei Bergün (Hämatit in Dolomit); Ofenpaß (Imprägnation von Goethit in der Trias). Blei-Zink-Erze: Alp Taspegn östlich von Zillis (im Kristallin); Silberberg südwestlich von Monstein im Landwassertal (hauptsächlich Sphalerit, aber kein Silber, in Triasdolomit der Anisstufe); Scharl südlich von Scuol (auch Silber, in der Trias). Kupfer-Erze: Alp Nursera westlich von Ausserferrera (in quarzitischer Trias); Tieftobel nordöstlich von Schmitten im Landwassertal (in der Trias); Oberhalbstein und Samnaun (Pyrit und Chalkopyrit in den Ophiolithen, unbedeutend).

Vals

Das Lugnez und das Valsertal mit Vals als Zentrum umfassen ein traditionsreiches Mineralfundgebiet, das sich östlich an das Gotthardmassiv anschließt. Im Süden bauen kristalline Gesteine der Adula, im Norden Bündnerschiefer mit eingeschalteten Dolomitbänken und Ophiolithlagen das Gebirge auf. Die Grenze zu den westwärts auftauchenden Liasschiefern des Gotthardmassivs bildet ein tektonisch stark zerscherter Triasdolomit-Zug, der dem Tallauf des Lugnez folgt und der sich nördlich um den Piz Terri herum nach Campo Blenio fortsetzt. In diesem tektonisierten Dolomit hat man neuerdings das völlig ungewohnte, bisher in der Schweiz nicht nachgewiesene Kluftmineral Topas gefunden.

Die Grenze gotthardmassivischer Lias/Bündnerschiefer ist keine Fundgebietsgrenze; denn die Zerrklüfte, in einer Entspannungsphase erst nach den Deckenüberschiebungen entstanden, folgen nicht den tektonischen Grenzen (Insubrische Linie ausgenommen). So ist Baryt ein charakteristisches Kluftmineral der mesozoischen Schiefer zwischen Lugnez und Schinschlucht, wo er sowohl im Sedimentmantel des Gotthardmassivs (Alp Ramosa westlich von Vrin) als auch in den penninischen

Bündnerschiefern (Piz Beverin bei Thusis) gefunden wird.

Die berühmten Valser Funde datieren mehrheitlich von der Jahrhundertwende. Später hat der Bau der Zervreila-Staumauer wiederum gutes Material, auch Rosafluorit, geliefert. Der spektakulärste Fund der Gegend, einer der bedeutendsten der Schweiz überhaupt, gelang 1896 am Piz Ault in der Bündnerschiefer-Zone westlich von Vals. Aus Klüften eines mächtigen Quarzbandes südlich des Gipfels wurde eine große Zahl rutildurchsetzter, bis 30 cm hoher, gebrochener und wieder verheilter Bergkristalle mit wenig ausgeprägtem Tessiner-Habitus geborgen, die in einem dichten Rutilfilz lagen. Der Rutil ist langfaserig, goldglänzend und in großer Menge im Quarz eingeschlossen. Als Begleiter werden Calcit, Chlorit, Adular und Pyrit erwähnt. Unweit von diesem Vorkommen liegt ein anderes mit 4 cm großen Brookitkristallen. Vier der schönsten losen Rutilquarze vom Piz Ault sind in der Sammlung der Eidgenössischen Technischen Hochschule Zürich ausgestellt.

Von einer andern klassischen Lokalität, dem Frunthorn im Adula-Gneis zwischen oberstem Lugnez und Zervreila-Stausee, stammen intensiv rote, oktaedrische Fluorite, die in nichts den Spitzenfunden aus dem Aaregranit nachstehen. Südostwärts setzen sich die Fluoritfunde in den angrenzenden Tambo-Gneisen bis zum unteren Bergell sporadisch fort. Vom Val Nova nördlich der Lampertsch Alp westlich des Zervreila Sees kommen violetter oktaedrischer Fluorit und Danburit. Weitere Valser Mineralien sind Monazit und Albit, und zwar Monazit sowohl in Paraschiefern wie in damit wechsellagernden Orthogneisen, Albit in epidotführenden Grüngesteinen. Bekanntestes Albitvorkommen ist Alp Rischuna–Bucarischuna nördlich von Vals, wo das Mineral farblosdurchsichtig als chemisch völlig reiner Natriumfeldspat erscheint.

Domleschg und Schams

Die sonst monotonen Bündnerschiefer bergen rund um Thusis unerwartet reiche Mineralvorkommen, vor allem von Bergkristall mit einer Reihe bemerkenswerter, oft nur lokal auftretender Begleiter, nämlich Chlorit, Albit, Adular, Muskovit, Apatit, Calcit, Ankerit, Baryt, Anatas, Brookit, Rutil, Chalkopyrit, Sphalerit, Galenit, Pyrit, Arsenopyrit, Millerit. Im Gegensatz zu Vals ist Thusis erst in neuer Zeit als Strahlergebiet hervorgetreten, wenn man von den frühen Albitfunden am Piz Beverin und den Quarzfunden beim Bau der Rhätischen Bahn absieht. Die wichtigsten Lokalitäten im Domleschg, unteren Schams und in der Schinschlucht sind Feldis, Almens mit Val d'Almen (Almenser Tobel), das Tal der Nolla (westlich von Thusis), Piz Beverin, Crapteig (Felsbuckel südlich von Thusis), Rongellen, Sils im Domleschg, Viaplana (Kraftwerkstollen bei Sils).

Bergkristall, Albit und Anatas zeichnen das Gebiet im besondern aus. Farbloser oder weißlicher Quarz ist hier das weitaus häufigste und vielfältigste Mineral, oft von beachtlicher Größe, meist mit Dauphiné-Habitus, auch verzerrt und kompliziert verwachsen, gelegentlich mit auffälligen Phantomen, die ihre Entstehung der Einlagerung von Chlorit, Muskovit oder Gesteinsstaub verdanken. Ein gelber Eisenoxidhydrat-Beschlag kann Citrin vortäuschen, wiederholtes Abreißen und Verheilen führt zu Fadenbildung bei Quarzen, die als Brücken gleichzeitig mit dem Auseinanderweichen des Kluft-Nebengesteins gewachsen sind.

Die abweisende Nordostflanke des Piz Beverin südwestlich von Thusis zählt zu den bedeutendsten Albitfundstellen der Schweiz in Qualität und Größe der Kristalle. Ungewöhnlich, ebenfalls schwer zugänglich, sind die reichen Anatasvorkommen einfacher, schwarzer Kristalle auf Kluftflächen im rostbraunen, verkieselten Bündnerschiefer unmittelbar südlich von Thusis.

Oberhalbstein

Die Mangan-Paragenesen des Oberhalbsteins gehören zu den wissenschaftlich bedeutenden Vorkommen der Schweiz wegen der eingehenden Untersuchungen und der Vielfalt der allerdings sehr kleinen Mineralien. Innerhalb der Ophiolithe Mittelbündens sind oberjurassische, rote Radiolarite (kieselalgenführende, fast nur aus SiO_2 bestehende Gesteine) und damit verknüpfte Mangan-Lager eine verbreitete Erscheinung, die man als untermeerisch-hydrothermale Ausscheidung im mesozoischen Sedimentationstrog deutet. Bei der späteren, alpinen Metamorphose entstanden komplexe Mineralgesellschaften mit zahlreichen Mangansilikaten und Manganarsenaten.

Die beiden wichtigsten Fundstellen liegen östlich und südöstlich von Tinzen: auf der Alp Parsettens im Val d'Err und nördlich des Bergrückens Falotta über dem Dorf Rona. Speziell Falotta fällt durch seinen Reichtum an seltenen Arsenaten auf, die auf Parsettens fast fehlen. Während der beiden Weltkriege fand ein improvisierter Abbau statt. Das Haupterz ist schwarzer Braunit, der auf Spalten und Adern die andern, interessanteren Mineralien der Paragenese enthält. Fast alle Manganmineralien verwittern an der Erdoberfläche mehr oder weniger rasch zu unansehnlichen, schwarzen Gemengen, so daß man nur durch Brechen von kompak-

Mineralien von der Mangan-Lagerstätte Falotta GR

Nichtsilikate		*Silikate*
Anatas	Manganocalcit	Albit
Aragonit	Pyrolusit	Ardennit (A)
Arseniosiderit (A)	Quarz	Muskovit
Bergslagit (A)	Rhodochrosit	(manganhaltig)
Brandtit (A)	Sarkinit (A)	Parsettensit
Braunit	Tilasit (A)	Piemontit
Calcit	Todorokit	Rhodonit
Geigerit (A)	Tripuhyit	Spessartin
Grischunit (A)		Sursassit
Hämatit		Tinzenit
Kemmlitzit (A)		
Konichalcit (A)		*zusätzlich*
Kutnahorit		*von Parsettens*
Malachit		
Manganberzeliit (A)		Analcim
Manganit		Baryt

(A) = Arsenatmineralien (fast nur Falotta)

tem Gestein frische Funde erwarten kann.

Erschöpft sind die Vorkommen keineswegs, aber die Ausbisse sind verstürzt und mit Abraum verdeckt. Viele der seltenen Mineralien sind winzig klein, nur mit der Lupe erkennbar und erst in neuester Zeit durch das Sammeln von Mikromineralien ins Interessensfeld geraten. Verschiedene Arten hat man von hier zum ersten Mal beschrieben, vorab den orange Tinzenit (Mangan-Axinit), nach dem nahen Dorf Tinzen benannt. Viel bescheidenere Mangan-Anreicherungen gibt es noch mehr in der oberpenninischen Ophiolithzone, westwärts bis nach Splügen, nordwärts bis nach Arosa und Langwies.

Bergell

Als Bergell bezeichnet man die Talschaft des Val Bregaglia südwestlich vom Malojapaß, als Bergeller Massiv dagegen die tertiäre, granodioritische Magmaintrusion auf der Bergell-Südseite mit den berühmten Kletterbergen. Das geologisch junge Massiv zieht sich auf der italienischen Seite bis zum Ausgang des Veltlins Richtung Comersee hinunter. Hier beschränken wir uns auf die schweizerische Seite, wo einige seltene Mineralarten des italienischen Massivteils fehlen. Das Bergell ist ungewöhnlich steil und wild, etliche seiner Mineralien kennt man nur von Sturzblöcken und Moränengeröllen. Aber die schönen, aquamarinfarbenen Berylle, die sich nur schwer aus den Pegmatiten lösen lassen und leicht zerspringen, locken Sammler immer wieder an.

Im Bergeller Massiv und seiner Randzone können wir viererlei Mineralvorkommen unterscheiden, allerdings ohne scharfe Trennung: Pegmatite, hydrothermale Spaltbildungen, lokale Erzanflüge und Kontaktmineralien. Die Pegmatite führen die begehrten, oft großen Kristalle von bläulichem Beryll im grobkörnigen Gemenge von Quarz, Mikroklin, Plagioklas und Muskovit. Hauptsächlich Zeolithe charakterisieren den hydrothermalen Nachhall, der sich entlang von Spaltflächen äußert, während größere Hohlräume nach Art der Zerrklüfte fehlen. Die seltenen Vererzungen zeigen sich als spurenhafte Imprägnationen manchmal mit Wismutmineralien und haben den ersten Uraninit der Schweiz in recht ungewöhnlichen, kleinen Kristallen geliefert. Bedeutend sind die vielfältigen Kontaktbildungen beispielsweise mit sehr großen Diopsiden in den Kalksilikatfelsen des Bergell-Ostrandes.

Wegen der Schroffheit des Geländes verspricht das Sammeln am meisten Erfolg auf den Gletschermoränen und in frischen Bergstürzen (Val Bondasca). Schöne Funde glückten im Lavinair Crusc nordöstlich von Vicosoprano, einer wilden Steinschlagrinne, in die man den Aushub des hoch in der Wand mündenden Albigna Kraftwerkstollens kippte.

Diesen direkt an den Magmatismus gebundenen Vorkommen stehen die nicht so reichlichen Funde außerhalb des Massivkomplexes vor allem auf der nördlichen Talseite des Val Bregaglia gegenüber. Wir zählen kurz auf: typische Zerrklüfte im Tambo-Gneis mit entsprechender Paragenese von Rosafluorit und Adular; gesteinsbildender Andalusit in ungewöhnlich schöner Ausbildung südlich von Castasegna; metamorphe Manganmineralien wie Rhodonit und Piemontit in einer kleinen Erzlinse am Piz Cam nördlich von Vicosoprano. Ähnliche Manganvorkommen kennt man auch vom Murettopaß und vom Piz Corvatsch südöstlich von Sils im Engadin.

Mineralien im Bergeller Granodiorit GR (Schweizer Teil)

Nichtsilikate		Silikate
Bismuthinit	Tantalit	Allanit
Bismutit	Uraninit	Almandin
Calcit	Xenotim	Apophyllit
Chalkopyrit		Bavenit
Chrysoberyll		Bertrandit
Cosalit		Beryll (Aquamarin)
Euxenit		Biotit
Ferrimolybdit		Chabasit
Fluorit		Chlorit
Ilmenit		Danalith
Jamesonit		Dumortierit
Malachit		Muskovit
Molybdänit		Skolecit
Monazit		Stilbit
Niobit		Titanit
Powellit		Turmalin (schwarz)
Pyrrhotin		Uranophan-β
Scheelit		Zirkon

Mineralien der Silikatmarmore am Bergell-Ostrand (Schweiz)

Nichtsilikate	Silikate	
Brucit	Chondrodit	Klinohumit
Calcit	Clintonit	Klinozoisit
Dolomit	Diopsid	Phlogopit
Galenobismutit	Epidot	Skapolith
Perowskit	Forsterit	Tremolit
Scheelit	Gonnardit	Vesuvian
Spinell (eisenhaltig)	Grossular	Wollastonit

Puschlav und Samnaun

Der Malenco-Serpentinit, der sich mit seinem östlichen Ausläufer bis ins Puschlav erstreckt, führt eine ganze Reihe akzessorischer Mineralien eingeschlossen, die allerdings nicht durchweg von bloßem Auge unterscheidbar sind. Das auffallendste ist wohl der braunrote, unregelmäßig massige Titan-Klinohumit. Des weiteren kommen Magnetit, Ilmenit, Perowskit, Pentlandit, Awaruit, Heazlewoodit dazu. Asbest, meist Serpentinasbest, aber auch Aktinolithasbest, ist rund um die Alpe Quadrada südwestlich von Poschiavo bis zum Zweiten Weltkrieg zeitweilig in Stollen und Tagbauen ausgebeutet worden. Etwas außerhalb des Serpentinitkörpers, bei Scortaseo südlich von Poschiavo, treten im Kontakt mit Dolomit zwei große Talklinsen auf, die in

Blöcken lichtgrünen Nephritjade enthalten, allerdings nicht rein, sondern als feinfaserigen Tremolit in Calcitzement.

Im Samnaun sind die mineralogisch interessanten Gesteine Ophiolithe des Unterengadiner Fensters, so benannt, weil das Penninikum unter dem überlagernden Ostalpin wie durch ein Loch hindurch zum Vorschein kommt. In der Nordflanke des Piz Mundin zwischen Samnaun und Vinadi hat man auf Klüften überraschenderweise Axinit neben Albit, Epidot und Aktinolithasbest gefunden.

Karten >

Suisse romande	*186*
Nordostschweiz	*187*
Zentralschweiz	*188*
Grimselgebiet	*189*
Göscheneralp	*190*
Reusstal	*191*
Maderanertal	*192*
Gotthard	*193*
Tavetsch	*194*
Medels	*195*
Domleschg	*196*
Wallis	*197*
Baltschiedertal	*198*
Binntal	*199*
Tessin	*200*
Graubünden	*201*
Bergell	*202*

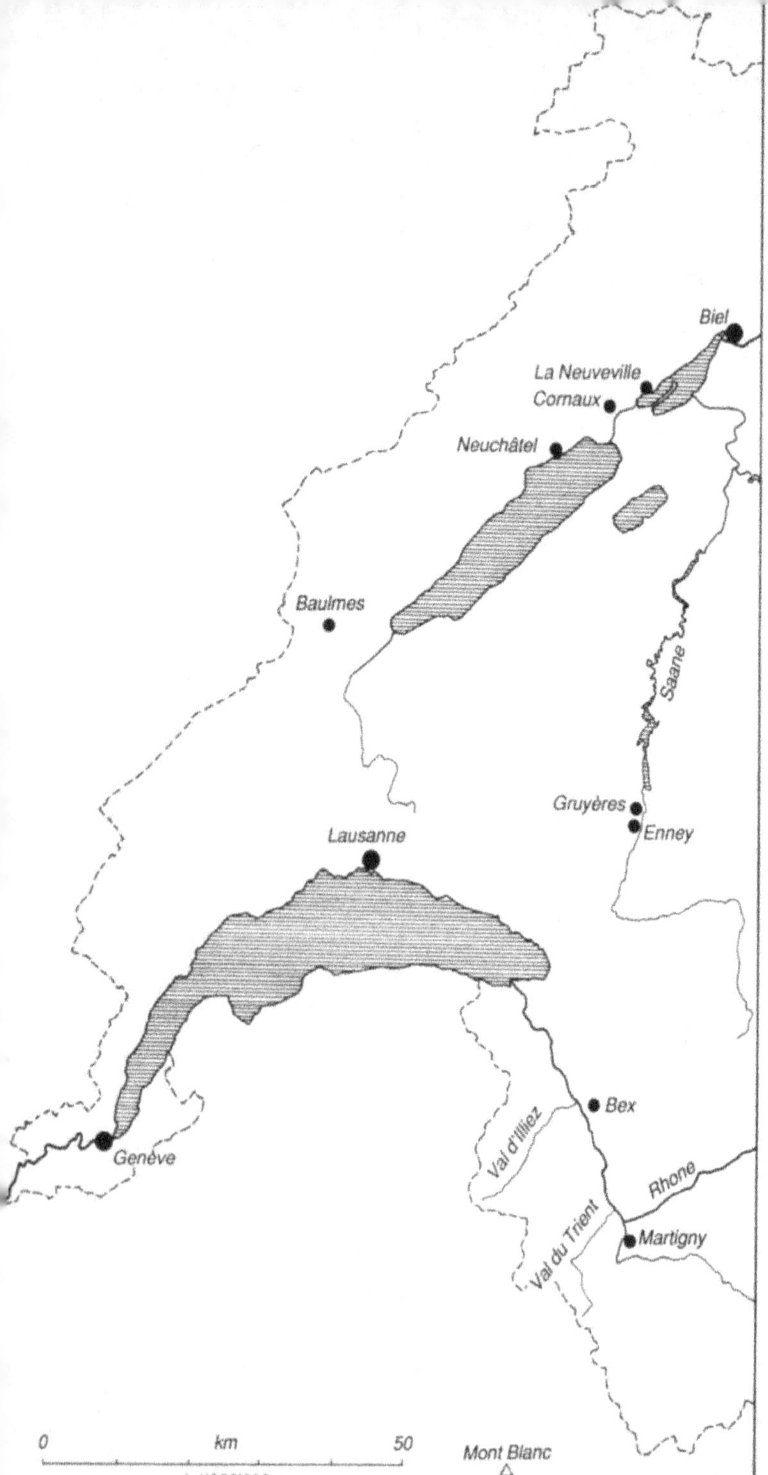

Suisse romande

- Biel
- La Neuveville
- Cornaux
- Neuchâtel
- Baulmes
- Gruyères
- Enney
- Lausanne
- Bex
- Genève
- Martigny

Saane
Val d'Illiez
Val du Trient
Rhône

Mont Blanc △

0 — km — 50
1:1'000'000

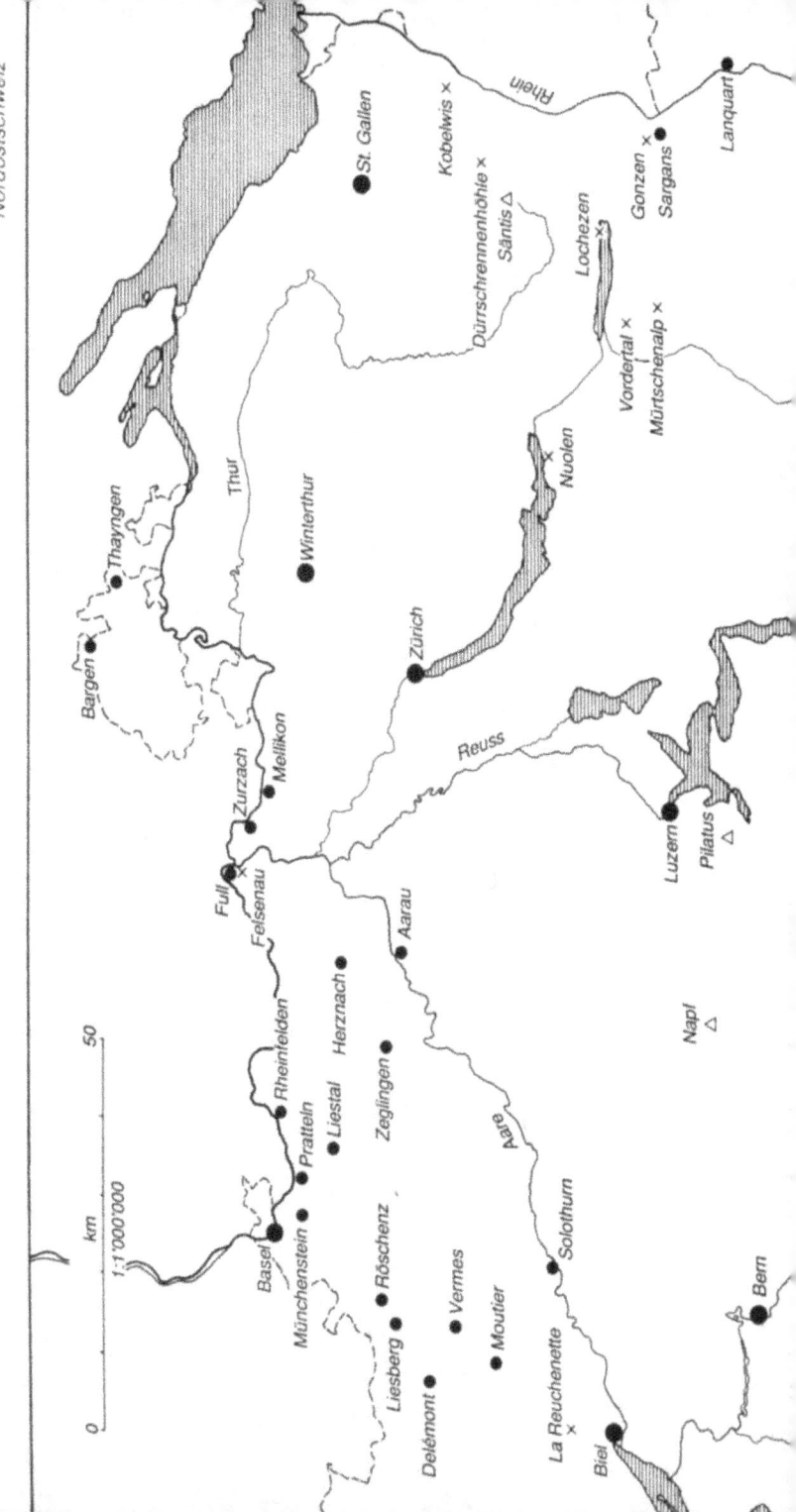

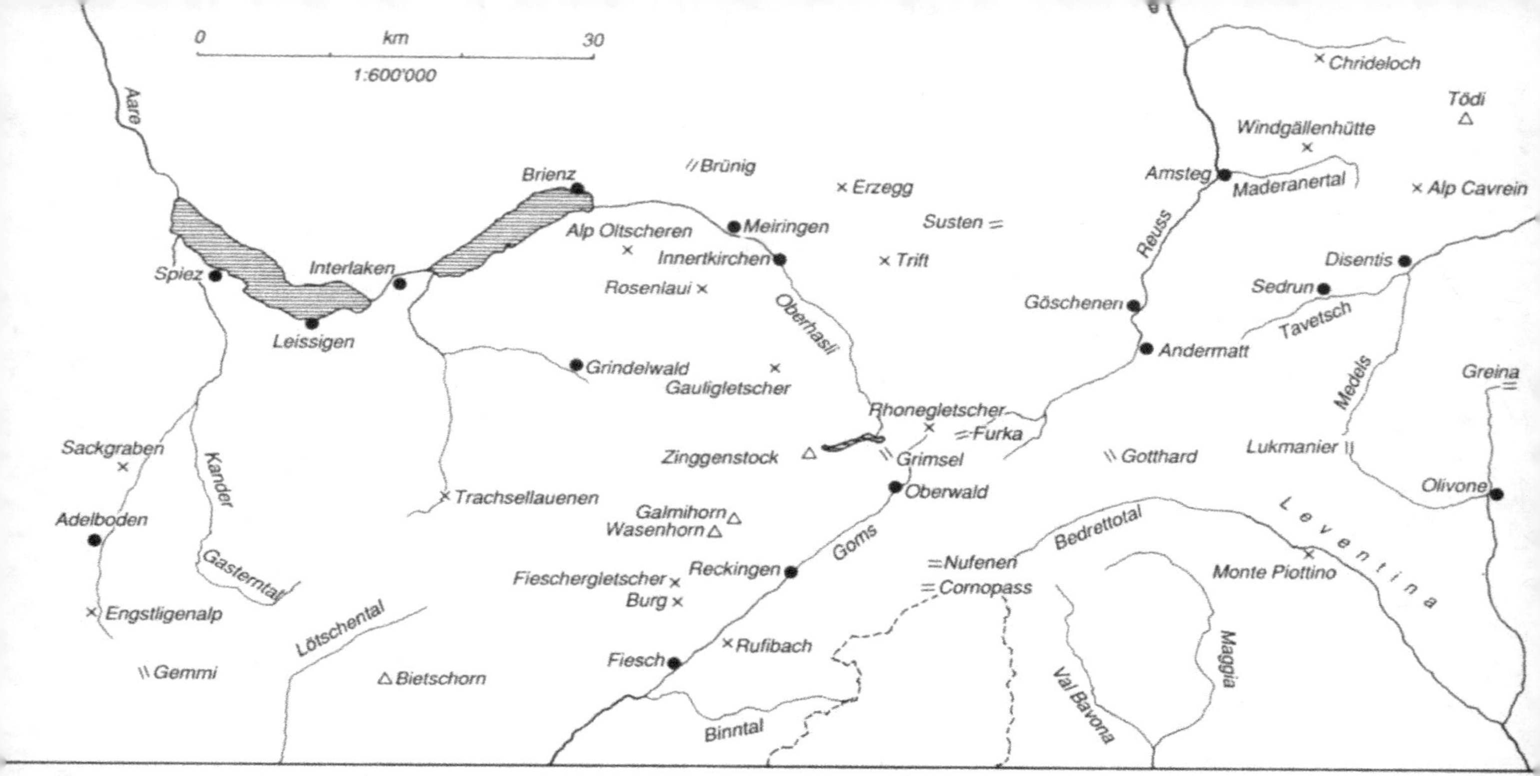

Map of central Switzerland showing locations including:

- Tödi △
- Chrideloch ×
- Alp Cavrein ×
- Windgällenhütte ×
- Maderanertal
- Disentis ●
- Sedrun ●
- Tavetsch
- Amsteg
- Reuss
- Andermatt ●
- Göschenen ●
- Medels
- Lukmanier ‖
- Gotthard ‖
- Leventina
- Greina
- Olivone ●
- Monte Piottino ×
- Bedrettotal
- Maggia
- Val Bavona
- Nufenen ‖
- Cornopass ‖
- Zentralschweiz
- Erzegg ×
- Susten ‖
- Trift ×
- Rhonegletscher
- Furka ‖
- Grimsel ×
- Oberwald ●
- Goms
- Brünig ‖
- Meiringen ●
- Innertkirchen ●
- Oberhasli
- Alp Oltscheren ×
- Rosenlaui ×
- Grindelwald ●
- Gauligletscher ×
- Zinggenstock △
- Galmihorn △
- Wasenhorn △
- Fieschergletscher
- Reckingen ●
- Burg ×
- Rufibach ×
- Fiesch ●
- Binntal
- Brienz ●
- Trachsellauenen ×
- Bietschorn △
- Lötschental
- Interlaken ●
- Leissigen ●
- Spiez ●
- Aare
- Sackgraben
- Kander
- Gasterntal
- Adelboden ●
- Engstligenalp ×
- Gemmi ‖

Scale: 1:600'000, 0–30 km

188

190

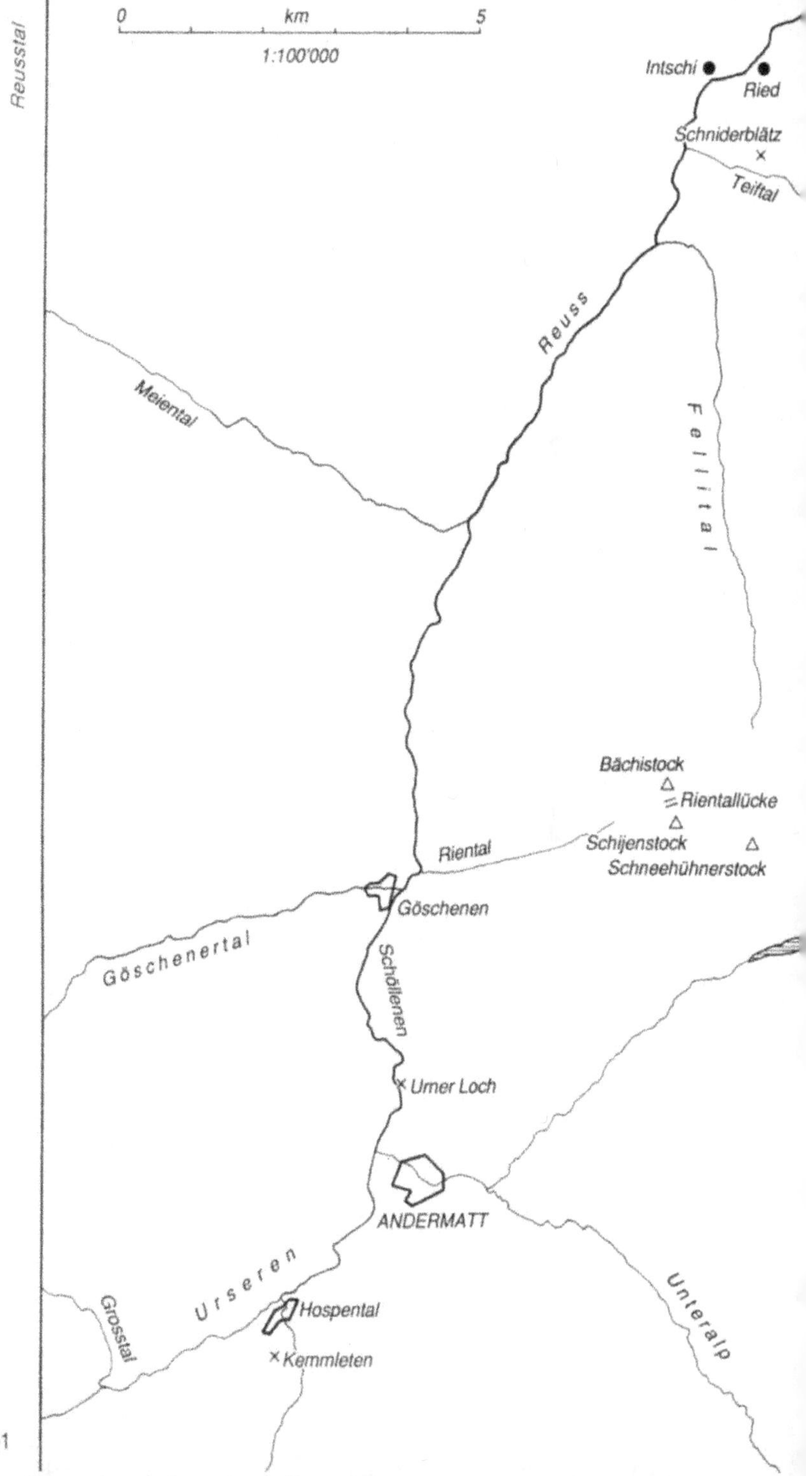

```
0        km        5
     1:100'000
```

Reusstal

Intschi • • Ried
Schniderblätz ×
Teiftal

Reuss

Meiental

Fellital

Bächistock △
≈ Rientallücke
△
Schijenstock △
Schneehühnerstock

Riental
Göschenen
Göschenertal
Schöllenen
× Urner Loch

ANDERMATT

Grosstal
Urseren
Hospental
× Kemmleten

Unteralp

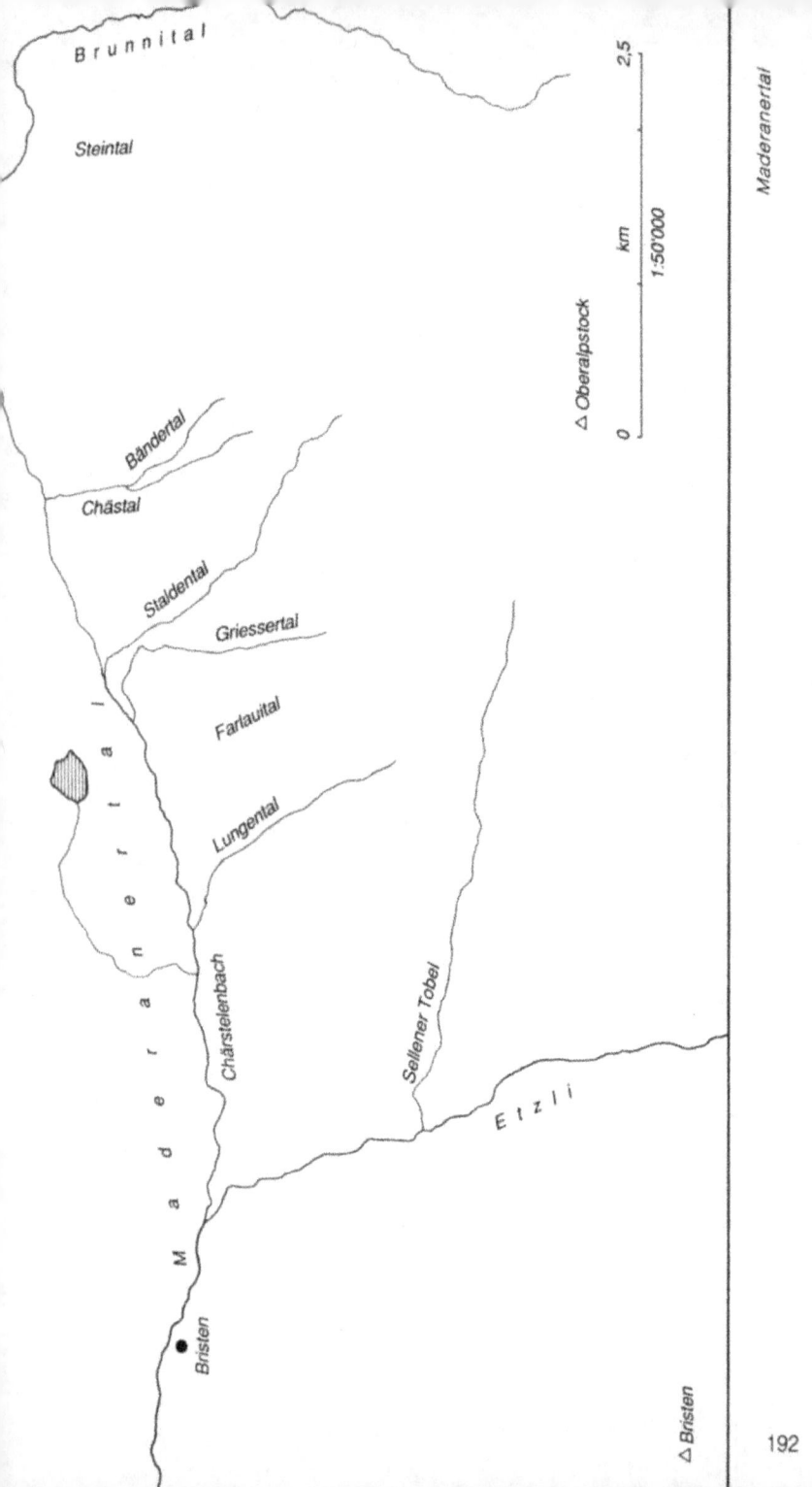

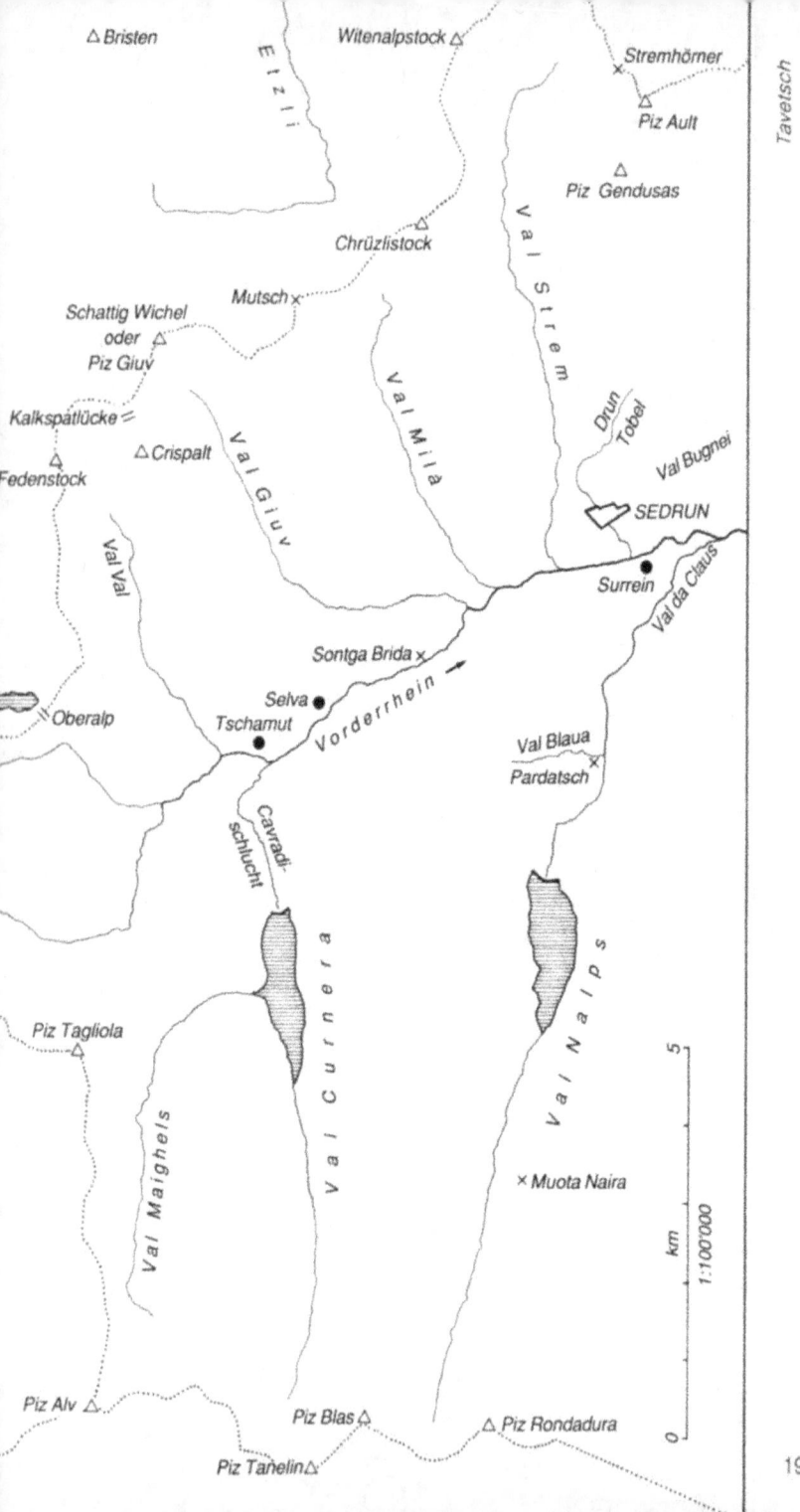

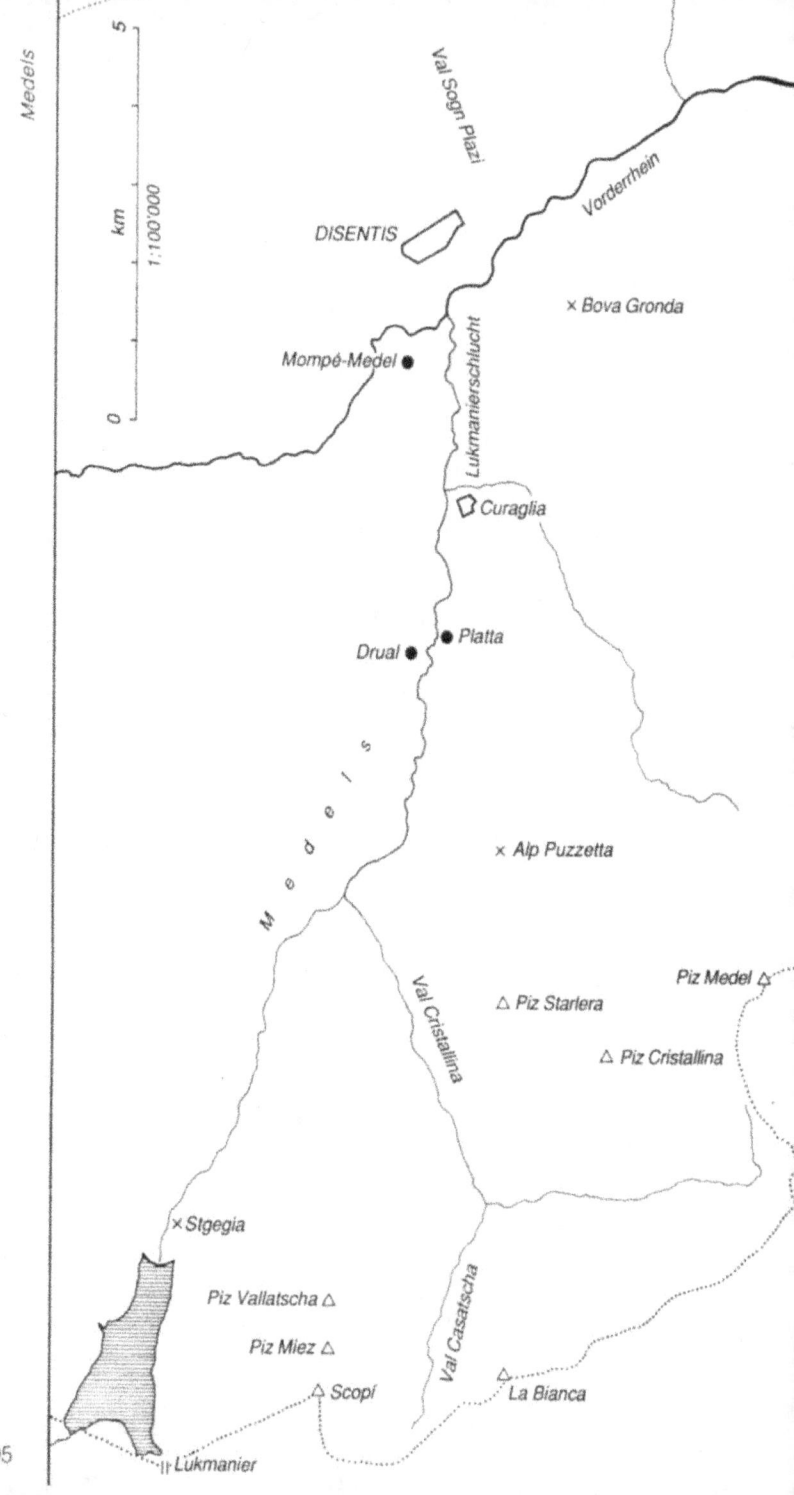

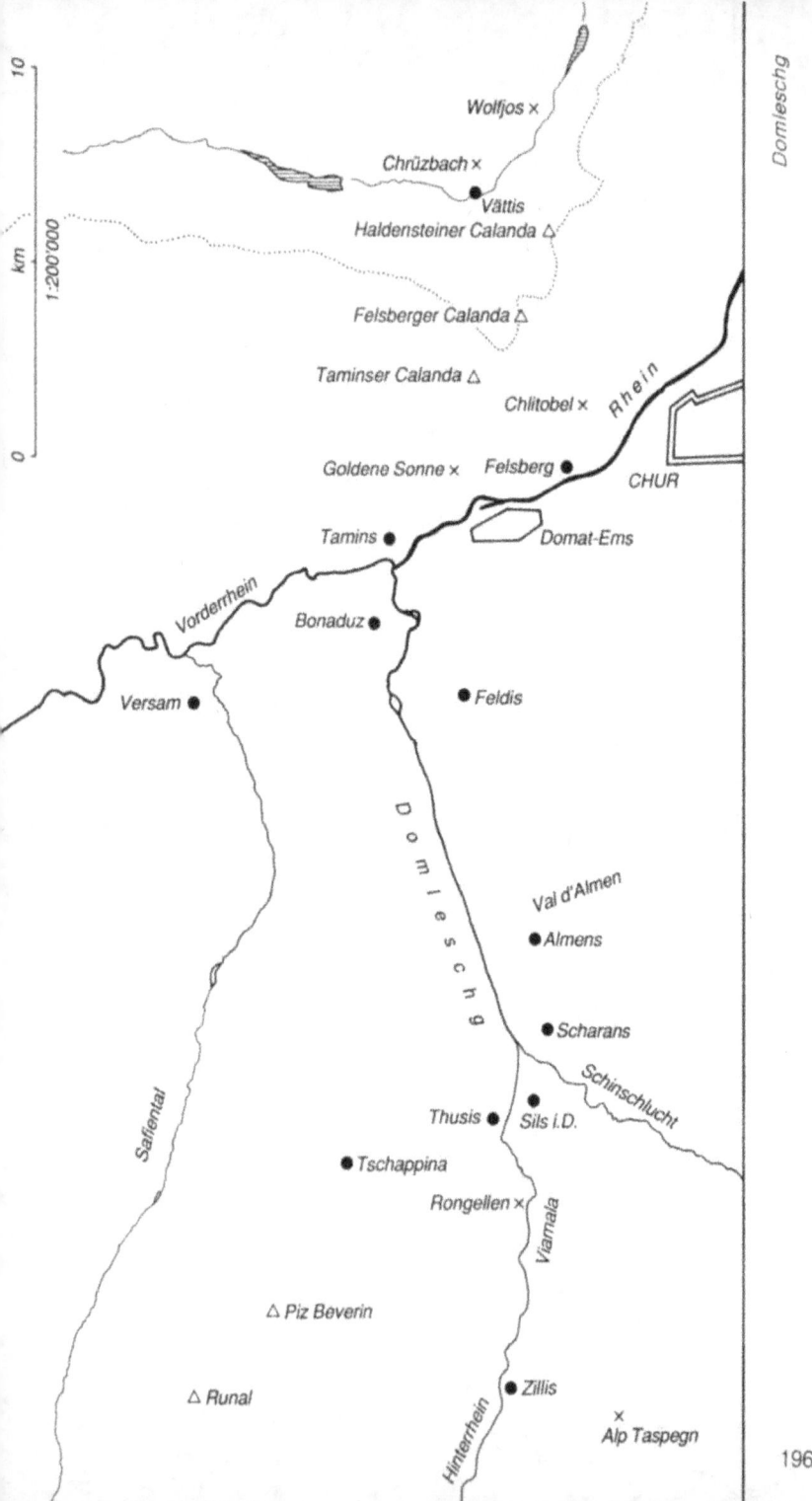

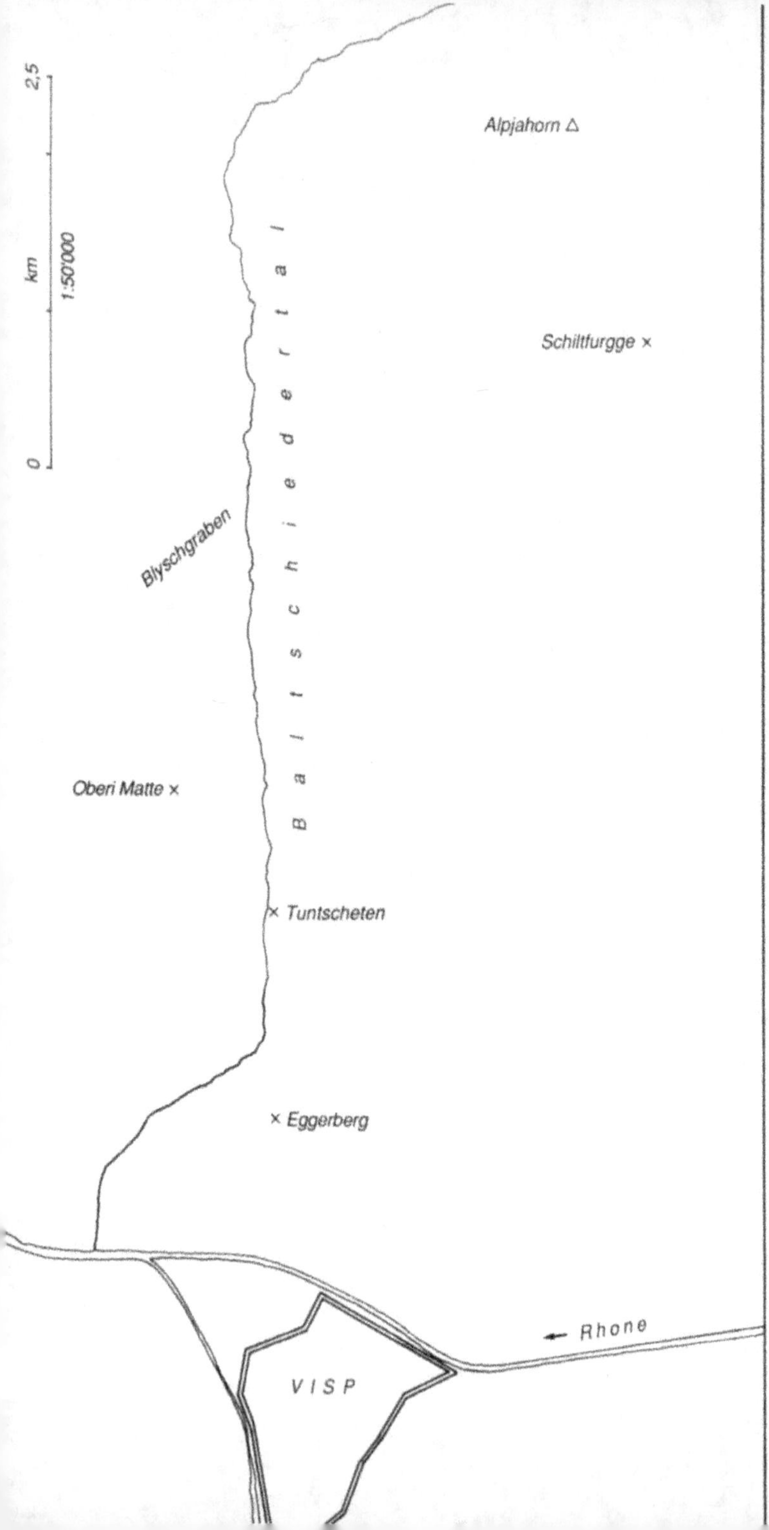

2,5

km
1:50'000

0

Alpjahorn △

Baltschiedertal

Schiltfurgge ×

Blyschgraben

Baltschiedertal

Oberi Matte ×

× Tuntscheten

× Eggerberg

← Rhone

VISP

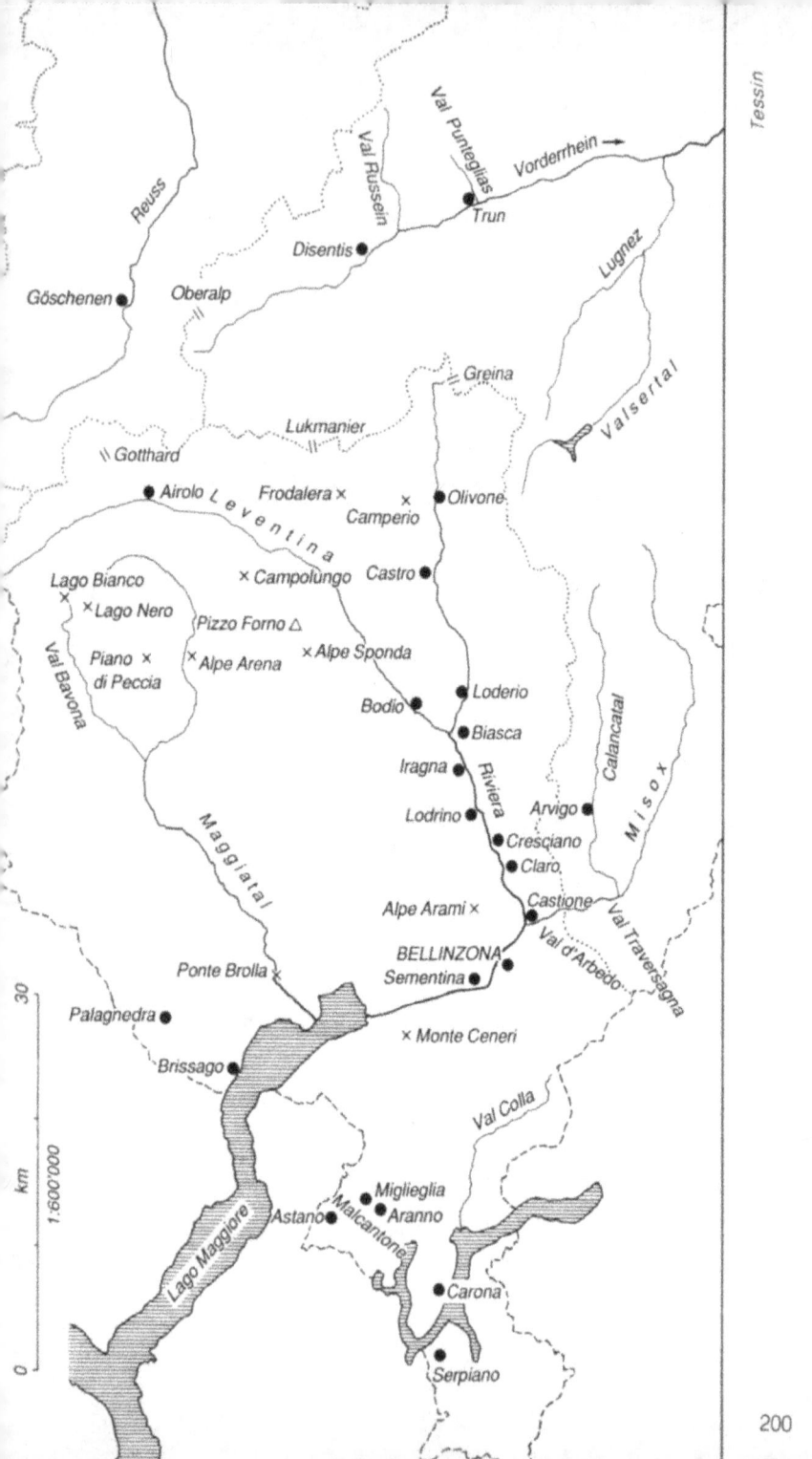

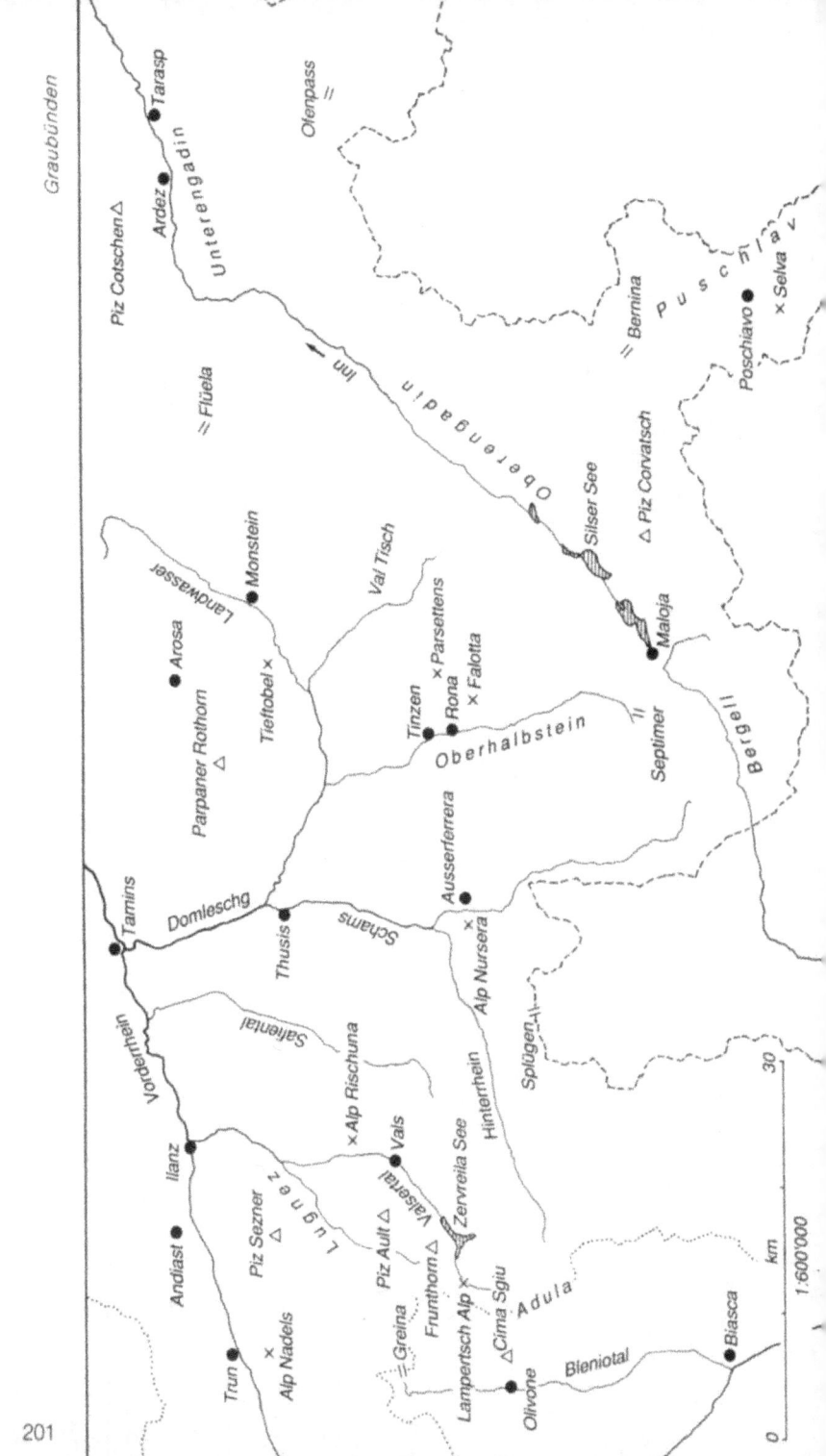

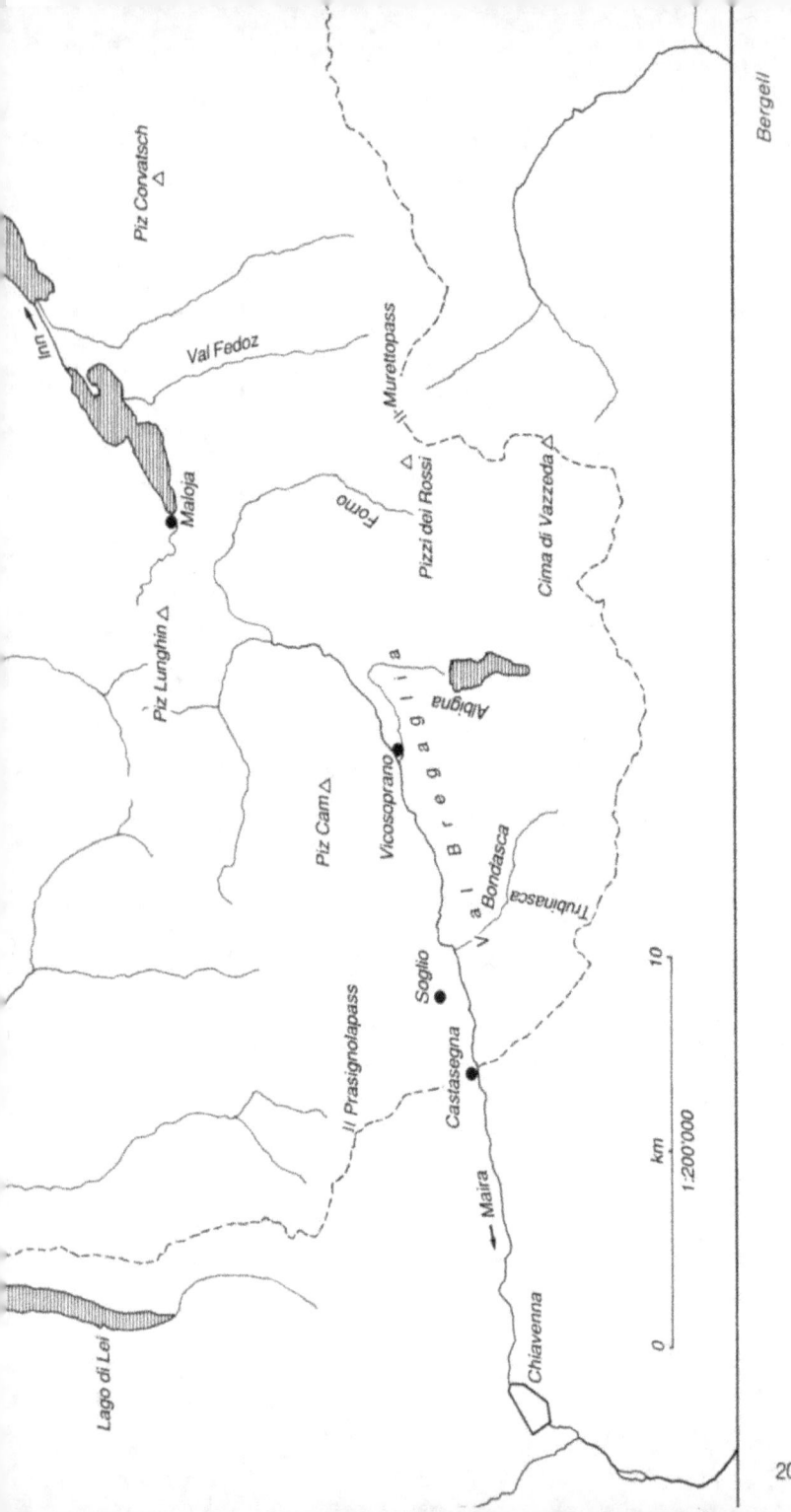

Praktische Hinweise

Museen

Umfangreiche Mineraliensammlungen finden sich in Basel, Bern, Chur, Genève, Luzern, Schönenwerd und Zürich.

Aarau AG	Aargauisches Natur-Museum, Bahnhofplatz, 5000 Aarau. Montag geschlossen.
Basel	Naturhistorisches Museum, Augustinergasse 2, 4001 Basel. Montag geschlossen.
Bern	Naturhistorisches Museum, Bernastr. 15, 3005 Bern. Montagmorgen geschlossen.
Binn VS	Regionalmuseum, 3996 Binn.
Chur GR	Bündner Natur-Museum, Masanserstr. 31, 7000 Chur. Montag geschlossen.
Davos-Monstein GR	Bergbau-Museum Graubünden, Schmelzboden, 7278 Station Monstein. Nur Mittwoch und Samstag während des Sommers offen.
Fribourg	Musée d'Histoire naturelle, Pérolles, 1700 Fribourg. Binntal-Sammlung nicht ausgestellt.
Genève	Muséum d'Histoire naturelle, 1 rte de Malagnou, 1211 Genève 6. Montag geschlossen.
Guttannen BE	Kristallmuseum, Ernst Rufibach-Boss, 3864 Guttannen. Samstag–Sonntag und im Winter geschlossen.
Lausanne VD	Musée cantonal de Géologie, Dorigny, 1015 Lausanne.
Lugano TI	Museo cantonale di storia naturale, vl. C. Cattaneo 4, 6900 Lugano. Sonntag–Montag geschlossen.
Luzern	Natur-Museum, Kasernenplatz 6, 6003 Luzern. Montag geschlossen.
Obergesteln VS	Kristallmuseum, Josef Senggen-Garbely, 3981 Obergesteln.
Olten SO	Natur-Museum, Kirchgasse 10, 4600 Olten. Montag geschlossen.
San Gottardo TI	Museo nazionale del San Gottardo, 6781 Gotthard Paßhöhe. Nur im Sommer offen.
Schönenwerd SO	Museum Bally-Prior, Oltnerstr. 80, 5012 Schönenwerd. Montag, Samstag und Juli–August geschlossen.
Sedrun GR	Museum La Truaisch, 7188 Sedrun. Offen Dienstag und Freitag in der Sommer- und Wintersaison sowie am ersten Sonntag des Monats.
Seedorf UR	Urner Mineralien-Museum, 6462 Seedorf. Nur im Sommer offen.

Solothurn	Natur-Museum, Klosterplatz 2, 4500 Solothurn. Montag geschlossen.
Stampa GR	Ciäsa Granda, 7605 Stampa. Nur im Sommer offen.
Winterthur ZH	Naturwissenschaftliche Sammlungen der Stadt, Museumstr. 52, 8400 Winterthur. Montag geschlossen.
Zürich	Geologisch-Mineralogische Ausstellung der Eidgenössischen Technischen Hochschule, Sonneggstr. 5, 8092 Zürich. Sonntag geschlossen.

Schweizerische Sammlerorganisationen

Angegeben sind Gründungsjahr, Zeitschrift und Kontaktadresse.

Schweizerische Vereinigung der Strahler und Mineraliensammler (mit Einzelmitgliedern und 16 kantonalen Sektionen). 1966. Schweizer Strahler. Postfach 71, 2500 Biel 8.
Urner Mineralienfreunde. 1962. Mineralienfreund. Postfach, 6472 Erstfeld.
Schweizerische Mineralogische und Petrographische Gesellschaft (wissenschaftliche Fachgesellschaft). 1924. Schweizerische Mineralogische und Petrographische Mitteilungen. Erdwissenschaften, ETH-Z, 8092 Zürich.

Ausbeutung der Kristallhöhle am Tiefengletscher UR im Jahr 1868. Aquarell nach einem zeitgenössischen Stich.

Strahler beim Öffnen einer Hämatitkluft. Cavradischlucht, Tavetsch GR.

Patentvorschriften, Strahlerverbote, Ehrenkodex

Folgende Kantone und Gemeinden haben das Kristall- und Mineralsuchen reglementiert. Bewilligungen bei Gemeindekanzleien oder kantonalen Verwaltungen, im Kanton Uri bei Korporationskanzleien. Stand Ende 1989:

Appenzell-Innerrhoden AI
Strahlen generell verboten.

Bern BE
Strahlen generell verboten: Gasterntal alter Gemmiweg.
Sprengmittel und Maschinen nur mit ausdrücklicher Bewilligung: Grimsel.

Glarus GL
Sprengen verboten: Elm.

Graubünden GR
Strahlen generell verboten: Arvigo, Felsberg, Flerden, Lohn, Masein, Rongellen, Sarn, Scharans, Sils i.D., Tamins, Thusis, Trin, Vrin.
Sprengen und Maschineneinsatz verboten: Almens, Mathon, Obersaxen, Safien, St. Martin (Valsertal), Somvix, Tschappina, Wergenstein.
Sprengmittel und kleine Maschinen mit Patent erlaubt: Disentis, Medels (Medel), Tavetsch (Tujetsch), Vals.
Jahres-, vielfach auch Tagespatente.

St. Gallen SG
Strahlen generell verboten (Ausnahmebewilligung in einzelnen Gemeinden: Pfäfers mit Jahrespatent).

Tessin TI
Strahlen generell verboten: hinteres Bedrettotal (Alpgebiet der Gemeinde Sobrio).
Sprengen und Maschineneinsatz verboten: Airolo, oberes Val Bavona (Gemeinde Bignasco).
Sprengmittel und kleine Maschinen mit Patent (kantonal) erlaubt: übriges Gebiet (für Airolo noch zusätzlich Patent des Gemeinde-Patriziats).
Jahrespatente.

Uri UR
Sprengen im Korporationsgebiet Urseren verboten, Maschineneinsatz generell verboten.
Jahrespatente.

Wallis VS
Strahlen generell verboten: Albinen.
Sprengen verboten: Gibelsbach (Gemeinde Fiesch).
Sprengmittel und kleine Maschinen mit Patent erlaubt: Val d'Illiez (Jahres-, in Troistorrents auch Tagespatente).

Ehrenkodex für Strahler und Mineraliensammler, Verkäufer und Händler

Der Ehrenkodex bildet Bestandteil der Statuten der Schweizerischen Vereinigung der Strahler und Mineraliensammler (SVSM).

(1) Wer Mineralien, Kristalle oder Fossilien sucht oder eine Fundstelle ausbeutet, hat den gesetzlichen örtlichen Bestimmungen und Verordnungen nachzuleben.

(2) Schäden an Kulturland, Wald, Straßen, Wegen und anderen Einrichtungen sind in jedem Falle zu vermeiden. Es ist Pflicht, jede Such- oder Fundstelle bei deren Verlassen aufzuräumen und in bester Ordnung und Sauberkeit zurückzulassen.

(3) Das Verwenden von Sprengstoff, maschinellen Hilfsmitteln (Bohrhämmer usw.) und schweren Werkzeugen ist ohne Bewilligung durch die zuständigen Instanzen sowie an Sonn- und Feiertagen untersagt. Ebenso soll in der Nähe bewohnter Gebiete das Strahlen an Sonn- und Feiertagen unterlassen werden. Auch werktags sind Lärmeinwirkungen zu vermeiden.

(4) Das Belegen einer Fundstelle zur Weiterbearbeitung hat durch gut sichtbares Hinterlegen eines Strahlerwerkzeuges und durch das Anbringen eines witterungsbeständigen Schildes mit Namen, Adresse und Datum der Erstbelegung zu erfolgen. Der Anspruch des Finders einer Fundstelle erlischt grundsätzlich, wenn die Fundstelle während zwei Jahren nicht mehr weiterbearbeitet oder offensichtlich verlassen worden ist. Von einer Person dürfen gleichzeitig höchstens drei Fundstellen im gleichen Fundgebiet reserviert werden.

(5) Das Entfernen oder Mitnehmen von Mineralien, Werkzeugen und Markierungen aus einer belegten Fundstelle ist unstatthaft und wird als Diebstahl qualifiziert.

(6) Bedeutende oder wissenschaftlich interessante Funde und Fundorte sollen zu Forschungszwecken einem Wissenschaftler, einer wissenschaftlichen Institution oder der zuständigen Instanz gemeldet werden.

(7) Der Sammler und Mineralienfreund soll in erster Linie für seine eigene Sammlung und zu Tauschzwecken Mineralien suchen und Fundstellen bearbeiten.

(8) Mineralien, Kristallstufen und Fossilien haben nur dann einen echten Wert für die Wissenschaft oder für den Sammler, wenn genaue Angaben über den Fundort vorliegen. Wer Mineralien, Fossilien usw. veräußert (verkauft oder tauscht), ist verpflichtet, dem Empfänger unaufgefordert wahre Angaben über den Fundort zu machen sowie reparierte oder veränderte Ware als solche zu bezeichnen.

(9) Wer mit Mineralien und Fossilien Handel treibt, damit Börsen beschickt oder seine Funde sonstwie kommerziell auswertet, richtet sich nach dem herrschenden Recht. Es gelten insbesondere auch die Grundsätze von Treu und Glauben und die Gepflogenheiten im Handel mit Mineralien und Fossilien.

(10) Bei Verstößen von Einzel- oder Sektionsmitgliedern der SVSM gegen den Ehrenkodex können deren zuständige Organe Maßnahmen gegen die Fehlbaren

ergreifen. Ein Maßnahmenkatalog enthält die möglichen Sanktionen, die sich vom einfachen Verweis über die Wiedergutmachung des verursachten Schadens bis zum Ausschluß aus der Sektion und der SVSM erstrecken. Für jeden wahrhaftigen Mineralienfreund ist das Einhalten vorstehender Bestimmungen Ehrensache und Verpflichtung. 25. September 1982.

Erklärung von Fachausdrücken

akzessorisch Bezeichnung für spurenweise und nur gelegentlich auftretende Mineralien. Beispiel: Xenotim als Kluftmineral.

Amphibolit metamorphes Gestein, vorwiegend aus Hornblende und Plagioklas bestehend. Beispiel: Amphibolitlinsen in den Glimmerschiefern des Maderanertals UR.

Aplit sehr helles, feinkörniges, fast nur aus Quarz und Feldspat bestehendes Ganggestein, meist in der Gefolgschaft von Graniten. Beispiel: Aplite im Zentralen Aaregranit.

authigen Bezeichnung für Mineralien, die zusammen mit dem umgebenden Muttergestein entstanden sind. Beispiel: authigene Feldspäte im Pontiskalk (südlich Sierre VS).

autochthon Bezeichnung für die Kristallinmassive, die nicht als Decken überschoben wurden. Beispiel: Aarmassiv (einschließlich unmittelbare Sedimenthülle).

basisch Bezeichnung für magmatische Gesteine, die einen verhältnismäßig niederen Kieselsäuregehalt aufweisen (45–52% SiO_2). Beispiel: Basalt.

Decke Stapel von Gesteinspaketen, die als Ganzes über andere, oft jüngere Gesteine überschoben wurden; eine Decke kann aus Kristallinunterlage und Sedimenthülle bestehen; letztere nicht selten abgeschert und weiter verfrachtet. Beispiel: helvetische Decken.

Diabas basisches, körniges Ganggestein, meist grün. Beispiel: Grialetschgebiet GR.

Erz nutzbares, metallhaltiges Mineral oder Gestein. Beispiel: Galenit.

Fels massiges metamorphes Gestein, auch kontaktmetamorph. Beispiel: Kalksilikatfels von Castione TI.

Flysch Sedimente aus den Vortiefen der entstehenden Alpen, charakterisiert durch mächtige, feingebankte und wechsellagernde, fast fossilleere Schichten von Sandsteinen, Mergeln, Tonschiefern und Kalken. Oberkreide bis Oligozän. Beispiel: Altdorfer Sandstein UR.

Gangart taube, nichtmetallische Begleiter von Erzmineralien in Erzgängen. Beispiel: Quarz.

Gneis lagiges, grobbankiges metamorphes Gestein, reich an Quarz und Feldspat. Beispiel: Leventina-Gneis (TI).

Granodiorit im weiteren Sinn granitisches Gestein, aber etwas basischer (Kieselsäure niedriger, Calciumoxid höher als bei Granit); vorherrschender Feldspat ist Plagioklas, nicht Orthoklas wie bei typischem Granit. Beispiel: Bergeller Granodiorit GR.

Granophyr feinkörniges vulkanisches Gestein granitischer Zusammensetzung. Beispiel: Carona (Lugano TI).

Habitus Gestalt eines Kristalls. Beispiel: stenglig.

helvetisch Bezeichnung für die untere, nördliche Einheit des alpinen Deckengebirges, den nördlichen Trogrand des Sedimentationsraumes umfassend, in der Schweiz hauptsächlich in den Nördlichen Kalkalpen. Beispiel: Säntis SG/AI.

hydrothermal Bezeichnung für Mineralbildungen, die sich aus wässrigen Lösungen unterhalb 600° ausgeschieden haben. Beispiel: alpine Zerrkluftmineralien.

idiomorph Bezeichnung für ebenflächig begrenzte, eigengestaltige Kristalle. Beispiel: Bergkristall auf Klüften (im Gegensatz zu derbem Quarz).

Insubrische Linie Verlauf einer bedeutenden Verwerfung im südlichen Teil der Alpen. Beispiel: Centovalli Südseite TI.

intermediär Bezeichnung für magmatische Gesteine, die einen mittleren Kieselsäuregehalt aufweisen (52–63% SiO_2). Beispiel: Diorit.

isometrisch Bezeichnung für Kristalle, die nach allen Richtungen gleich lang ausgebildet sind. Beispiel: rundlicher Apatit (nicht stenglig und nicht tafelig).

Jura gleichzeitig geologische und geographische Bezeichnung. Beispiel: Juraformation und Schweizer Jura.

Kalksilikatfels metamorphes, calciumreiches Gestein mit charakteristischen Mineralien wie Grossular, Diopsid, Epidot, Vesuvian, Wollastonit, Calcit, Dolomit. Beispiel: Bergell-Ostrand GR.

Knauer grobkristalline Minerallinse in Gneisen, durch gebirgsbildende Vorgänge entstanden. Beispiel: Kyanit-Quarz-Feldspatknauer auf Alpe Sponda (Leventina TI).

Kombinationsstreifung feiner Treppenbau an Kristallen, durch wiederholten Wechsel zweier gegeneinander geneigter Flächen entstanden. Beispiel: Quarz mit Muzo-Habitus von der Greina TI.

Kontakt Trennfläche zweier sich berührender Gesteine; für die Zone in der unmittelbaren Umgebung eines magmatischen Körpers verwendet man den Begriff Kontakthof; innerhalb des Kontakthofes sind Nebengesteine mehr oder weniger stark verändert (Kontaktmetamorphose). Beispiel: Bergeller Massiv GR.

Lepontin Gebirge zwischen Simplon und Bergell einerseits, Gotthard und Bellinzona anderseits. Beispiel: zentrale Tessiner Berge TI.

Magma Gesteinsschmelze im Erdinnern. Beispiel: Magmaherd unter einem tätigen Vulkan.

metamikt Bezeichnung für isotropisierte Mineralien, deren Kristallgitter durch die Strahlung eingebauter radioaktiver Elemente (U, Th) weitgehend zerstört ist. Beispiel: Brannerit von Iragna–Lodrino TI.

metamorph Bezeichnung für ehemals sedimentäre wie auch magmatische Gesteine, die durch bedeutende Druck- und Temperaturerhöhung verändert (gepreßt, umkristallisiert) wurden; vor allem bei Gebirgsbildungen. Beispiel: Gneis.

miarolithisch Bezeichnung für Drusenhohlraum in Graniten und Pegmatiten. Beispiel: Granophyr bei Lugano TI.

Mischkristall einheitlicher Kristall mit variierender chemischer Zusammensetzung; feste homogene Lösung einer Kristallphase in einer anderen mit mehr oder weniger gleicher Struktur. Beispiel: Magnesit/Siderit $(Mg,Fe)CO_3$.

Molasse Nagelfluh, Sandstein, Mergel des Alpenvorlandes, im Oligozän und Miozän abgelagert. Beispiel: Obere Süßwassermolasse.

Oolith sedimentäres Gestein mit feinkugeliger Textur; Kügelchen etwa 0,1 bis 2 mm, aus Calcit oder Goethit, schalig oder auch radialstrahlig. Beispiel: Eisenoolith des Doggers.

Ophiolith Grüngestein, basisch bis ultrabasisches Magmagestein, mehr oder weniger metamorph, als Fragment der ozeanischen Kruste bei der Auffaltung in den Gebirgskörper eingebaut. Beispiel: Oberhalbstein GR.

Ortho- metamorphes Gestein magmatischen Ursprungs. Beispiel: Granitgneis (Orthogneis).

ostalpin Bezeichnung für die obere Einheit des alpinen Deckengebirges, den südlichen Trograd des Sedimentationsraumes umfassend, in der Schweiz hauptsächlich im östlichen Bündnerland. Beispiel: Unterengadiner Dolomiten.

Para- metamorphes Gestein sedimentären Ursprungs. Beispiel: Granat-Glimmerschiefer (Paraschiefer).

Paragenese Gesellschaft mehrerer zusammen vorkommender Mineralien. Beispiel: Carbonatparagenese.

Paramorphose eine Pseudomorphose mit der gleichen Zusammensetzung wie das Ursprungsmineral. Beispiel: Pyrit nach Markasit.

Pegmatit sehr grobkörniges, spät erstarrtes magmatisches Gestein, das in unregelmäßigen Gängen, Adern, Linsen oder Schlieren auftritt; oft an Granit gebunden, oft reich an seltenen Mineralien. Beispiel: Beryllpegmatite im Bergell GR.

penninisch Bezeichnung für die mittlere Einheit des alpinen Deckengebirges, die zentralen Sedimentationsbereiche umfassend, in der Schweiz hauptsächlich vom Wallis zum westlichen Bündnerland. Beispiel: Adula-Decke.

Phyllit sehr feinschiefriges metamorphes Gestein, reich an feinschuppigem Glimmer. Beispiel: Sericitphyllit.

Polymorphie Verschiedenheit der Kristallstruktur bei ein und derselben chemischen Verbindung. Beispiel: Titanoxid (Rutil, Anatas, Brookit).

Polytypie spezieller Fall von Polymorphie; polytype Varianten unterscheiden sich lediglich in der Stapelung atomarer Struktureinheiten. Beispiel: Molybdänit-2H (Stapelung 1,2,1,2,1...., H = hexagonal) und Molybdänit-3R (Stapelung 1,2,3,1,2,3,1...., R = rhomboedrisch).

Pseudomorphose aus Umwandlung hervorgegangenes Mineralgemenge mit der äußeren Form des vorher dagewesenen Ursprungsminerals. Beispiel: Goethit (jetzt vorliegend) pseudomorph nach Siderit (Ursprungsmineral, nur noch an der Form der Pseudomorphose erkennbar).

Quartenschiefer Lokalname (nach Quarten am Walensee SG) für die tonigen, mergeligen und quarzitischen Sedimente des Keupers (obere Trias) im Autochthon und Helvetikum. Beispiel: Lukmanier TI.

Rodingit Ganggestein in Ophiolithen, reich an Kalksilikaten (Grossular, Vesuvian). Beispiel: Stallerberg (Bivio GR).

sauer Bezeichnung für magmatische Gesteine, die einen hohen Kieselsäuregehalt aufweisen (über 63% SiO_2). Beispiel: Granit.

Schiefer dünnlagiges metamorphes Gestein, reich an Glimmer. Beispiel: Hornblendegarben-Schiefer im Val Canaria TI.

Septarie Kalkkonkretion in kalkigtonigem Gestein; im Innern mit radialen Schrumpfungsrissen, auf denen manchmal Mineralien sitzen. Beispiel: Septarienton.

spätig Bezeichnung für Aggregate gut spaltender Mineralien; Spaltflächen der einzelnen Mineralkörner spiegeln im Licht. Beispiel: grobkörniger Marmor.

Spilit basaltisches Gestein, nachträglich albitisiert, natriumreich, mit vorherrschend Albit, Chlorit, Calcit. Beispiel: Kärpf GL.

Strahler Kistallsucher in den Alpen; heute fast nur noch im Nebenverdienst. Beispiel: Sedrun GR.

Strahlungsfarbe Verfärbung, die durch Fehlstellen im Kristallgitter und Anregung derselben zu aktiven Farbzentren entsteht. Beispiel: Rauchfarbe bei Quarz.

Stufe Mineralprobe mit ausgebildeten Kristallen. Beispiel: Bergkristall-Gruppe.

Sulfosalz komplexe Verbindung von ein bis mehreren Schwermetallen, ein bis zwei Sprödmetallen und Schwefel; in der Kristallstruktur ist ein Sprödmetall-Atom (As, Sb, Bi) jeweils 3 Schwefelatomen pyramidal zugeordnet (bei tetraedrischer Koordination spricht man von Sulfiden). Beispiel: Boulangerit.

Taveyannaz-Sandstein vulkanische Ablagerung im eozänen Flysch. Beispiel: Alp Taveyanne (zwischen Villars-sur-Ollon und Diablerets-Massiv VD).

Tektonik Lehre vom Gebirgsbau. Beispiel: Deckentheorie der Alpen.

Tracht Gesamtheit der Kristallformen bei einem Mineral. Beispiel: Kombination von hexagonalem Prisma I mit Basis (Apatit).

ultrabasisch Bezeichnung für magmatische Gesteine, die einen ungewöhnlich niederen Kieselsäuregehalt aufweisen (weniger als 45% SiO_2). Beispiel: Dunit (nur aus Olivin bestehend).

ultramafisch Bezeichnung für magmatische und metamorphe Gesteine, die fast nur aus dunklen (mafischen) Gemengteilen wie Pyroxen, Amphibol, Olivin bestehen. Beispiel: Enstatitfels von Loderio (Bleniotal TI).

Verrucano Konglomerate und Sandsteine des kontinentalen Perms (Oberkarbon–Untertrias), oft rötlich, manchmal mit zwischengeschalteten Vulkanablagerungen, bei uns vor allem im Helvetikum. Beispiel: Kärpf GL.

Wildflysch eine Art stark verfalteter Flysch mit eingeschlossenen, großen Blöcken fremder Herkunft (exotische Blöcke). Beispiel: Habkern-Flysch (nördlich Interlaken BE).

Zentralmassiv Kristallinkern der Alpen; lag nördlich vom mesozoischen Sedimentationstrog und wurde später von den Decken überfahren. Beispiel: Aarmassiv.

Mineralregister

(einschließlich überholter Mineralnamen)

Adamin 90
Adular 18, 28, 122
Agardit 94
Ägirin 112
Ägirinaugit 112
Aikinit 40
Akanthit 40
Akmit = Ägirin
Aktinolith 114
Aktinolithasbest 114
Alabandin 36
Albit 18, 124
Alkalifeldspat 121
Allanit 105
Almandin 97
Amethyst 18, 55
Amiant 114
Amphibol 113
Analcim 126
Anatas 67
Andalusit 99
Andesin 121
Andradit 98
Anglesit 82
Anhydrit 80
Ankerit 18, 75
Annabergit 93
Anorthit 121
Anthophyllit 113
Antigorit 28, 116
Antimon 32
Antimonglanz = Antimonit
Antimonit 46
Apatit 91
Apophyllit 120
Aragonit 77
Ardennit 106
Argentopyrit 40
Armenit 111
Arsen 32
Arseniosiderit 94
Arsenolamprit 32
Arsenopyrit 36
Asbecasit 29, 71
Äschynit 69
Augit 111
Aurichalcit 78
Auripigment 46
Autunit 95
Awaruit 32

Axinit 107
Azurit 78

Babingtonit 113
Bambauer-Quarz 56
Baryt 81
Bassanit 85
Bastnäsit 78
Baumhauerit 29, 43
Baumhauerit-2a 30, 43
Bavenit 120
Bayleyit 80
Baylissit 29, 79
Bazzit 109
Bearthit 30, 90
Bergkristall 54, 144
Bergslagit 90
Berthierit 41
Bertrandit 103
Beryll 108
Beudantit 83
Bieberit 84
Bindheimit 54
Binnit = Tennantit
Binntaler-Habitus 167
Biotit 118
Bismuthinit 46
Bismutit 79
Bittersalz = Epsomit
Blauquarz 56
Bleiglanz = Galenit
Bornit 37
Boulangerit 42
Bournonit 43
Boyleit 83
Brandtit 94
Brannerit 70
Braunit 50
Breunnerit = eisenhaltiger Magnesit
Brochantit 82
Bronzit = eisenhaltiger Enstatit
Brookit 68
Brucit 70
Brushit 94
Byssolith = Amiant (Aktinolith)
Bytownit 121

Cafarsit 29, 72
Calcit 72
Caledonit 83

Cannizzarit 41
Carneol 57
Cassiterit 66
Celsian 124
Cerussit 77
Cervandonit 30, 95
Cervantit 70
Chabasit 129
Chalcedon 56
Chalkanthit 83
Chalkophyllit 94
Chalkopyrit 37
Chalkosin 37
Chamosit 28, 120
Chernovit 88
Chiastolith = Andalusit mit dunklem Kern
Chlorit 28, 119
Chloritoid 102
Chondrodit 100
Chromit 50
Chrysoberyll 50
Chrysokoll 121
Chrysotil 116
Chrysotilasbest 116
Citrin 57
Clintonit 119
Cobaltit 36
Cobaltocalcit 74
Coelestin 81
Compreignacit 71
Cookeit 120
Coquimbit 84
Cordierit 110
Cosalit 41
Crichtonit 54
Cummingtonit 114
Cuprit 49
Cyanotrichit 85
Cyklosilikate 107

Danalith 126
Danburit 125
Datolith 100
Dauphiné-Habitus 15, 57
Davidit 54
Dawsonit 78
Demantoid = gelbgrüner Andradit
Desmin = Stilbit
Devillin 86
Diaspor 70
Dickit 117
Dietrichit 84
Digenit 37
Diopsid 112

Disthen = Kyanit
Djurleit 37
Dolomit 75
Doverit = Synchysit-(Y)
Dravit 110
Dufrénoysit 28, 42
Dumortierit 103

Edenharterit 30, 44
Eis 49
Eisenkiesel 58
Eisenrose 51
Eisenspat = Siderit
Elbait 110
Emplektit 40
Enargit 38
Enstatit 111
Epidot 104
Epistilbit 129
Epsomit 84
Erniggliit 30, 44
Erythrin 93
Euchroit 94
Eulytin 99
Euxenit 69

Fadenquarz 58, 135
Fahlerz = Tetraedrit, Tennantit
Fairfieldit 93
Feldspat 121
Fensterquarz 59
Ferrimolybdit 87
Fibroferrit 85
Fibrolith = Sillimanit
Fluorit 47
Flußspat = Fluorit
Forsterit 97
Fourmarierit 71
Friedlaender-Quarz 59
Fuchsit = chromhaltiger Muskovit

Gadolinit 100
Galenit 40
Galenobismutit 41
Gasparit 90
Geigerit 30, 94
Geokronit 42
Gersdorffit 36
Giessenit 29, 41
Gips 84
Gismondin 129
Glauberit 80
Glaubersalz = Mirabilit
Glaukonit 118
Glaukophan 115

Glimmer 117
Goethit 71
Gold 31
Gonnardit 127
Gorceixit 91
Goyazit 91
Graftonit 88
Grammatit = Tremolit
Granat 97
Graphit 32
Greenalith 116
Greenockit 39
Greigit 34
Grimselit 29, 79
Grischunit 29, 94
Grossular 98
Gudmundit 36
Gunningit 83
Gwindel 59

Halit 47
Hämatit 51
Hamlinit = Goyazit
Hatchit 29, 45
Hausmannit 50
Hawleyit 39
Heazlewoodit 33
Hemimorphit 103
Hessonit = orangeroter Grossular
Heterogenit 71
Heterosit 87
Heulandit 128
Hexahydrit 83
Heyrovskyit 40
Hornblende 113
Hörnesit 93
Huréaulith 93
Hutchinsonit 29, 44
Hyalit 64
Hyalophan 28, 124
Hydrogrossular 97, 98
Hydroxylapatit 29
Hydrozinkit 78

Igelquarz 60
Ilesit 83
Illit 118
Ilmenit 53
Ilvait 105
Imhofit 29, 45
Inosilikate 111
Iolith = Cordierit
Izoklakeit 41

Jade 26

Jadeit 112
Jahnsit 94
Jakobsit 50
Jamesonit 42
Jarosit 83
Jordanit 28, 42

Kainosit 107
Kalicinit 28, 72
Kalkspat = Calcit
Kaolinit 117
Kasolit 103
Kemmlitzit 83
Kermesit 47
Klinochlor 119
Klinohumit 100
Klinozoisit 105
Konichalcit 91
Korund 50
Kupfer 31
Kupferglanz = Chalkosin, Djurleit, Digenit
Kupferkies = Chalkopyrit
Kutnahorit 77
Kyanit 99

Labradorit 121
Lamellenquarz 60
Landesit 93
Langit 85
Laumontit 127
Lawsonit 105
Lazulith 90
Leadhillit 79
Lengenbachit 29, 42
Lepidokrokit 71
Limonit = Goethit, Lepidokrokit
Linarit 82
Linneit 34
Lipscombit 90
Liveingit 29, 43
Lizardit 116
Löllingit 34
Lorandit 44

Magnesiohornblende 115
Magnesioriebeckit 116
Magnesit 74
Magnetit 49
Magnetkies = Pyrrhotin
Malachit 78
Manganberzeliit 88
Manganit 71
Manganocalcit 73
Manganophyllit = manganhaltiger Biotit

Manganosit 49
Margarit 118
Marialith 126
Markasit 35
Marrit 29, 45
Matildit 45
Mejonit 126
Melanit = titanhaltiger Andradit
Melanterit 83
Meneghinit 42
Mesitinspat = eisenhaltiger Magnesit
Mesolith 127
Messelit 93
Metaautunit 95
Metastibnit 46
Metatorbernit 95
Metazeunerit 95
Miargyrit 45
Mikroklin 123
Milarit 28, 111, 150
Milchquarz 54
Millerit 33
Mimetesit 92
Mirabilit 84
Mitridatit 94
Mixit 95
Molybdänglanz = Molybdänit
Molybdänit 36
Monazit 89
Mondmilch 73
Morenosit 84
Morion 61
Muskovit 118
Muzo-Habitus 60

Nadeleisenerz = Goethit
Nadelquarz 60
Nahcolit 72
Natrolith 126
Natron 79
Nephrit 114
Nephritjade 26, 114
Nesosilikate 95
Nickelhexahydrit 83
Nickelin 33
Nickelskutterudit 36
Niobit 69
Normal-Habitus 61
Nowackiit 29, 38

Oehrli-Diamanten 61
Oligoklas 121
Olivenit 90
Öllacherit = bariumhaltiger Muskovit
Omphacit 112

Orthit = Allanit
Orthochamosit 120
Orthoklas 121, 122
Orthopyroxen 111

Palygorskit 117
Papierspat 73
Paragonit 118
Pararealgar 47
Pargasit 115
Parisit 78
Parsettensit 29, 121
Pechblende = Uraninit
Pennin 28, 120
Pentlandit 33
Periklin 124
Perowskit 54
Phantomquarz 61
Pharmakosiderit 94
Phenakit 95
Phengit 117
Phillipsit 129
Phlogopit 118
Phosphosiderit 93
Phyllosilikate 116
Pickeringit 84
Piemontit 105
Pisanit = kupferhaltiger Melanterit
Pistomesit = magnesiumhaltiger Siderit
Plagioklas 121, 125
Pleonast = eisenhaltiger Spinell
Posnjakit 85
Powellit 86
Prehnit 120
Preiswerkit 29, 118
Priorit = Äschynit-(Y)
Proustit 46
Pumpellyit 106
Purpurit 87
Pyrargyrit 45
Pyrit 34
Pyrochroit 70
Pyrolusit 66
Pyrop 97
Pyrophyllit 117
Pyroxen 111
Pyroxmangit 113
Pyrrhotin 33

Quarz 18, 54–64

Rammelsbergit 34
Rathit 28, 43
Rauchquarz 61
Rauchtopas (irreführend) =
    Rauchquarz

Rauriser-Habitus 62
Realgar 46
Rhipidolith 119
Rhodochrosit 75
Rhodonit 113
Rhodusit = Magnesioriebeckit
Riebeckit 116
Rockbridgeit 90
Römerit 84
Rosasit 78
Rotgültigerz = Pyrargyrit, Proustit
Rozenit 83
Rutil 64

Safflorit 34
Sagenit 65
Samarskit 69
Sammelparagenesen 14, 17
Sanidin 123
Sarkinit 90
Sartorit 28, 43
Saussurit = umgewandelter Plagioklas (164)
Scheelit 86
Schörl 110
Schröckingerit 80
Schwefel 33
Schwefelkies = Pyrit
Schweizerit = heller, dichter Serpentin
Schwerspat = Baryt
Seligmannit 29, 44
Senait 54
Senarmontit 50
Sepiolith 117
Sericit 118
Serpentin 116
Serpentinasbest 116
Serpierit 86
Siderit 18, 74
Siderotil 83
Silber 31
Sillimanit 99
Sinnerit 29, 43
Skapolith 126
Skelettquarz 62
Skleroklas = Sartorit
Sklodowskit 103
Skolecit 127
Skorodit 93
Skutterudit 36
Smaragdit = grüne Umwandlung von Augit (164)
Smithit 29, 44
Smithsonit 75
Smythit 33

Sorosilikate 103
Spargelstein = gelber Apatit
Sperrylith 33
Spessartin 98
Sphalerit 38
Sphen = Titanit
Spinell 49
Sprödglimmer 118
Sprossenquarz 62
Stalderit 30, 44
Stannit 37
Staurolith 100
Steinsalz = Halit (9)
Stephanit 45
Stibiconit 54
Stibioniobit 70
Stilbit 128
Stilpnomelan 121
Strahlstein = Aktinolith
Strashimirit 94
Strontianit 77
Strunzit 94
Sulfosalze 40, 169
Sursassit 29, 106
Synchysit 78, 79

Tafelspat 73
Talk 117
Tantalit 69
Tapiolit 66
Tektosilikate 121
Tennantit 38
Tephroit 97
Tessiner-Habitus 62
Tetraedrit 38
Thenardit 80
Thomsonit 127
Thulit = rosa Zoisit
Tilasit 91
Tinzenit 29, 108
Tirolit 95
Titanit 101
Titan-Klinohumit 28, 100
Todorokit 66
Topas 100
Topazolith = grüner Andradit (151)
Trechmannit 29, 45
Tremolit 28, 114
Triphylin 87
Triplit 90
Tripuhyit 66
Trona 79
Tschermakit 115
Turmalin 110
Turnerit (veraltet) = Monazit

Ullmannit 36
Uraninit 70
Uranophan 103
Uranopilit 86
Uranpecherz = Uraninit
Uwarowit 98

Valentinit 50
Vanadinit 93
Vandendriesscheit 71
Vesuvian 106
Violarit 34
Vivianit 93
Voltait 84

Wagnerit 90
Wallisit 29, 45
Wiserin (veraltet) = Anatas, Xenotim
Wiserit 28, 80

Wismut 32
Wismutglanz = Bismuthinit
Wolframit 69
Wollastonit 113
Wulfenit 87
Wurtzit 39

Xanthokon 44
Xenotim 88

Zeolith 126
Zepterquarz 20, 63
Zinckenit 42
Zinkblende = Sphalerit
Zinkcopiapit 85
Zinnober 40
Zippeit 86
Zirkon 99
Zoisit 105

Fundortregister

(mit Hinweisen zur Fundortlokalisierung)

Adelboden (Berner Oberland BE) 188
Adula (TI/GR) 201
Affeier (Vorderrhein GR) 23
Äginental (Goms VS) 154, 193
Airolo (Leventina TI) 193
Albigna (Bergell GR) 202
Albrun (Binntal VS) 199
Almens (Domleschg GR) 196
Alp Cavrein (Vorderrhein GR) 152, 188
Alpe Arami (Bellinzona TI) 175, 200
Alpe Arena (Maggiatal TI) 200
Alpe Cadonighino (Campolungo TI) 177
Alpe Quadrada (Puschlav GR) 184
Älpergenlücke (Göschenertal UR) 190
Alpe Sponda (Leventina TI) 176, 200
Alpjahorn (Baltschiedertal VS) 140, 198
Alplistock (Grimsel BE) 189
Alp Nadels (Vorderrhein GR) 21, 153, 201
Alp Nursera (Hinterrhein GR) 24, 201
Alp Oltscheren (Meiringen BE) 135, 188
Alp Paltan (Bedrettotal TI) 174, 193
Alp Puzzetta (Medels GR) 195
Alp Ramosa (Lugnez GR) 180
Alp Rischuna (Valsertal GR) 181, 201
Alp Taspegn (Schams GR) 24, 196
Altbach (Fiesch VS) 141, 199
Amsteg (Reußtal UR) 188
Andermatt (Urseren UR) 188
Andiast (Vorderrhein GR) 23, 201
Aranno (Südtessin TI) 24, 178, 200
Ardez (Unterengadin GR) 201
Arosa (Mittelbünden GR) 201
Arvigo (Calancatal GR) 173, 174, 200
Astano (Südtessin TI) 23, 200
Ausserbinn (Goms VS) 199
Ausserferrera (Hinterrhein GR) 180, 201
Ayer (Sierre VS) 24, 197

Bächistock (Fellital UR) 191
Balmen (Binntal VS) 199
Balmeregghorn (Meiringen BE) 22
Baltschiedertal (Visp VS) 24, 140, 197
Bändertal (Maderanertal UR) 192
Bärfetgraben (Fiesch VS) 141
Bargen (SH) 187
Baulmes (Jura VD) 132, 186
Bedrettotal (Nordtessin TI) 193
Bellinzona (TI) 200
Bergell (Südbünden GR) 183, 184, 201

Bernina (Südbünden GR) 201
Bex (Rhonetal VD) 9, 136, 186
Biasca (Riviera TI) 200
Binn (Binntal VS) 199
Binneltini (Binntal VS) 171, 199
Binntal (Oberwallis VS) 166, 197
Blauberg (Göschenertal UR) 190
Blausee (Binntal VS) 199
Bleniotal (TI) 201
Blinnental (Goms VS) 154, 193
Blyschgraben (Baltschiedertal VS) 140, 198
Bodio (Leventina TI) 200
Bonaduz (Chur GR) 134, 196
Bondasca (Bergell GR) 202
Bortelhorn (Simplon VS) 197
Bova Gronda (Disentis GR) 195
Bratschi (Göschenertal UR) 190
Brig (Oberwallis VS) 197
Brissago (Langensee TI) 178, 200
Bristen (Berg, Reußtal UR) 23, 192
Bristen (Ort, Maderanertal UR) 192
Brunnital (Maderanertal UR) 149, 192
Brunnital (Schächental UR) 107
Bucarischuna (Valsertal GR) 181
Büelenhorn (Furka UR) 145, 190
Buffalora (Ofenpaß GR) 23
Burg (Fiesch VS) 141, 188

Calancatal (Südbünden GR) 173, 200
Calanda (Chur GR) 137
Camperio (Bleniotal TI) 160, 200
Campo Blenio (Bleniotal TI) 160
Campolungo (Leventina TI) 177, 193
Carona (Südtessin TI) 178, 179, 200
Castasegna (Bergell GR) 183, 202
Castione (Bellinzona TI) 175, 200
Castro (Bleniotal TI) 175, 200
Catogne, s. Le Catogne
Cavagnoligletscher (Nordtessin TI) 174, 193
Cavradischlucht (Tavetsch GR) 156, 157, 194
Chamoson (Sion VS) 22, 197
Chästal (Maderanertal UR) 192
Chervettaz (Lausanne – Bulle VD) 25
Chlitobel (Chur GR) 137, 196
Chlosterchöpfli (Muttenz BL) 131
Chobelwand (Säntis AI) 135
Choëx (Unterwallis VS) 135, 197

Chrideloch (Schächental UR) 188
Chrüzbach (St. Galler Oberland SG) 196
Chrüzlistock (Tavetsch GR) 151, 194
Chummibort (Binntal VS) 199
Cima di Vazzeda (Bergell GR) 202
Cima Sgiu (Blenotal TI) 201
Claro (Riviera TI) 175, 200
Cornaux (Jura NE) 132, 186
Cornopaß (Goms VS/TI) 153, 188
Crapteig (Thusis GR) 181
Cresciano (Riviera TI) 175, 200
Crispalt (Tavetsch GR) 194
Cuolmet de Muster 152
Curaglia (Medels GR) 12, 195

Delémont (Jura JU) 187
Dent de Morcles (Unterwallis VS) 197
Dent du Salantin (Unterwallis VS) 197
Disentis (Vorderrhein GR) 188
Domat-Ems (Chur GR) 196
Domleschg (GR) 181, 201
Drual (Medels GR) 195
Drun Tobel (Tavetsch GR) 151, 194
Dürrschrennenhöhle (Säntis AI) 136, 187

Eggerberg (Visp VS) 198
Embd (Visp VS) 25, 162, 197
Engstligenalp (Berner Oberland BE) 135, 188
Enney (La Gruyère FR) 186
Ernen (Goms VS) 154, 199
Erzegg (Meiringen BE) 22, 188
Etzli (Maderanertal UR) 149, 192

Falotta (Oberhalbstein GR) 22, 182, 201
Farlauital (Maderanertal UR) 192
Fedenstock (Fellital UR) 194
Feldbach (Binntal VS) 199
Feldis (Domleschg GR) 196
Feldschijen (Göschenertal UR) 145, 190
Fellital (UR) 149, 191
Felsberg (Chur GR) 196
Felsberger Calanda (Chur GR) 196
Felsenau (Full AG) 9, 187
Felskinn (Saas Fee VS) 197
Feschel (Leuk VS) 197
Fiesch (Goms VS) 140, 188
Fieschergletscher (Fiesch VS) 141, 188
Findelngletscher (Zermatt VS) 165
Fleschhorn (Binntal VS) 199
Flüela (Davos GR) 12, 201
Forno (Bergell GR) 202
Frodalera (Lukmanier TI) 153, 200
Frunthorn (Valsertal GR) 181, 201

Full (Rhein AG) 187
Furka (VS/UR) 193
Furka-Basistunnel (Oberwald – Realp VS/UR) 154, 155
Furkahorn (Furka VS/UR) 190

Galenstock (Furka VS/UR) 190
Galmihorn (Goms VS) 141, 188
Gandhorn (Binntal VS) 199
Gantertal (Simplon VS) 165
Gasterntal (Berner Oberland BE) 134, 188
Gauligletscher (Oberhasli BE) 142, 188
Geißpfad (Binntal VS) 171, 199
Gemmi (BE/VS) 134, 188
Gerental (Goms VS) 154, 193
Gerstenegg (Oberhasli BE) 143, 189
Gerstenhörner (Grimsel BE/VS) 142, 189
Geschützte Kluft (Oberhasli BE) 143, 189
Gibelhorn (Binntal VS) 199
Gibelsbach (Fiesch VS) 141, 199
Gießen (Binn VS) 199
Gischihorn (Binntal VS) 199
Giuvstöckli (Tavetsch GR) 150
Glärnisch (Glarus GL) 136
Gletsch (Goms VS) 144, 189
Gletschhorn (Furka UR) 144, 190
Goldene Sonne (Chur GR) 137, 196
Goms (Oberwallis VS) 140, 153, 197
Gondo (Simplon VS) 23, 197
Gonzen (Sargans SG) 134, 136, 187
Goppenstein (Lötschental VS) 21, 139, 197
Gorb (Binntal VS) 199
Gornergletscher (Zermatt VS) 197
Gorpi (Fiesch VS) 141
Göschenen (Reußtal UR) 188
Göscheneralp (Göschenertal UR) 145, 190
Göschenertal (Reußtal UR) 145, 190
Gotthard (UR/TI) 156, 188
Gotthard-Straßentunnel (UR/TI) 146, 147
Granges (Sierre VS) 9, 197
Greina (Blenotal TI/GR) 160, 200
Grießertal (Maderanertal UR) 150, 192
Grimentz (Sierre VS) 24, 197
Grimsel (BE/VS) 142, 193
Grindelwald (Berner Oberland BE) 188
Großtal (Urseren UR) 145, 191
Guttannen (Oberhasli BE) 142, 189
Gwüest (Göschenertal UR) 190

Haldensteiner Calanda (Chur GR) 196
Handegg (Oberhasli BE) 142, 189
Haut de Cry (Sion VS) 197
Hennensädel (Valsertal GR) 103
Herznach (Jura AG) 20, 131, 187
Hinter Gelmerhörner (Grimsel BE) 142, 189
Hinterrhein (Mittelbünden GR) 201
Hintertal (Chur GR) 137
Hoher Schnabel (Maderanertal UR) 150
Hondrich (Thuner See BE) 20
Hospental (Urseren UR) 154, 191

Ilanz (Vorderrhein GR) 201
Innertkirchen (Oberhasli BE) 188
Insubrische Linie (Langensee TI) 16, 172
Intschi (Reußtal UR) 191
Intschi Tobel (Reußtal UR) 148
Iragna (Riviera TI) 175, 176, 200
Isérables (Sion VS) 25, 197

Juchlistock (Grimsel BE) 189
Jura (VD/NE/BE/JU/SO/BL/AG/SH) 132

Kaffeebalm (Maderanertal UR) 150
Kalkspatlücke (Tavetsch GR) 151, 194
Kaltenberg (Sierre VS) 24, 197
Kammegg (Oberhasli BE) 142, 189
Kemmleten (Urseren UR) 154, 191
Kerns (Sarnen OW) 9
Kobelwis (Rhein SG) 187
Kohlergraben (Binntal VS) 199
Kriegalptal (Binntal VS) 171, 199

La Bianca (Medels GR) 159, 195
La Fibbia (Gotthard TI) 156, 193
Lago Bianco (Nordtessin TI) 200
Lago della Sella (Gotthard TI) 193
Lago Nero (Nordtessin TI) 200
Lago Tremorgio (Leventina TI) 174, 193
Lamme (Fiesch VS) 154, 199
Lampertsch Alp (Valsertal GR) 181, 201
Landwasser (Mittelbünden GR) 201
La Neuveville (Bieler See BE) 132, 186
Längisalp (Goms VS) 154, 189
Langwies (Arosa GR) 25
Lanquart (Nordbünden GR) 187
Lärcheltini (Binntal VS) 171, 199 .
La Reuchenette (Jura BE) 131, 187
Lascheintobel (Chur GR) 137
Lavinair Crusc (Bergell GR) 183
Le Catogne (Martigny VS) 21, 162, 197
Leissigen (Thuner See BE) 9, 188
Lengenbach (Binntal VS) 167, 168, 199

Lengtal (Binntal VS) 171, 199
Les Trappistes (Martigny VS) 21, 197
Les Valettes (Martigny VS) 197
Leukerbad (Sierre VS) 197
Leventina (Tessintal TI) 200
Liesberg (Jura BE) 132, 187
Liestal (BL) 187
Lochezen (Walensee SG) 187
Loderio (Bleniotal TI) 175, 200
Lodrino (Riviera TI) 175, 176, 200
Lötschental (VS) 139, 188
Lucendro-Stausee (Gotthard TI) 156, 193
Lugnez (Vorderrhein GR) 180, 201
Lukmanier (GR/TI) 188
Lukmanierschlucht (Medels GR) 158, 195
Lungental (Maderanertal UR) 150, 192

Maderanertal (UR) 149, 188
Maggiatal (Tessiner Alpen TI) 200
Malcantone (Südtessin TI) 200
Maloja (Oberengadin GR) 201
Martigny (Unterwallis VS) 197
Mastrils (Nordbünden GR) 137
Mättital (Binntal VS) 171, 199
Medels (Vorderrhein GR) 188
Mellikon (Rhein AG) 187
Miglieglia (Südtessin TI) 24, 178, 200
Misox (Südbünden GR) 200
Mittaghorn (Nufenenpaß VS) 193
Mittagstock (Göschenertal UR) 190
Mittal (Lötschental VS) 140, 197
Mompé-Medel (Disentis GR) 158, 195
Monstein (Davos GR) 21, 201
Mont Chemin (Martigny VS) 22, 163, 197
Mont d'Or (Waadtländer Alpen VD) 197
Monte Ceneri (Bellinzona TI) 22, 200
Monte Piottino (Leventina TI) 173, 188
Monte Prosa (Gotthard TI) 156
Moutier (Jura BE) 132, 187
Münchenstein (Jura BL) 132, 187
Muota Naira (Tavetsch GR) 158, 194
Murettopaß (Bergell GR) 183, 202
Mürtschenalp (Walensee GL) 23, 187
Mutsch (Etzli UR) 149, 194
Muttbach (Furka VS) 189
Muttenz (Jura BL) 131

Nägelisgrätli (Grimsel BE/VS) 189
Napf (Emmental BE/LU) 133, 187
Naret, s. Passo di Naret
Nollen (Grimsel BE) 142, 189
Nufenen (VS/TI) 188
Nuolen (Zürichsee SZ) 133, 187

Oberaar Kraftwerkstollen (Grimsel BE) 143, 189
Oberalp (UR/GR) 194
Oberalpstock (Tavetsch GR/UR) 192
Oberengadin (GR) 201
Obergesteln (Goms VS) 154, 193
Oberhalbstein (Mittelbünden GR) 182, 201
Oberhasli (Berner Oberland BE) 188
Oberi Matte (Baltschiedertal VS) 140, 198
Obersaxen (Vorderrhein GR) 23
Oberwald (Goms VS) 193
Ofenhorn (Binntal VS) 199
Ofenpaß (Unterengadin GR) 201
Olivone (Blenoital TI) 159, 200
Oristal (Jura BL) 132

Palagnedra (Centovalli TI) 200
Pardatsch (Tavetsch GR) 194
Parpaner Rothorn (Arosa GR) 24, 201
Parsettens (Oberhalbstein GR) 22, 182, 201
Passo di Naret (Nordtessin TI) 193
Piano di Peccia (Nordtessin TI) 200
Piera (Olivone TI) 160
Pilatus (OW) 187
Piz Alv (Airolo TI) 156, 193
Piz Ault (Valsertal GR) 181, 201
Piz Ault (Val Strem, Tavetsch GR) 194
Piz Beverin (Thusis GR) 182, 196
Piz Blas (Tavetsch GR/TI) 158, 194
Piz Cam (Bergell GR) 183, 202
Piz Coroi (Blenoital TI/GR) 160
Piz Corvatsch (Oberengadin GR) 183, 201
Piz Cotschen (Unterengadin GR) 201
Piz Cristallina (Medels GR) 195
Piz Gendusas (Tavetsch GR) 151, 194
Piz Giuv (Tavetsch GR) 149, 194
Piz Lucendro (Gotthard TI) 156, 193
Piz Lunghin (Maloja GR) 12, 202
Piz Medel (Medels GR) 195
Piz Miez (Medels GR) 159, 195
Piz Mundin (Samnaun GR) 185
Piz Rondadura (Tavetsch GR/TI) 158, 194
Piz Sezner (Vorderrhein GR) 201
Piz Starlera (Medels GR) 15, 159, 195
Piz Tagliola (Oberalp UR/GR) 158, 194
Piz Tanelin (Tavetsch GR/TI) 194
Piz Vallatscha (Medels GR) 159, 195
Pizzi dei Rossi (Bergell GR) 202
Pizzo Cervandone, s. Scherbadung
Pizzo Forno (Leventina TI) 176, 200
Pizzo Meda (Campolungo TI) 174, 193
Planggenstock (Göschenertal UR) 190
Planplatte (Meiringen BE) 22
Platta (Medels GR) 195
Plattenzüg (Chur GR) 137
Pollux (Zermatt VS) 197
Ponte Brolla (Maggiatal TI) 200
Poschiavo (Südbünden GR) 201
Pra Jean (Sion VS) 21, 197
Prasignolapaß (Bergell GR) 202
Pratteln (BL) 187
Punta Nera (Airolo TI) 193
Puschlav (Südbünden GR) 184, 201

Rafrüti (Napf Westseite BE) 25
Ramsen (Rhein SH) 9
Reckibach (Binntal VS) 171, 199
Reckingen (Goms VS) 141, 188
Reuß (UR) 148, 188
Rheinfelden (Rhein AG) 187
Rhone (VS) 197
Rhonegletscher (Furka VS) 144, 193
Ried (Reußtal UR) 191
Rieder Tobel (Reußtal UR) 148
Riental (Reußtal UR) 148, 191
Rientallücke (Fellital UR) 191
Rimpfischwäng (Zermatt VS) 164, 197
Ritterpaß (Binntal VS) 197
Riviera (Tessintal TI) 200
Rona (Oberhalbstein GR) 201
Rongellen (Thusis GR) 196
Röschenz (Jura BE) 132, 187
Rosenlaui (Meiringen BE) 135, 188
Roßwald (Simplon VS) 22, 197
Rotlaui (Oberhasli BE) 142, 189
Rufibach (Goms VS) 188
Runal (Thusis GR) 196

Saas Fee (Visp VS) 163, 197
Sackgraben (Adelboden BE) 23, 188
Safiental (Vorderrhein GR) 201
Saflischpaß (Binntal VS) 199
Saflischtal (Binntal VS) 199
Salanfe (Martigny VS) 23, 197
Samnaun (Unterengadin GR) 184, 185
Sandbalm (Göschenertal UR) 15, 145, 190
Säntis (SG/AR/AI) 187
Sargans (SG) 187
Sarreyer (Martigny VS) 25
Sasso Rosso (Airolo TI) 193
Schächental (UR) 136
Schams (Hinterrheintal GR) 181, 201
Scharans (Domleschg GR) 196
Scharl (Scuol GR) 21

Schattig Wichel (Fellital UR) 149, 194
Scherbadung (Binntal VS) 171, 199
Schijenstock (Fellital UR) 191
Schiltfurgge (Baltschiedertal VS) 198
Schinschlucht (Thusis GR) 196
Schneehühnerstock (Oberalp UR) 191
Schniderblätz (Reußtal UR) 149, 191
Schöllenen (Reußtal UR) 191
Schönthal (Jura BL) 132
Scopí (Medels GR/TI) 195
Scortaseo (Puschlav GR) 184
Sedrun (Tavetsch GR) 188
Sellener Tobel (Etzli UR) 149, 192
Selva (Puschlav GR) 201
Selva (Tavetsch GR) 158, 194
Sementina (Bellinzona TI) 200
Semione (Bleniotal TI) 174
Septimer (Bergell GR) 201
Sernftal (GL) 136
Serpiano (Südtessin TI) 178, 200
Sidelenbach (Furka UR) 145, 190
Sidelhorn (Grimsel BE/VS) 189
Silser See (Oberengadin GR) 201
Sils i. D. (Thusis GR) 196
Simplon (Brig VS) 165, 197
Simplontunnel (VS/Italien) 165, 166
Soglio (Bergell GR) 202
Sommerloch (Grimsel BE) 142, 189
Sontga Brida (Tavetsch GR) 194
Spiez (Thuner See BE) 188
Spitzberg (Göschenertal UR) 145, 190
Splügen (Hinterrhein GR) 201
Staldental (Maderanertal UR) 150, 192
Steintal (Maderanertal UR) 192
Stgegia (Medels GR) 195
St. German (Visp VS) 197
St. Luc (Sierre VS) 24
St. Niklaus (Visp VS) 197
Stockchnubel (Zermatt VS) 165
Stockhorn (Zermatt VS) 165, 197
Straligenstöckli (Maderanertal UR) 150
Stremhörner (Tavetsch GR) 194
Surrein (Tavetsch GR) 194
Susten (BE/UR) 188

Tamins (Chur GR) 196
Taminser Calanda (Chur GR) 23, 138, 196
Tarasp (Unterengadin GR) 201
Tavetsch (Vorderrheintal GR) 150, 156, 188
Taveyanne (Waadtländer Alpen VD) 197
Teiftal (Reußtal UR) 148, 191
Tête Noire (Martigny VS) 162, 197
Thayngen (SH) 187

Thusis (Domleschg GR) 15, 181, 201
Tiefengletscher (Furka UR) 144, 193
Tieftobel (Mittelbünden GR) 180, 201
Tinzen (Oberhalbstein GR) 183, 201
Tiraun (Vorderrhein GR) 25
Trachsellauenen (Berner Oberland BE) 21, 188
Trift (Sustenpaß BE) 142, 188
Trubinasca (Bergell GR) 202
Trübtensee (Grimsel BE) 142, 189
Trun (Vorderrhein GR) 25, 201
Tschamut (Tavetsch GR) 194
Tschappina (Thusis GR) 196
Tuntscheten (Baltschiedertal VS) 140, 198
Turbenwäng (Binntal VS) 199
Turbhorn (Binntal VS) 167
Turtschi (Binn VS) 170
Twannberg (Bieler See Nordwestseite BE) 25

Ulmiz (Murten FR) 25
Unteralp (Oberalp UR) 193
Unterengadin (GR) 201
Unteriberg (SZ) 133
Urner Loch (Urseren UR) 191
Urseren (Gotthard UR) 193
Utzenstorf (Solothurn – Burgdorf BE) 25

Val Bavona (Nordtessin TI) 174, 200
Val Blaua (Tavetsch GR) 194
Val Bregaglia (Bergell GR) 183, 202
Val Bugnei (Tavetsch GR) 194
Val Cadlimo (Lukmanier TI) 193
Val Cama (Misox GR) 12
Val Canaria (Airolo TI) 153, 156, 193
Val Casatscha (Medels GR) 159, 195
Val Cavardiras (Vorderrhein GR) 152
Val Colla (Lugano TI) 24, 179, 200
Val Cristallina (Medels GR) 159, 195
Val Curnera (Tavetsch GR) 194
Val da Claus (Tavetsch GR) 157, 194
Val d'Almen (Domleschg GR) 196
Val d'Anniviers (Sierre VS) 24, 197
Val d'Arbedo (Bellinzona TI) 175, 200
Val de Bagnes (Martigny VS) 12, 197
Val del Boschetto (Centovalli TI) 24
Val di Capolo (Centovalli TI) 21
Val d'Illiez (Unterwallis VS) 135, 186
Val di Peccia (Nordtessin TI) 12
Val di Ponte (Brissago TI) 178
Val du Trient (Martigny VS) 25, 186
Val Fedoz (Oberengadin GR) 202
Val Ferrera (Hinterrhein GR) 22

Val Giuv (Tavetsch GR) 150, 194
Valle della Madonna (Brissago TI) 178
Val Maighels (Oberalp GR) 158, 194
Val Milà (Tavetsch GR) 150, 194
Val Nalps (Tavetsch GR) 158, 194
Val Nova (Valsertal GR) 181
Val Punteglias (Vorderrhein GR) 152, 200
Val Russein (Vorderrhein GR) 152, 200
Vals (Ilanz GR) 180, 201
Valsertal (Vorderrhein GR) 180, 201
Val Sogn Plazi (Disentis GR) 151, 195
Val Strem (Tavetsch GR) 151, 194
Val Tisch (Albulatal GR) 22, 201
Val Traversagna (Misox GR) 175, 200
Val Tremola (Airolo TI) 153, 156
Val Val (Oberalp GR) 194
Vättis (St. Galler Oberland SG) 135, 196
Venett (Campolungo TI) 177
Verdabbio (Misox GR) 109
Vermes (Jura JU) 132, 187
Versam (Vorderrhein GR) 196
Viamala (Thusis GR) 196
Viaplana (Thusis GR) 181
Vicosoprano (Bergell GR) 202
Visp (VS) 197

Viver, s. Affeier
Voralp (Göschenertal UR) 145, 190
Vorderrhein (GR) 201
Vordertal (Walensee GL) 187
Vorder Zinggenstock, s. Zinggenstock

Wannigletscher 171
Wannihorn (Binntal VS) 199
Wasenhorn (Goms VS) 141, 188
Wetterhorn (Grindelwald BE) 135
Wiler (Lötschental VS) 197
Windgällen (Maderanertal UR) 22
Windgällenhütte (Maderanertal UR) 135, 149, 188
Witenalpstock (Etzli UR) 194
Wolfjos (St. Galler Oberland SG) 134, 196

Zeglingen (Jura BL) 9, 132, 187
Zeneggen (Visp VS) 197
Zermatt (VS) 163, 197
Zervreila See (Valsertal GR) 201
Zillis (Schams GR) 196
Zinggenstock (Grimsel BE) 15, 142, 193
Zurzach (Rhein AG) 187

GPSR Compliance
The European Union's (EU) General Product Safety Regulation (GPSR) is a set
of rules that requires consumer products to be safe and our obligations to
ensure this.

If you have any concerns about our products, you can contact us on

ProductSafety@springernature.com

In case Publisher is established outside the EU, the EU authorized
representative is:

Springer Nature Customer Service Center GmbH
Europaplatz 3
69115 Heidelberg, Germany

www.ingramcontent.com/pod-product-compliance
Lightning Source LLC
LaVergne TN
LVHW010341260326
834688LV00036B/811